わかりやすい

# パターン認識

第2版

石井健一郎・上田修功・前田英作・村瀬 洋 共著

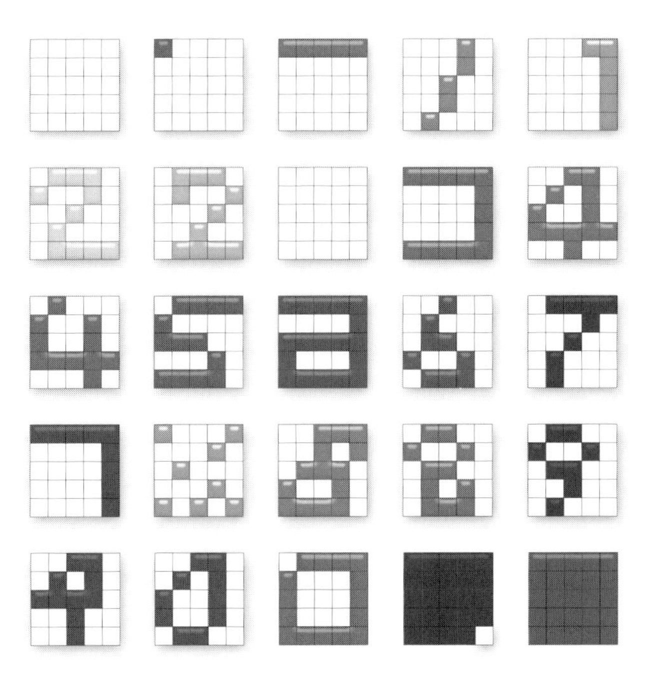

# 第2版まえがき

本書は，1998年に出版した『わかりやすいパターン認識』（以下，「初版」と称する）の改訂版である．初版は，パターン認識を初めて学ぶ読者を対象として，扱うテーマを基本的な項目に絞り，それらを重点的かつ詳細に解説した．幸い初版は出版以来増刷を重ね，これまでに26刷を数えている．初版がこれほど長期間にわたって多くの読者に受け入れられたことは，著者にとって望外の喜びであった．

初版を出版して20年余りが経過し，この間，サポートベクトルマシン，カーネル法，深層学習など，数々の新しい手法や概念が開発・提案されてきた．今回の改訂では，これらの新技術を加えた増補版となることを読者として期待されるかもしれない．しかし，本書で取り上げるテーマの範囲は，初版と同じである[*1]．

かつて初版の執筆にあたり，著者間で検討を重ね熟慮の上精選したテーマは，いずれもパターン認識を学ぶ上で極めて基本的な内容を含んでおり，20年余りが経過したからといって陳腐化するものではない．これまで数々の新技術が生まれながらも，初版が読み続けられてきたのは，これらの新技術を理解する上でも，初版の基本的内容を身につけることが不可欠との認識を，研究者が共有していたためと考えている．初版で取り上げたテーマは，今後も変わらず，あるいは，むしろこれまで以上に重視されることと思う．

今回の改訂の眼目は，初版の出版以来読者からいただいた意見・要望に応えることである．その一つとして，教師なし学習についても取り上げてほしいという要望があった．これについては，2014年に『続・わかりやすいパターン認識—教師なし学習入門—』を出版することでお応えした．

初版に対する他の重要な要望として挙げられたのは，具体例，実験例をもっと取り入れてほしい，本文を理解するのに役立つ演習問題を設けてほしい，という2点であった．まことにもっともな指摘であり，著者が実際に教壇に立ち，初版

---

[*1] これらの新技術については，2022年11月発行の [石井 22] で詳しく説明した．

を教科書として使用した経験からも痛感した改善点である．そこで著者が講義で使用した補足資料，実験例，演習問題などを盛り込んで，上記の要望にお応えすることとした．

演習問題は各章末に置き，オーム社のウェブページ[*2]で，その詳細な解法を紹介している．これらは，本文を理解するために有用なものばかりなので，ぜひ自力で解くことをお勧めしたい．なお，本来本文中で解説すべき内容を，紙数の制限により，演習問題とその解答という形式で解説したものもある．それらは問題番号に * 印を付して区別したので，その解答を本書の補足資料としてお読みいただければ幸いである．

本書の章立ては初版のままとし，より多くの具体例，実験例を取り入れ，さらに付録を追加して読者の便宜を図った．記法も原則として初版を継承しており，coffee break もほぼそのまま残してある．その他，わかりにくいと指摘された箇所や，改善が望ましいと判断した箇所に加筆，修正を施した．

以上，主として初版との違いについて述べた．本書出版の意図・狙いは，「第 1 版まえがき」で述べたとおりであるので，参照していただきたい．

最後に，著者が自らの講義を通して抱いた懸念について触れておきたい．それは，線形代数に対する苦手意識が災いして，初学者がパターン認識を遠ざける結果になっているのではないかとの疑念である．パターン認識を学ぶ上で，線形代数は重要かつ強力な道具である．ところが，「線形代数が苦手なので」という理由で本書の数式を敬遠する受講生の声を少なからず耳にした．読者の中にも，そのような方がおられるかもしれない．線形代数は，その具体的な応用例に数多く触れることで，初めてその機能や効用を理解できることは，著者の経験からも明言できる．したがって，そのような経験が乏しく，線形代数を苦手とする初学者は，本書を通じてできるだけ多くの応用例に触れ，むしろ線形代数を学び直すくらいの気構えで取り組んでいただければと思う．

本書が，初版と同様，多くの読者に支持されることを願ってやまない．

2019 年 10 月

著者しるす

[*2] https://www.ohmsha.co.jp/book/9784274224508/

# 第1版まえがき

膨大なデータの中から所望の情報を即座に獲得する検索技術，文字情報から音声情報へといったメディア変換技術，あるいは人間に代わってさまざまな情報処理を行う知的エージェントなど，本格的なマルチメディア時代を迎えるにあたり，種々のメディアを効率的に処理しなくてはならない機会が急速に増えつつある．そのような要求に応えるための基本技術が，パターン認識である．

パターン認識の研究は 1950～1960 年代に隆盛を極め，今日識別・学習理論として知られる基本的な枠組みは，ほとんどこの時代に築かれたと言ってよい．それに続く 1970～1980 年代は，計算機の性能が飛躍的に向上し，大規模シミュレーションによる実証的研究や応用研究に力が注がれることになった．文字読み取り装置に代表される実用機の開発をめぐって，さまざまな特徴抽出法が考案されたのも，この時代である．しかしながら，識別・学習理論が体系的に整理された学問として確立されたのに対し，特徴抽出には認識対象に依存した恣意性やヒューリスティクスがつきまとい，体系化が著しく困難であった．そして残念なことに，このような研究手法をパターン認識の本質だと思い込んでいる人たちが少なくない．また，1980 年代後半の第 2 次ニューロブームの到来により，パターン認識理論はもはや学ぶに値しない古典的な学問であるという誤った見方も広まった．現在パターン認識が軽視されている背景には，このようなパターン認識に対する誤解があるのではないかと思う．

本書はこのような状況を踏まえ，パターン認識を正しく理解し，その重要性を再認識してもらいたいとの思いを込めて書いたものである．執筆にあたって，いくつか注意した点がある．

まず，初心者が独学で学べるよう，わかりやすい記述を心がけた．そして，パターン認識を網羅的・体系的に紹介するのではなく，現実の場で役立つ必要最小限の項目を手っ取り早く習得できるようにした．そのため，まず本書で扱う範囲を統計的パターン認識に限定し，さらに読者に理解しやすいよう，従来の教科書とは項目の配列を変えたり，あまり実用的でないものは思い切って省くか説明を簡略にした．その代わり，統計的パターン認識の根底に流れる重要な概念については，かなりのページを割いたつもりである．さらに，随所に coffee break のコーナーを設け，著者の経験から得た知見やノウハウを盛り込んだ．ただ，中には雑談風になったものもあることをお断りしておく．

当初のねらいがどれほど満たされたかは，読者の批判を待たなければならない．また，筆者の能力不足，勉強不足から来る誤りもあるかもしれない．ご意見をお寄せいただければ幸いである．

本書により，パターン認識に関心を持って下さる方が一人でも増えることを願っている．

1998 年 5 月

著者しるす

# 目　次

第2版まえがき　iii

第1版まえがき　v

coffee break 一覧　xii

記号一覧　xiii

第1章　パターン認識とは　1

1.1　パターン認識系の構成 …… 1

1.2　特徴ベクトルと特徴空間 …… 2

〔1〕　特徴ベクトル …… 2

〔2〕　特徴ベクトルの多様性 …… 4

1.3　プロトタイプと最近傍決定則 …… 7

〔1〕　プロトタイプ …… 7

〔2〕　特徴空間の分割 …… 10

演習問題 …… 12

第2章　学習と識別関数　15

2.1　学習の必要性 …… 15

2.2　最近傍決定則と線形識別関数 …… 16

2.3　パーセプトロンの学習規則 …… 20

〔1〕　重み空間と解領域 …… 20

〔2〕　パーセプトロンの収束定理 …… 23

〔3〕　線形識別関数と射影軸 …… 26

〔4〕　学習とプロトタイプの移動 …… 27

2.4　パーセプトロンの学習実験 …… 30

2.5 区分的線形識別関数 ........ 34
〔1〕 区分的線形識別関数の機能 ........ 34
〔2〕 ニューラルネットワークとの関係 ........ 38
演習問題 ........ 40

第3章 誤差評価に基づく学習 43

3.1 二乗誤差最小化学習 ........ 43
〔1〕 学習のための評価関数 ........ 43
〔2〕 閉じた形の解 ........ 45
〔3〕 逐次近似による解（ウィドロー・ホフの学習規則） ........ 46
〔4〕 2クラスの場合 ........ 48
〔5〕 ウィドロー・ホフの学習規則に関する実験 ........ 50
3.2 誤差評価とパーセプトロン ........ 53
〔1〕 二値の誤差評価 ........ 53
〔2〕 超平面からの距離による評価 ........ 55
3.3 ニューラルネットワークと誤差逆伝播法 ........ 59
3.4 3層ニューラルネットワークの実験 ........ 66
3.5 中間層の機能の確認実験 ........ 70
〔1〕 3層ニューラルネットワークの中間層 ........ 70
〔2〕 多層ニューラルネットワークの中間層 ........ 71
演習問題 ........ 75

第4章 識別部の設計 77

4.1 パラメトリックな学習とノンパラメトリックな学習 ........ 77
4.2 パラメータの推定 ........ 81
4.3 識別関数の設計 ........ 85
〔1〕 線形識別関数の設計 ........ 85
〔2〕 線形識別関数を用いた多クラスの識別 ........ 88
〔3〕 一般化線形識別関数 ........ 91
4.4 特徴空間の次元数と学習パターン数 ........ 93

4.5　識別部の最適化 …… 98
〔1〕識別部を決定するパラメータ …… 98
〔2〕分割学習法 …… 99
〔3〕交差確認法 …… 100
〔4〕ブートストラップ法 …… 100
演習問題 …… 102

第5章　特徴の評価とベイズ誤り確率　105

5.1　特徴の評価 …… 105
5.2　クラス間分散・クラス内分散比 …… 106
5.3　ベイズ誤り確率とは …… 108
5.4　ベイズ誤り確率と最近傍決定則 …… 112
〔1〕最近傍決定則の誤り確率 …… 112
〔2〕誤り確率の計算例 …… 116
5.5　ベイズ誤り確率の推定法 …… 120
〔1〕誤り確率の偏りと分散 …… 120
〔2〕ベイズ誤り確率の上限および下限 …… 123
5.6　特徴評価の実験 …… 127
〔1〕クラス間分散・クラス内分散比による特徴評価実験 …… 127
〔2〕ベイズ誤り確率の推定値による特徴評価実験 …… 128
演習問題 …… 131

第6章　特徴空間の変換　133

6.1　特徴選択と特徴空間の変換 …… 133
6.2　特徴量の正規化 …… 137
6.3　KL 展開 …… 141
〔1〕次元削減のための基準 …… 141
〔2〕分散最大基準 …… 142
〔3〕平均二乗誤差最小基準 …… 145
6.4　線形判別法 …… 150
〔1〕2クラスに対する線形判別法（フィッシャーの方法） …… 150

〔2〕 多クラスに対する線形判別法 ........ 162
〔3〕 線形判別法と空間変換 ........ 171
6.5 KL 展開の適用法 ........ 176
〔1〕 KL 展開と線形判別法 ........ 176
〔2〕 KL 展開と学習パターン数 ........ 177
演習問題 ........ 181

第 7 章 部分空間法 185

7.1 部分空間法の基本 ........ 185
7.2 CLAFIC 法 ........ 186
7.3 部分空間法と類似度法 ........ 190
〔1〕 複合類似度法 ........ 190
〔2〕 混合類似度法 ........ 192
7.4 直交部分空間法 ........ 194
7.5 学習部分空間法 ........ 196
演習問題 ........ 197

第 8 章 学習アルゴリズムの一般化 199

8.1 期待損失最小化学習 ........ 199
8.2 種々の損失 ........ 200
〔1〕 二乗誤差 ........ 200
〔2〕 0-1 損失 ........ 201
〔3〕 連続損失 ........ 203
8.3 確率的降下法 ........ 206
演習問題 ........ 212

第 9 章 学習アルゴリズムとベイズ決定則 213

9.1 最小二乗法による学習 ........ 213
〔1〕 最小二乗解 ........ 213
〔2〕 最小二乗法と判別法 ........ 218
〔3〕 最小二乗法とベイズ決定則 ........ 221

9.2　最小二乗法と各種学習法 …… 227
〔1〕 最小二乗法とウィドロー・ホフの学習規則 …… 227
〔2〕 最小二乗法と誤差逆伝播法 …… 228
演習問題 …… 230

付録 A　補足事項　231

A.1　パーセプトロンの収束定理の証明 …… 231
A.2　ベクトル，行列による微分 …… 234
A.3　グラックスマンの特徴 …… 236
A.4　実験用データ …… 238

むすび　241

参考文献　245

著者略歴　248

索引　249

# coffee break 一覧


NN 法を見直そう ........ 9
特徴抽出今昔 ........ 12
パーセプトロンからサポートベクトルマシンへ ........ 29
パーセプトロンは学習モデルの基本―誤解されたミンスキー― ........ 40
汎化に対する誤解 ........ 65
ニューラルネットワーク研究の変遷―ニューロブームと冬の時代― ........ 74
パラメトリックという用語について ........ 80
最も尤もらしいこと ........ 84
特徴の追加は識別性能の低下を招く？ ........ 96
学習パターンが少ない場合は NN 法で ........ 98
情報量による特徴の評価 ........ 111
最近傍決定則とプロトタイプの分布 ........ 115
NN 法の誤り確率はベイズ誤り確率の 2 倍を超える！ ........ 118
偏りと分散のジレンマ ........ 122
ベイズ誤り確率推定に伴う困難 ........ 126
最小二乗法の不偏性 ........ 130
醜いアヒルの子の定理―特徴選択とは何か― ........ 134
KL 展開の必要性と十分性 ........ 150
事前確率の決定法 ........ 165
判別分析，相関分析，二乗誤差最小化学習 ........ 170
特徴空間の非線形変換―多層ニューラルネットワーク― ........ 174
統計解析用ライブラリ―その有用性と危険性― ........ 180
過ぎたるは猶及ばざるがごとし―過学習― ........ 202
毒りんごに当たらない方法 ........ 204
識別？判別？ ........ 220
ベイズ識別関数を最小二乗近似する線形識別関数は最良の線形識別関数か？ 222

# 記号一覧

| | |
|---|---|
| クラス数 | $c$ |
| $i$ 番目のクラス | $\omega_i$ |
| クラス $\omega_i$ のパターン数 | $n_i$ |
| パターン総数 | $n = \sum_{i=1}^{c} n_i$ |
| クラス $\omega_i$ のパターン集合 | $\mathcal{X}_i$ |
| パターン集合 | $\mathcal{X} = \cup_{i=1}^{c} \mathcal{X}_i$ |
| 特徴空間の次元数 | $d$ |
| 特徴ベクトル | $\boldsymbol{x} = (x_1, \ldots, x_d)^t$ |
| 重みベクトル | $\boldsymbol{w} = (w_1, \ldots, w_d)^t$ |
| 拡張特徴ベクトル | $\mathbf{x} = (x_0, x_1, x_2, \ldots, x_d)^t = \begin{pmatrix} x_0 \\ \boldsymbol{x} \end{pmatrix},\ x_0 \equiv 1$ |
| 拡張重みベクトル | $\mathbf{w} = (w_0, w_1, \ldots, w_d)^t = \begin{pmatrix} w_o \\ \boldsymbol{w} \end{pmatrix}$ |
| 線形識別関数 | $g(\boldsymbol{x}) = w_0 + \sum_{j=1}^{d} w_j x_j = \mathbf{w}^t \mathbf{x}$ |
| クラス $\omega_i$ のパターンに対する教師ベクトル | $\mathbf{t}_i$ |
| $p$ 番目のパターン $\boldsymbol{x}_p$ に対する教師ベクトル | $(b_{1p}, b_{2p}, \ldots, b_{cp})^t$ |
| クラス $\omega_i$ の平均ベクトル | $\mathbf{m}_i$ |
| 全パターンの平均ベクトル | $\mathbf{m}$ |
| クラス $\omega_i$ の共分散行列 | $\boldsymbol{\Sigma}_i$ |
| 全パターンの共分散行列 | $\boldsymbol{\Sigma}$ |
| クラス内共分散行列 | $\boldsymbol{\Sigma}_W$ |
| クラス間共分散行列 | $\boldsymbol{\Sigma}_B$ |
| 全共分散行列 | $\boldsymbol{\Sigma}_T$ |
| クラス内変動行列 | $\mathbf{S}_W$ |

| | |
|---|---|
| クラス間変動行列 | $\mathbf{S}_B$ |
| 全変動行列 | $\mathbf{S}_T$ |
| 自己相関行列 | $\mathbf{R}$ |
| 事前確率 | $P(\omega_i)$ |
| 事後確率 | $P(\omega_i \| \boldsymbol{x})$ |
| 条件付き確率密度 | $p(\boldsymbol{x} \| \omega_i)$ |
| $\boldsymbol{x}$ の確率密度 | $p(\boldsymbol{x})$ |

# 第 1 章
# パターン認識とは

## 1.1　パターン認識系の構成

**パターン認識**（pattern recognition）とは，観測された**パターン**（pattern）をあらかじめ定められた複数の概念のうちの一つに対応させる処理である．この「概念」を**クラス**（class）[*1]と呼んでいる．例えばアルファベットの認識であれば，入力パターンを 26 個のクラスのいずれかに対応させる処理ということになる．パターンと言うと，人間の視覚に入ってくる 2 次元のパターンを思い浮かべるかもしれないが，パターン認識で扱う対象はもっと広い．例えば，音声のような時系列信号を処理して五十音や単語に対応させる音声認識もパターン認識の一分野であるし，心電図の波形を分析して異常のあるなしを判定するのも同様である．また，視覚や聴覚だけでなく，嗅覚や触覚などさまざまなセンサーを用いて状況を判断することもパターン認識と言うことができる．

人間は高度なパターン認識能力を備えており，この知的機能を機械で実現しようという試みは，計算機の出現以来研究者の中心的課題の一つであった．しかし，研究の進展に伴い，当初の期待に反してこの問題が見掛けほど簡単ではないことも，しだいに明らかになってきた．パターン認識の研究そのものを疑問視する時期もあったが，この分野の研究が依然活発であるのは，人間の知的機能を機械で実現しようという純然たる知的興味に加えて，パターン認識が潜在的に持つ高い実用的価値によるところが大きい．文字・音声・画像を対象とした認識装置は，多少の制約はあるものの実用化され，さまざまな分野で使われている．また，その高度化に対する要求や期待も高まりつつあり，パターン認識の研究は今後もますます活発になっていくものと思われる．

---

[*1] **カテゴリー**（category）と呼ぶこともある．

機械でパターン認識系を構成する場合，一般に**図 1.1** の形をとることが多い．パターンが入力されると，まず**前処理**（preprocessing）部でノイズ除去，正規化などの処理を行う．続いて**特徴抽出**（feature extraction）部では，膨大な情報を持つ原パターンから識別に必要な本質的な特徴のみを抽出する．この特徴をもとに，**識別**（classification）部では識別処理を行う．識別処理は，入力パターンに対して複数のクラスのうちの一つを対応させることによって行われる．そのため，あらかじめ**識別辞書**（classification dictionary）を用意し，抽出された特徴を識別演算部においてこの辞書と照合することにより，入力パターンが所属するクラスを出力する．本書では，この辞書照合の部分を「識別」と呼び，パターンが入力されてから出力されるまでの前処理，特徴抽出処理，識別処理を総称して**認識**（recognition）と呼ぶことにする．

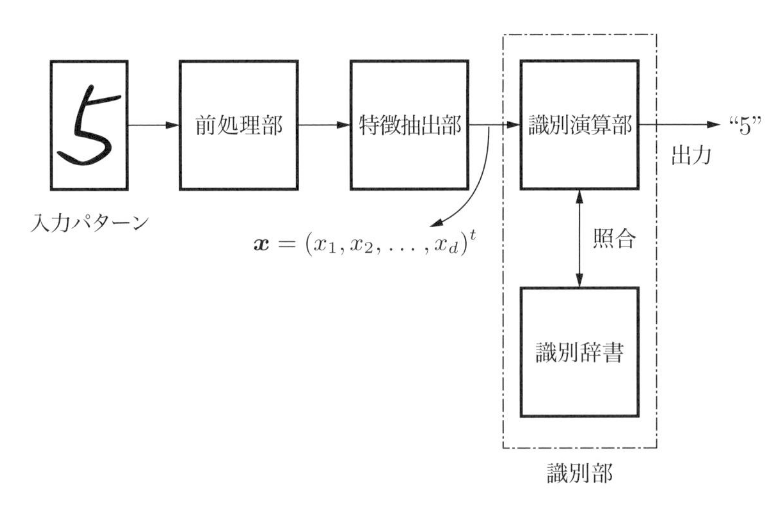


図 1.1　パターン認識系の構成

## 1.2　特徴ベクトルと特徴空間

### 〔1〕　特徴ベクトル

図 1.1 で示したように，認識のためには，原パターンから本質的な特徴を抽出する必要がある．認識系の中でも特徴抽出は，認識性能を左右する極めて重要な

処理である．従来，特徴抽出は人間の直感によるヒューリスティックな方法に頼っていたが，**深層学習**（deep learning）による自動化も進みつつある．

特徴としては，さまざまなものが考えられる．例えば文字認識の場合，文字線の傾き，幅，曲率，面積，ループの数などは，しばしば用いられる特徴である．おのおのの特徴は数値で表され，通常はそれらを組にしたベクトルが用いられる．いま $d$ 個の特徴を用いることにすると，パターンは次式のような $d$ 次元ベクトル $\boldsymbol{x}$ として表される．

$$\boldsymbol{x} = (x_1, x_2, \ldots, x_d)^t \tag{1.1}$$

ここで，$t$ は転置を表す．上のベクトルを**特徴ベクトル**（feature vector），特徴ベクトルの存在する $d$ 次元空間を**特徴空間**（feature space）と呼ぶ．したがって，パターンは**図 1.2** に示す $\boldsymbol{x}$ のように，特徴空間上での 1 点として表される．また，対象としているクラスの総数を $c$ とし，各クラスを $\omega_1, \omega_2, \ldots, \omega_c$ で表す．同一クラスに属するパターンは互いに類似しているから，特徴空間上でパターンは図 1.2 のようにクラスごとにまとまった塊として観測されるはずである．この塊を**クラスタ**（cluster）と呼ぶ．

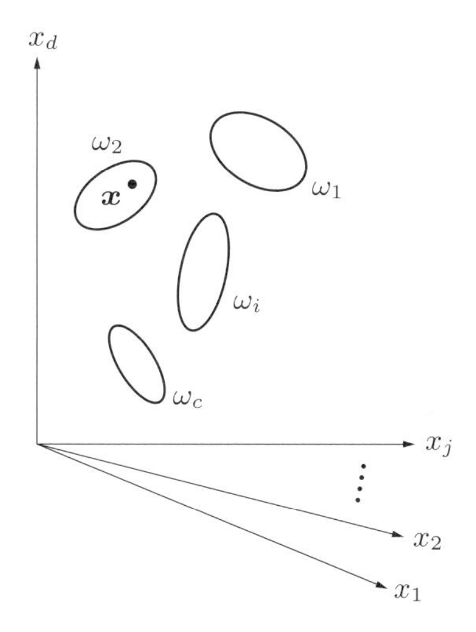


図 1.2　特徴空間での各クラスのパターンの分布

ここで，2次元的な広がりを持つパターンの認識を考える．文字を認識したり，X線写真から病変を判定したりといった処理がこれに相当する．例えば**図1.3** (a) は濃度情報を持つ2次元パターンの例である．このようなパターンに対し，以下のような単純な特徴を考えてみよう．まず，濃度値を有限個のレベルに制限し，実際の値をそれらのうち最も近いレベルに置き換えることにする（図1.3 (b)）．さらに，パターンを図のような**メッシュ**（mesh）状に区切り，各メッシュをある濃度値で代表させる．$j$ 番目のメッシュの濃度を $x_j$ とすると，パターンは式 (1.1) のベクトルで記述できる．ここで，次元数 $d$ はメッシュ総数に等しい．濃度のレベル数を $q$ とすると，式 (1.1) で記述できるパターンは全部で $q^d$ 通りとなる．図1.3 (c) はこのようにして得られたパターンである．

(a)　原画像

（濃度レベル数 $q=8$）

(b)　量子化

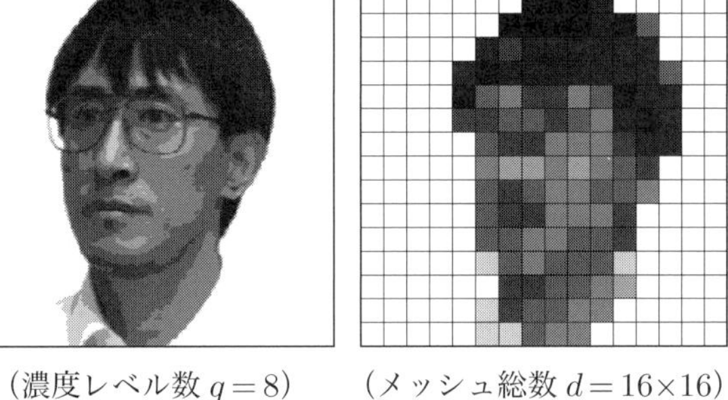

（メッシュ総数 $d=16\times16$）

(c)　量子化+標本化

**図1.3**　濃度情報を持つパターンの量子化と標本化

上で述べた処理のうち，前半は**量子化**（quantization）処理であり，後半は**標本化**（sampling）処理である．したがって，上で述べた処理は特徴抽出処理というより，単なるディジタル化処理と見ることもできる．ここではこのような場合も含めて特徴抽出と見なし，特に区別はしないことにする．

### 〔2〕　特徴ベクトルの多様性

以下では，このような特徴を手書き数字認識に適用してみる．クラス数は10 ($c = 10$) である．ここで入力されたパターンを $5 \times 5$ の25メッシュ ($d = 25$) で標本化することにする．文字は基本的に白黒の二値パターンであるので，特徴

ベクトルの要素は

$$\begin{cases} x_j = 1 & (\text{黒：文字部分}) \\ x_j = 0 & (\text{白：背景部分}) \end{cases} \qquad (j = 1, \ldots, d) \tag{1.2}$$

の二値と考えてよい．よって，レベル数は $q = 2$ であるから，25 メッシュで表現できるパターンは $2^{25} = 33\,554\,432$ 通りとなる．**図 1.4** にパターンの例を示す．図の (a) から始まって (y) までで，さまざまなパターンが表現できる．図から，$5 \times 5$ メッシュは，数字を表現するにはかなり粗い標本化であることがわかる．

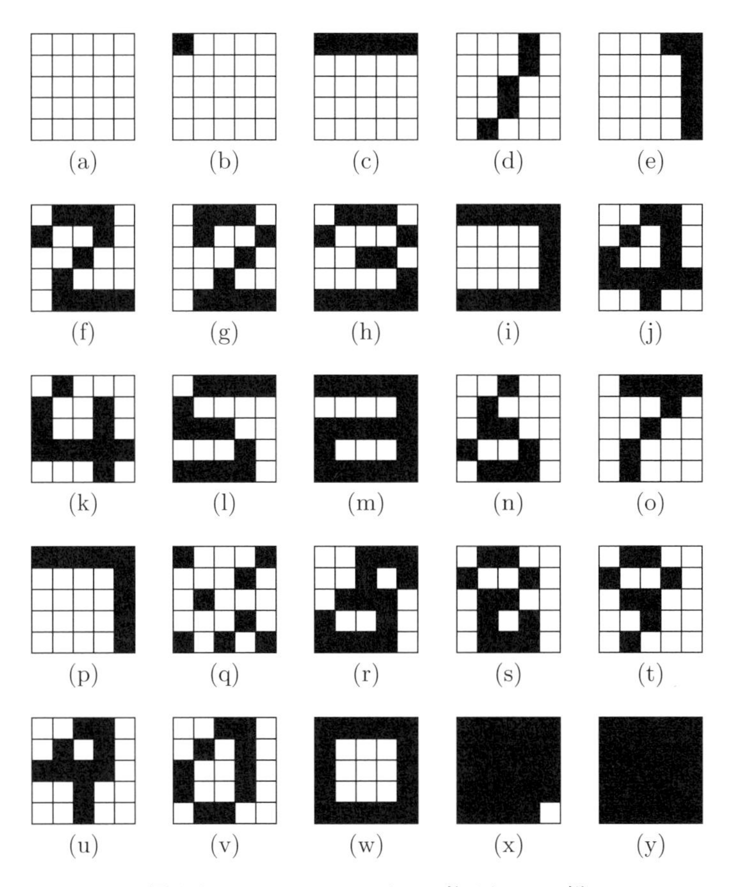


**図 1.4**　$5 \times 5$ メッシュによる二値パターンの例

最も単純な識別系の構成法は，33 554 432 通りのすべてのパターンをそのクラス名とともに識別辞書として格納することである．これは，25 ビットデータのおのおのにクラス名が割り当てられた参照テーブルを作ることと等価である．この例では，図 1.1 の識別辞書は参照テーブルに対応し，識別演算部は参照テーブルの照合処理に対応している．特徴抽出部で標本化されたパターンは，必ず識別辞書中のいずれかのパターンと一致するので，一致したパターンのクラスを識別結果として出力することになる．ただし，図 1.4 から明らかなように，辞書中の 33 554 432 のパターンには数字としては意味のないパターンも多数含まれている．このようなパターンに対しては，11 番目のクラスとして**リジェクト**(reject)[*2] を割り当てておけばよい．**図 1.5** は，数字のパターンとして存在可能な領域とリジェクト領域で構成される特徴空間を表しており，この空間の 1 点が 33 554 432 通りのいずれかに対応している[*3].

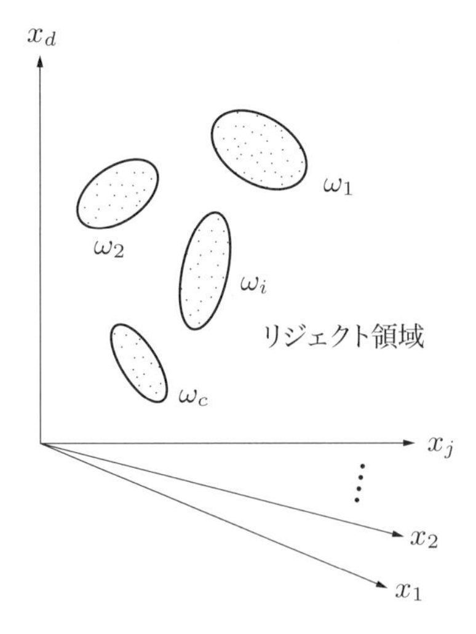


図 1.5 特徴空間とリジェクト領域

[*2] リジェクトには 2 種類がある．一つは，どのクラスにも属さないと判定される場合のリジェクトであり，ここで述べた例が相当する．もう一つは，複数のクラスが候補に挙がり，そのいずれとも判定しがたい場合のリジェクトである．例えば，図 1.4 (u) は “4” と “9” のいずれとも判定しがたいので，リジェクトせざるを得ない．**演習問題 1.1，1.2** を参照.

[*3] ただし，ここで扱う特徴は二値であるから，パターンは特徴空間上の超立方格子点を占めることになる．図では離散的な表現をとっていないが，特徴が連続的な値を持つ一般的な場合への拡張を考え，今後も図では連続的な表現を用いることにする.

さて，この識別辞書を作成するのにどれだけの手間が必要であろうか．この識別辞書の作成自体を自動化することはできない．なぜなら，一つひとつのパターンにクラス名を割り当てる作業そのものが，識別処理にほかならないからである．結局，識別辞書作成は人間の手作業によるしかない．いま，一人の人間が一つのパターンを見てクラス名を入力するのに 1 秒かかり，1 日 8 時間この作業を続けるとして，33 554 432 通りのすべてのクラス名を入力し終わるのには，単純な計算によれば 3 年 2 か月かかることになる．何人かで分担することにすれば実現不可能な作業ではないが，いずれにしても膨大な労力を要求されることになる．以上は，$5 \times 5$ という粗い標本化での見積もりである．一方，数字のパターンを表現するには，少なくとも $50 \times 50$ メッシュ程度は必要である．このようにメッシュ数が増えたり，さらに濃度を持ったりすると，作業時間は天文学的数字となり，もはや識別辞書は現実的な時間内では作成不可能である．ここでは，メッシュの白黒という単純な特徴を考えたが，他の特徴を用いたとしても状況は同じである．

## 1.3　プロトタイプと最近傍決定則

### 〔1〕　プロトタイプ

上で述べた識別辞書構成法は，特徴ベクトルとして生起しうるすべての可能性を網羅し記憶する方法であり，理論的には可能であっても記憶容量，識別時間の点で非現実的である．

次善の策として，すべての可能性を網羅する代わりに，代表的なパターンのみを記憶する方法が考えられる．このようなパターンを**プロトタイプ**（prototype）と呼ぶ．入力パターンは特徴空間上でこれらのプロトタイプと比較され，最も距離が近いプロトタイプ，すなわち**最近傍**（nearest neighbor）の属するクラスを識別結果として出力する．これは，特徴空間上で近接しているパターン同士はその性質も互いに似ている，という仮定に基づいている．距離としてはユークリッド距離が使われることが多い．このような識別方法を**最近傍決定則**（**NN 法**：nearest neighbor rule）という．ここで，NN 法を定式化しておこう．

いま，$n$ 個のパターンがその所属するクラスとともに $(\boldsymbol{x}_1, \theta_1), (\boldsymbol{x}_2, \theta_2), \ldots,$

$(\boldsymbol{x}_n, \theta_n)$ と与えられていたとする．ただし

$$\theta_p \in \{\omega_1, \omega_2, \ldots, \omega_c\} \qquad (p = 1, \ldots, n) \tag{1.3}$$

である．NN 法は次式のように書ける．

$$\min_{p=1,\ldots,n} \{D(\boldsymbol{x}, \boldsymbol{x}_p)\} = D(\boldsymbol{x}, \boldsymbol{x}_k) \quad \Longrightarrow \quad \boldsymbol{x} \in \theta_k \tag{1.4}$$

ここで

$$\boldsymbol{x}_k \in \{\boldsymbol{x}_1, \boldsymbol{x}_2, \ldots, \boldsymbol{x}_n\} \tag{1.5}$$
$$\theta_k \in \{\theta_1, \theta_2, \ldots, \theta_n\} \tag{1.6}$$

であり，$D(\boldsymbol{x}, \boldsymbol{x}_p)$ は $\boldsymbol{x}$ と $\boldsymbol{x}_p$ との距離を表す．言うまでもなく，式 (1.4) における $\boldsymbol{x}_k$ は $\boldsymbol{x}$ の最近傍である．より一般的な方法として，入力パターンに最も近い $k$ 個のプロトタイプをとり，その中で最も多数を占めたクラスを識別結果として出力する方法がある．これを **$k$-NN 法**（$k$-nearest neighbor rule）と呼ぶ．上で述べた NN 法は，1-NN 法に相当する．

**図 1.6** は NN 法の処理を示したものである．図で各クラスに所属するパターンの存在領域が楕円で示されている．また，プロトタイプは白丸で示されてい

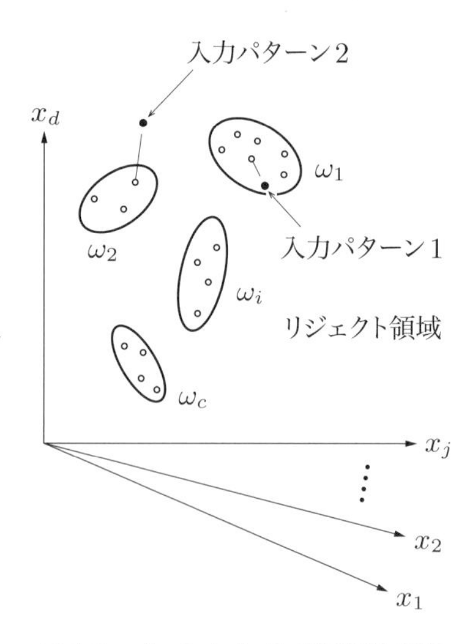


図 1.6 プロトタイプと最近傍決定則

る．例えば，入力パターン 1 は，その最近傍がクラス $\omega_1$ に属することからクラス $\omega_1$ と判定される．最近傍との距離があまり大きい場合には，文字としては意味のないパターンの可能性があるので，リジェクトする．例えば，入力パターン 2 は，そのまま忠実に NN 法を適用すればクラス $\omega_2$ と判定されることになるが，パターンは楕円の外側に存在し，距離があらかじめ定められたしきい値を超えているのでリジェクトと判定されることになる．このような処置を施すことにより，先の方式と同様に，特徴空間上のすべての点にクラス名を割り当てたことになる．**図 1.7** に数字のプロトタイプの例を示す．

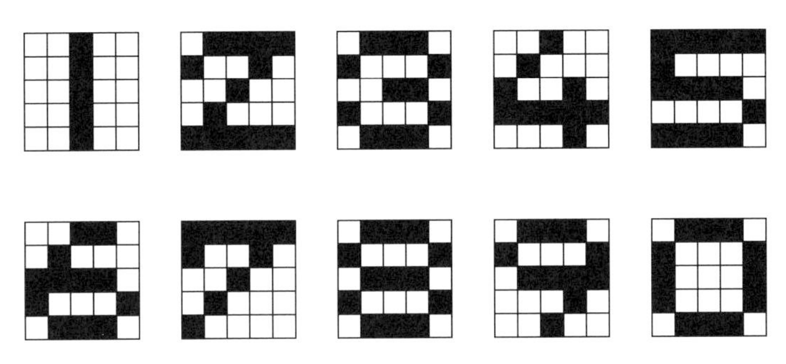

図 1.7 プロトタイプの例

この方法はプロトタイプのみを扱えばよいので，識別辞書作成作業は格段に軽減され，記憶容量，識別時間の問題も解消される．先の方式と比べれば，はるかに効率的である．いわば一を聞いて十を知るといった機能を持たせようというわけである．基本的なことだけを記憶してあとは類推により問題解決を図るという取り組み方は，人間の知的活動の中でもしばしば見られる戦略である[*4]．

## coffee break

### ❖ NN 法を見直そう

NN 法は何の変哲もない識別法であるが，統計的には極めて興味ある性質を持つことが知られている (5.4 節〔1〕参照)．そのため，古来パターン認識の研究者が好んで取り上げたテーマであり，論文も膨大な数に上っている (文献 [DST00][BV10] を参照されたい)．ただ，コンピュータの処理能力，記憶容量が貧弱であった当時

---

[*4] 裁判の判決に対する過去の判例の役割，囲碁の定石も同様と考えられる．

においては，NN 法はパターン認識の理論的側面を追求するための材料として捉えられていたにすぎず，その実用的な価値を認知される状況にはなかった．逆にそのような状況にあったからこそ，強力で洗練された学習アルゴリズムを求めて，多くの研究者が研究に取り組んできたと言うこともできる．

しかし，コンピュータの性能が飛躍的に向上した今日においては，むしろ NN 法が実用性においても十分現実的な手段になりうる時代になったと言える．実際，機械翻訳などに NN 法的手法を取り入れて成功を収めた例が報告されている [佐藤 97].

---

## 〔2〕 特徴空間の分割

それでは，機械にパターン認識機能を持たせるためには，プロトタイプをどのようにして設定すればよいのであろうか．先ほどの数字認識を例にとろう．まず，現実の手書き数字が特徴空間上でどのように分布しているかを知る必要がある．厳密な分布状況を直接求めることはできないので，実際に書かれた文字を収集し，それが現実の分布を反映しているデータと見なす．手書き文字には個人性がさまざまな変形となって現れるから，それらの変形をカバーするのに十分な量のパターンを収集しなくてはならない．そして，収集されたパターンを，実際起こりうるパターンの典型と見なし，これらのパターンを正しく識別できるように，プロトタイプの個数と特徴空間上での位置とを決定する*5.

この目的を達成するための確実な方法は，収集された全パターンをそのままプロトタイプとすることである．これは**全数記憶方式**（complete storage）とでもいうべきもので，これを実現するには，計算機の処理能力と記憶容量が十分でなければならない．ただし，たとえ全数記憶方式をとったとしても，起こりうる実パターンのごく一部しかカバーできないことに注意しなくてはならない．もう少し効率的な方法として，少数のパターンをプロトタイプとして設定する方法が考えられる．人間の場合でも，要領の良い人は，暗記する事項を最小限に抑える工夫をするはずである．その極端な場合がクラス当たり1個のプロトタイプを用いる方法である．その場合，クラスを代表するプロトタイプとして，クラスの分布

*5 本来なら，収集されたパターンの中からプロトタイプとしてふさわしいパターンを選ぶべきであるが，このようにプロトタイプを特徴空間上で動かしたほうがきめ細かな設計ができる．

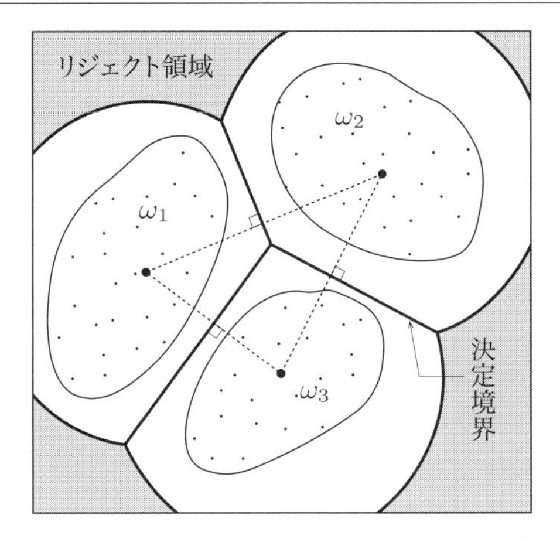


図 1.8　クラス当たり 1 個のプロトタイプによる特徴空間の分割

の重心を選ぶというのは合理的である．**図 1.8** は，重心をプロトタイプに選び，収集パターンを完全に分離できた例を示している．この例では，2 次元の特徴空間（$d=2$）上に三つのクラス（$c=3$）$\omega_1, \omega_2, \omega_3$ が存在する場合を取り上げている．NN 法を適用すると，クラス間を分離する境界は，二つのプロトタイプから等距離の線，すなわち垂直 2 等分線になる．図ではこれが太線で表されている．この境界を**決定境界**（decision boundary）といい，一般に $d$ 次元特徴空間では $(d-1)$ 次元**超平面**（hyperplane）となる．また，図ではリジェクト領域が灰色で示され，各クラスとリジェクトとの境界が太線で示されている．このようにして，特徴空間は超平面によって三つのクラスとリジェクトの 4 領域に分割されたことになる*6．入力パターンがこれらのどの領域に存在するかによって，識別結果が異なってくるわけである．なお，上で用いた超平面という用語は以後もたびたび使用するので，ここで簡単に述べておく．

次元数 $d$ が 3 の場合は特徴空間は 3 次元となり，$(d-1)$ 次元超平面は通常の 2 次元平面である．超平面とは，この 2 次元平面をそれ以外の次元へ一般化した概念である．すなわち，図 1.8 で示した例は 2 次元特徴空間であるので，超平面は 1 次元超平面，すなわち直線である．また，4 次元特徴空間の超平面は 3 次元超平面となる．

*6 リジェクト領域は超球面によって設定される．

このように，超平面とは $d$ 次元空間の $(d-1)$ 次元**部分空間**（subspace）の呼称である．部分空間とは，特徴空間のベクトル（の組）によって張られる線形空間を指す．一般にその次元数は元の特徴空間の次元数より小さい．厳密な定義は線形代数の教科書を参照されたい．

coffee break

❖ **特徴抽出今昔**

かつて文字認識の研究が活発だった1970年前後は，文字を認識するためのさまざまな特徴抽出法が提案された．しかし，どの手法も一長一短で，決定的な手法とはなり得なかった．当時，特徴抽出法は，直観と経験に基づき，人間が試行錯誤を通じて考案すべきものとされていた．本書初版の coffee break でも，「特徴抽出に王道なし」と題して，「特徴抽出は人間の経験と勘が物を言う世界であり，コンピュータで自動化することはできない」と述べた．

しかし，深層学習の登場以来，このような考え方には修正が求められるようになった．なぜなら，大量の学習パターンを与えれば，特徴抽出すらもコンピュータで自動化できることを示唆する結果が得られつつあるからである．ただし，深層学習で得られる特徴は，いったいどのような特徴を抽出しようとしているのか，またその高い性能が何に起因するのかを明示的に説明できないというもどかしさがある．一方，古典的な特徴抽出法は，例えば**付録A.3**で示すように，特徴の意味や狙いが明確であり，深層学習で得られる特徴と対照的である．

大きな期待が寄せられている深層学習ではあるが，これまでブームになったり冬の時代を迎えたりというサイクルを繰り返してきた人工知能の歴史を振り返ると，特徴抽出が完全に自動化できると確信をもって言えるようになるには，もう少し時間が必要かもしれない．

## 演習問題

**1.1** 最近傍決定則（NN法）を用いて，$5\times5$ メッシュの数字パターンを識別する．パターンは，式(1.2)に従って25次元の二値特徴ベクトルに変換される．プロトタイプはクラス当たり1個とし，図1.7で示したパターンを用いる．ただし，識別にあたっては，リジェクトを考慮した判定方法をとるものとする．この条件で**図1.9**に示すパターン $\boldsymbol{x}_1, \boldsymbol{x}_2, \boldsymbol{x}_3, \boldsymbol{x}_4$ を識別し，その結果を示せ．

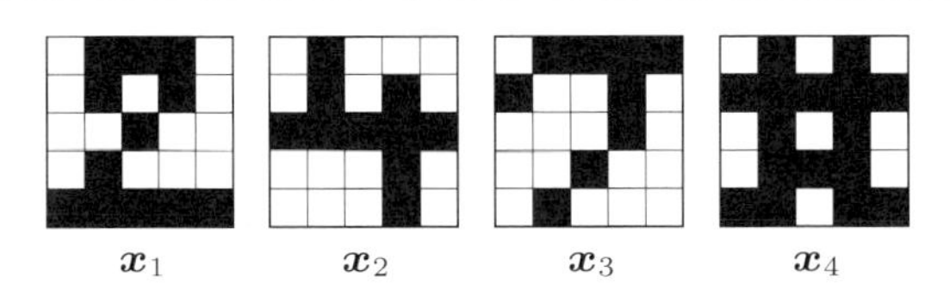


図 1.9　識別すべき入力パターン

**1.2**　文字パターンを識別するための特徴として，以下を考える．まず，二値化されたパターンを縦軸方向および横軸方向に射影し，黒メッシュのヒストグラムを求める．**図 1.10** は，図 1.7 に示したプロトタイプの一つである数字 "2" を例として用い，ヒストグラムを求めた結果である．

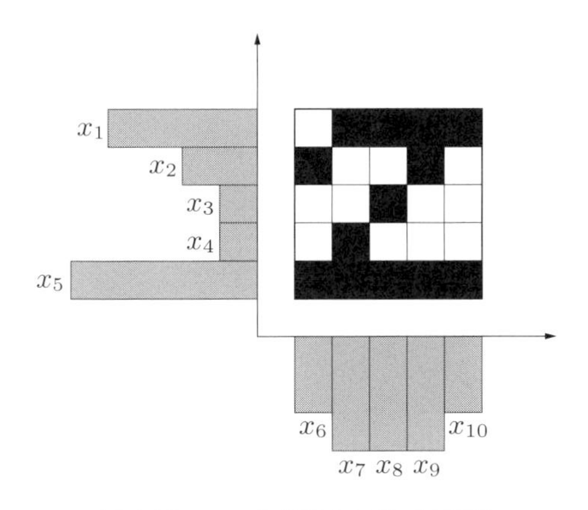


図 1.10　ヒストグラムに基づく特徴

この例のように，パターンが $5 \times 5$ メッシュであれば，ヒストグラムは図で示すように，10 次元ベクトル

$$
\begin{aligned}
\boldsymbol{x} &= (x_1, x_2, \ldots, x_{10})^t \\
&= (4, 2, 1, 1, 5, 2, 3, 3, 3, 2)^t
\end{aligned}
$$

として表せる．この 10 次元ベクトルを特徴として用い，**演習問題 1.1** と同条件で図 1.9 の 4 パターンを識別せよ．

第 **2** 章

# 学習と識別関数

## 2.1　学習の必要性

前章では，特徴空間を各クラスに対応した複数の領域に分割することにより，パターン認識が可能になることを述べた．識別法として NN 法を用いる場合，クラス間を分離する決定境界は，プロトタイプを特徴空間上のどの位置に設定するかによって定められる．前章ではプロトタイプをクラスの分布の重心に一致させる方法を紹介した．

いま，**図 2.1** のような例を考えよう．図 (a) のようにプロトタイプとして各クラスの重心を選ぶと正しい分割はできない．クラスを正しく分離するには，プロトタイプを重心からずらし，図 (b) のように選ぶ必要がある．しかし，多次元空間上では，2 次元空間上で行ったような直感的な方法でプロトタイプの位置を決定することはできない．それでは，図 (b) のようなプロトタイプの正しい位置を自動的に求めることはできないのだろうか．これを可能にするのが，本章で述べ

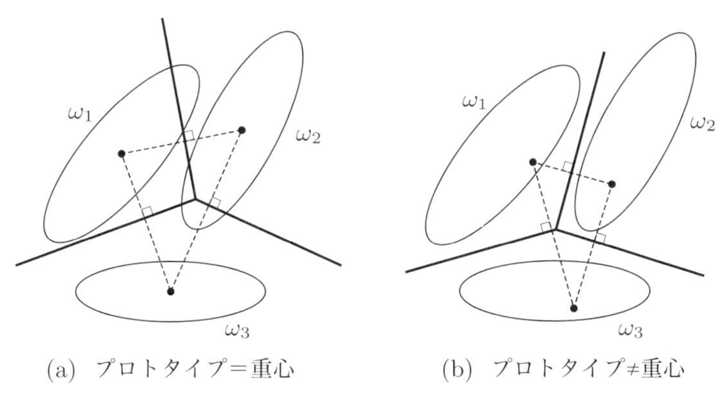


図 2.1　プロトタイプの設定方法とクラス間分離の関係

る**学習**（learning）[*1]である．

前章で述べた識別部設計用に収集されたパターンは，**学習パターン**（learning pattern），**訓練パターン**（training pattern），**設計パターン**（designing pattern）などと呼ばれている．本書では今後「学習パターン」という用語を使うことにする．また，設計後の識別部を評価するために学習パターンとは独立に用意されたパターンは，**テストパターン**（test pattern）と呼ばれる．

学習パターンは現実に生起するパターンの傾向を反映していると考え，この学習パターンを学習することにより識別部を設計しようというわけである．前に識別部の設計は特徴空間の分割にほかならないことを述べた．したがって，学習とは，学習パターンを用いて，学習パターンをすべて正しく識別できるようなクラス間分離面を見出すことであると言える．先に述べた全数記憶方式に学習という表現を当てはめるのは適切でないように思えるかもしれない．しかし，上で述べた定義に従えば，全数記憶方式も立派な学習ということになる．いずれにしても学習を大げさに考える必要はない．少なくとも統計的パターン認識における学習とは，上で述べたように，プロトタイプの設定により特徴空間を分割する方法と捉えればよい．

## 2.2 最近傍決定則と線形識別関数

学習について話を進める前に，その準備として1クラス当たり1プロトタイプのNN法[*2]を定式化しておこう．

いま$c$個のクラス$\omega_1, \omega_2, \ldots, \omega_c$のプロトタイプとして，それぞれ$d$次元ベクトル$\mathbf{p}_1, \mathbf{p}_2, \ldots, \mathbf{p}_c$を選んだとする．入力パターンを$\boldsymbol{x}$とすると[*3]，NN法は$\boldsymbol{x}$と$\mathbf{p}_i$とのユークリッド距離$\|\boldsymbol{x}-\mathbf{p}_i\|$を用いて

$$\|\boldsymbol{x}-\mathbf{p}_i\|^2 = \|\boldsymbol{x}\|^2 - 2\mathbf{p}_i^t\boldsymbol{x} + \|\mathbf{p}_i\|^2 \qquad (i = 1, \ldots, c) \tag{2.1}$$

---

[*1] **訓練**（training）ともいう．また，「コンピュータによる学習」であることを強調し，**機械学習**（machine learning）ということもある．

[*2] 1クラス当たり1プロトタイプで距離計算を行う識別法を，**最小距離識別法**（minimum distance method）といい，NN法と区別する場合もあるが，ここではNN法の一形態と見なす．

[*3] 以後$\boldsymbol{x}$を特徴ベクトルと言わずに，パターンと称する場合がある．

を最小にする $i$ を見出すことである．上式で $\|\boldsymbol{x}\|^2$ が共通であることに注意すると，$\|\boldsymbol{x}-\mathbf{p}_i\|$ を最小にすることは，

$$g_i(\boldsymbol{x}) \stackrel{\text{def}}{=} -\frac{1}{2}\|\mathbf{p}_i\|^2 + \mathbf{p}_i^t\boldsymbol{x} \tag{2.2}$$

を最大にすることと等価である．結局，識別法は次式で表される[*4]．

$$\max_{i=1,\ldots,c}\{g_i(\boldsymbol{x})\} = g_k(\boldsymbol{x}) \implies \boldsymbol{x} \in \omega_k \tag{2.3}$$

このように，各クラスにそれぞれ関数 $g_i(\boldsymbol{x})$ $(i=1,\ldots,c)$ を対応させ，$g_i(\boldsymbol{x})$ の値によってパターン $\boldsymbol{x}$ が属するクラスを判定する方法を**識別関数法**といい，このとき用いられる関数 $g_i(\boldsymbol{x})$ を**識別関数**（discriminant function）という[*5]．最も代表的な方法は，式 (2.3) のように関数の値が最大となるクラスを識別結果として出力するものであり，以後この識別方法を扱う．識別関数法のブロック図を図 2.2 に示す．

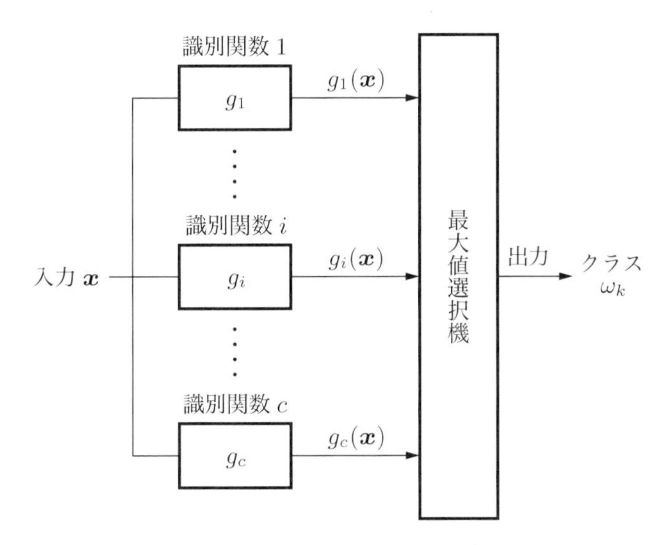


図 2.2　識別関数法による識別

---

[*4] パターン $\boldsymbol{x}$ がクラス $\omega_k$ に属することを，$\boldsymbol{x} \in \omega_k$ と記すことにする．

[*5] 判別関数と称する場合もあるが，あまり一般的ではない．識別と判別の違いについては 220 ページの coffee break も参照されたい．

特に式 (2.2) のように $\boldsymbol{x}$ に対して線形な識別関数を，**線形識別関数**（linear discriminant function）と呼ぶ．後述するパーセプトロンは，その典型的な例である．すなわち，線形識別関数とは，

$$g(\boldsymbol{x}) = w_0 + \sum_{j=1}^{d} w_j x_j \tag{2.4}$$

で表されるような関数である．ここで $w_0, w_1, \ldots, w_d$ は**重み係数**（weight coefficient）で，ベクトル表記を用いれば，

$$g(\boldsymbol{x}) = w_0 + \boldsymbol{w}^t \boldsymbol{x} \tag{2.5}$$

と書ける．ただし，

$$\boldsymbol{w} = (w_1, w_2, \ldots, w_d)^t \tag{2.6}$$

である．$\boldsymbol{w}$ は**重みベクトル**（weight vector）と呼ばれる．ここで，

$$\mathbf{x} = (x_0, x_1, \ldots, x_d)^t = \begin{pmatrix} x_0 \\ \boldsymbol{x} \end{pmatrix}, \qquad x_0 \equiv 1 \tag{2.7}$$

$$\mathbf{w} = (w_0, w_1, \ldots, w_d)^t = \begin{pmatrix} w_0 \\ \boldsymbol{w} \end{pmatrix} \tag{2.8}$$

なる $(d+1)$ 次元ベクトル $\mathbf{x}, \mathbf{w}$ を用いると，式 (2.5) はより簡潔に表され，

$$g(\boldsymbol{x}) = \mathbf{w}^t \mathbf{x} \tag{2.9}$$

となる．新たに定義された $\mathbf{x}, \mathbf{w}$ をそれぞれ**拡張特徴ベクトル**（augmented feature vector），**拡張重みベクトル**（augmented weight vector）という*6．

クラス $\omega_i$ の線形識別関数を $g_i(\boldsymbol{x})$（$i = 1, \ldots, c$）とすると，

$$\begin{aligned} g_i(\boldsymbol{x}) &= \sum_{j=0}^{d} w_{ij} x_j &(2.10)\\ &= w_{i0} + \boldsymbol{w}_i^t \boldsymbol{x} &(2.11)\\ &= \mathbf{w}_i^t \mathbf{x} &(2.12) \end{aligned}$$

*6 「拡張」の代わりに「増強」という言葉を用い，**増強特徴ベクトル**，**増強重みベクトル**ということもある．

と書ける．ここで $\boldsymbol{w}_i$, $\mathbf{w}_i$ $(i=1,\ldots,c)$ はそれぞれクラス $\omega_i$ の重みベクトルおよび拡張重みベクトルであり，

$$\boldsymbol{w}_i = (w_{i1},\ldots,w_{id})^t \tag{2.13}$$

$$\mathbf{w}_i = (w_{i0},w_{i1},\ldots,w_{id})^t \tag{2.14}$$

である．線形識別関数のブロック図を**図 2.3** に示す．式 (2.11) において

$$\boldsymbol{w}_i = \mathbf{p}_i \tag{2.15}$$

$$w_{i0} = -\frac{1}{2}\|\mathbf{p}_i\|^2 \tag{2.16}$$

とおくと式 (2.2) が得られるから，1 クラス当たり 1 プロトタイプの NN 法は線形識別関数による識別法であることがわかる（**演習問題 2.1**）．線形識別関数を用いた認識系では，図 1.1 の識別辞書には重み係数が格納され，識別演算部では

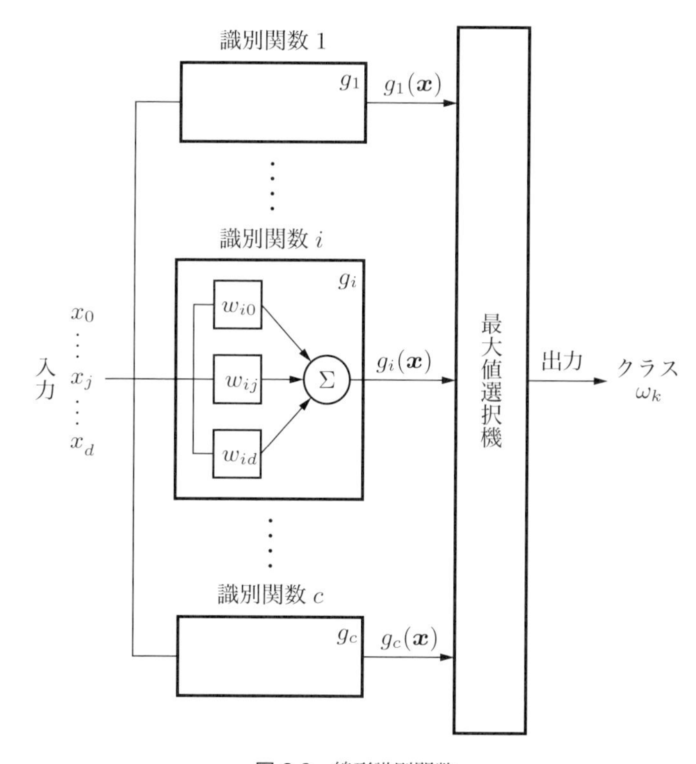


図 2.3　線形識別関数

式 (2.10) の演算ならびに最大値選択処理を行うことになる．

図 2.3 のような入力の線形和と最大値選択からなる識別系は，**パーセプトロン** (perceptron) と呼ばれる．パーセプトロンは，学習機能を持つ脳のモデルとして，1957 年にローゼンブラット (Frank Rosenblatt) により提案された．

## 2.3 パーセプトロンの学習規則

### 〔1〕 重み空間と解領域

学習パターン全体を集合 $\mathcal{X}$ で表し，クラス $\omega_i$ に属する学習パターンの集合を $\mathcal{X}_i$ $(i = 1, \ldots, c)$ で表すと，線形識別関数の学習とは，$\mathcal{X}_i$ に属するすべての $\boldsymbol{x}$ に対して

$$g_i(\boldsymbol{x}) > g_j(\boldsymbol{x}) \qquad (j = 1, \ldots, c, \ j \neq i) \tag{2.17}$$

となる重み $\mathbf{w}_i$ $(i = 1, \ldots, c)$ を決定することである．このような重み $\mathbf{w}_i$ が少なくとも 1 組存在するとき，$\mathcal{X}$ は**線形分離可能** (linearly separable) といい，逆にそのような $\mathbf{w}$ が存在しないとき，$\mathcal{X}$ は**線形分離不可能** (linearly nonseparable) という．ここで，$g_i(\boldsymbol{x}) = g_j(\boldsymbol{x})$ は，クラス $\omega_i, \omega_j$ 間の決定境界を表す．

まず，簡単のため，2 クラス ($c = 2$) の場合を考える．この場合は識別関数 $g_1(\boldsymbol{x}), g_2(\boldsymbol{x})$ の大小を考える代わりに，一つの識別関数

$$g(\boldsymbol{x}) = g_1(\boldsymbol{x}) - g_2(\boldsymbol{x}) = (\mathbf{w}_1 - \mathbf{w}_2)^t \mathbf{x} \tag{2.18}$$

$$= \mathbf{w}^t \mathbf{x} \tag{2.19}$$

の符号を調べればよい．ここで

$$\mathbf{w} \stackrel{\text{def}}{=} \mathbf{w}_1 - \mathbf{w}_2 \tag{2.20}$$

であり，拡張重みベクトルは 1 個でよい．この識別関数による識別法は

$$\begin{cases} g(\boldsymbol{x}) = \mathbf{w}^t \mathbf{x} > 0 \quad \Longrightarrow \quad \boldsymbol{x} \in \omega_1 \\ g(\boldsymbol{x}) = \mathbf{w}^t \mathbf{x} < 0 \quad \Longrightarrow \quad \boldsymbol{x} \in \omega_2 \end{cases} \tag{2.21}$$

となり，

$$g(\boldsymbol{x}) = \mathbf{w}^t \mathbf{x} = 0 \tag{2.22}$$

は二つのクラスの決定境界となる[*7]．したがって，学習では

$$\begin{cases} g(\boldsymbol{x}) = \mathbf{w}^t\mathbf{x} > 0 & (\mathcal{X}_1 \text{ に属するすべての } \boldsymbol{x} \text{ に対して}) \\ g(\boldsymbol{x}) = \mathbf{w}^t\mathbf{x} < 0 & (\mathcal{X}_2 \text{ に属するすべての } \boldsymbol{x} \text{ に対して}) \end{cases} \tag{2.23}$$

となるような $\mathbf{w}$ を求めることになる．そのためには，上のような重みベクトル[*8] $\mathbf{w}$ が存在すること，すなわち $\mathcal{X}$ が線形分離可能であることが必要である．

ここで，$\mathbf{w}$ の張る $(d+1)$ 次元空間として**重み空間**（weight space）を考える．重み空間中では，$\mathbf{w}$ は重み係数を座標値に持つ 1 点で表される．任意のパターン[*9] $\mathbf{x}$ に対して，$\mathbf{w}^t\mathbf{x} = 0$ は重み空間内に，原点を通る一つの超平面を決定する．この超平面によって分割された重み空間の一方は $g(\boldsymbol{x})$ を正にする $\mathbf{w}$ の存在領域（正の側）であり，他方は $g(\boldsymbol{x})$ を負にする $\mathbf{w}$ の存在領域（負の側）である[*10]．学習パターンの総数を $n$ とすると，重み空間内には各学習パターンに対応した $n$ 個の超平面が存在する．式 (2.23) は各学習パターンによって定まる超平面に対し，$\mathbf{w}$ がその超平面のどちら側に存在しなければならないかを示している．したがって，式 (2.23) は $n$ 個の超平面によって，重み空間中に $\mathbf{w}$ が存在すべき領域を指定することになる．この領域を**解領域**（solution region）と呼ぶ．線形分離可能であることは，解領域が存在することを意味している．

ここで例を示そう．**図 2.4** は 1 次元（$d = 1$）の例で，特徴空間は数直線となる．したがって，特徴はベクトルではなくスカラーとなる．ただし，混同を避けるため，以下ではパターンそのものはベクトル $\boldsymbol{x}$ で表し，特徴，すなわち数直線上の座標値はスカラー $x$ で表すことにする．この数直線上に二つのクラス（$c = 2$）の学習パターンが図のように分布しているとする．パターン数は合計 6（$n = 6$）であり，$\boldsymbol{x}_1, \boldsymbol{x}_2, \boldsymbol{x}_3$ がクラス $\omega_1$ に，$\boldsymbol{x}_4, \boldsymbol{x}_5, \boldsymbol{x}_6$ がクラス $\omega_2$ に属している．図から明らかなように，これらは線形分離可能である．識別関数は二つの重み係数 $w_0, w_1$ で表されるので，重み空間は 2 次元となる．**図 2.5** は重み空間

---

[*7] 識別時に $g(\boldsymbol{x}) = \mathbf{w}^t\mathbf{x} = 0$ となった場合，$\boldsymbol{x}$ は判定不能となる．

[*8] 以後，混乱のない限り「拡張」という言葉を省略する．

[*9] 以後，特徴ベクトルや拡張特徴ベクトルの代わりにパターンという言葉を使うことがあるが，これは $\boldsymbol{x}$ や $\mathbf{x}$ に対応していることに注意されたい．

[*10] この超平面は決定境界を定めているわけではないことに注意してほしい．なぜなら，この超平面は，特徴空間ではなく，重み空間に設定されているからである．その点が，11 ページで述べた超平面とは異なる．

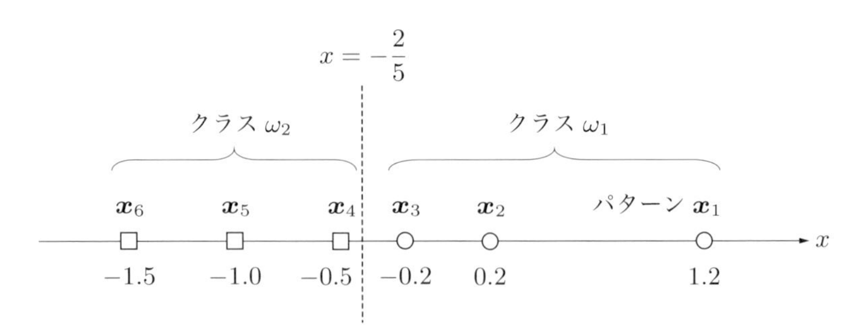


図 2.4　1 次元特徴空間（数直線）上の学習パターン

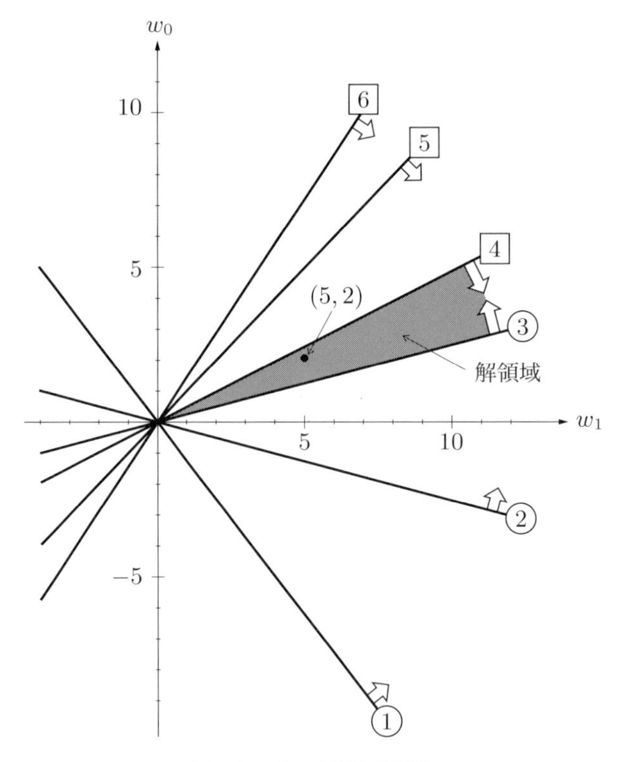


図 2.5　重み空間と解領域

を表しており，各学習パターンによって定められる 6 個の超平面（図では直線）と，それらによって決定される解領域（灰色部）が示されている．図では便宜上，$w_1$ を横軸，$w_0$ を縦軸にとっている．図中，○と□はそれぞれクラス $\omega_1, \omega_2$ に属するパターンであることを示し，その中の番号は図 2.4 のパターン番号と対応しており，超平面に付けられた矢印は，そのパターンを正しく識別する重みの側を示している．解領域に存在する任意の重みベクトル $\mathbf{w}$ は，学習パターンを正しく分離する識別関数を与える．例えば，解領域内の点 $(w_1, w_0) = (5, 2)$ には，識別関数 $g(x) = w_0 + w_1 x = 2 + 5x$ が対応する．式 (2.21) を適用すると

$$\begin{cases} x > -\dfrac{2}{5} \quad \Longrightarrow \quad \boldsymbol{x} \in \omega_1 \\ x < -\dfrac{2}{5} \quad \Longrightarrow \quad \boldsymbol{x} \in \omega_2 \end{cases} \tag{2.24}$$

となり，図 2.4 と比較することにより，これが正しい重みであることが確かめられる．

### 〔2〕 パーセプトロンの収束定理

線形識別関数の重みを学習によって求める方法について述べよう．重みの決定方法については，**パーセプトロンの学習規則**（perceptron learning rule）が有名である．この手順を以下に示す．

Step 1.　重みベクトル $\mathbf{w}$ の初期値を適当に設定する．

Step 2.　$\mathcal{X}$ の中から学習パターンを一つ選ぶ．

Step 3.　識別関数 $g(\boldsymbol{x}) = \mathbf{w}^t\mathbf{x}$ によって識別を行い，正しく識別できなかった場合のみ次のように重みベクトル $\mathbf{w}$ を修正し，新しい重みベクトル $\mathbf{w}'$ を作る[*11]．

$$\mathbf{w}' = \mathbf{w} + \rho \cdot \mathbf{x} \quad (\boldsymbol{x} \in \omega_1 \text{ に対して } g(\boldsymbol{x}) \leq 0 \text{ のとき}) \tag{2.25}$$

$$\mathbf{w}' = \mathbf{w} - \rho \cdot \mathbf{x} \quad (\boldsymbol{x} \in \omega_2 \text{ に対して } g(\boldsymbol{x}) \geq 0 \text{ のとき}) \tag{2.26}$$

Step 4.　上の処理 Step 2, 3 を $\mathcal{X}$ の全パターンに対して繰り返す．

[*11] $g(\boldsymbol{x}) = 0$ の場合も重みベクトルの修正が必要であることに注意しよう．

**Step 5.** $\mathcal{X}$ の全パターンを正しく識別できたら終了．さもなければ Step 2 に戻る．

ここで，$\rho$ は刻み幅を示す正の定数であり，**学習係数**（learning rate）と呼ばれる．上記の手順からわかるように，学習の過程では $n$ 個の学習パターンを何度も繰り返し使いながら重みの修正を行う．学習パターンを一巡すべて使いきったとき，1 **エポック**（epoch）の学習を終えたという．

**図 2.6** に示すように，ベクトル $\mathbf{x}$ は超平面 $\mathbf{w}^t\mathbf{x} = 0$ と直交するから，式 (2.25), (2.26) は重みベクトル $\mathbf{w}$ を超平面と直交する方向に移動させることを示している．すなわち，式 (2.25) は超平面の負の側から正の側へ，式 (2.26) は正の側から負の側へ向かう垂直な移動を表している．学習係数 $\rho$ が十分大きければ，1 回の修正で $\mathbf{w}^t\mathbf{x}$ の符号を反転させることができる[*12]．学習パターン $\mathcal{X}$ が

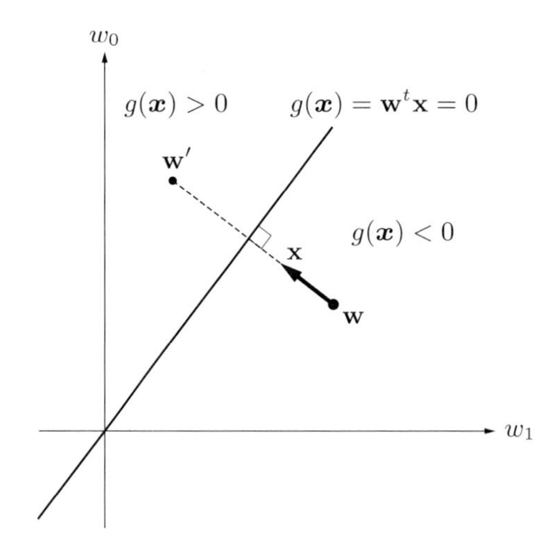


**図 2.6**　重みベクトルの修正

[*12] 式 (2.25) の修正により，必ず $g(\boldsymbol{x})$ を増大させることができる．なぜなら，修正前後の識別関数値をそれぞれ $g(\boldsymbol{x})$, $g'(\boldsymbol{x})$ とすると

$$g'(\boldsymbol{x}) = \mathbf{w}'^t\mathbf{x} = (\mathbf{w} + \rho \cdot \mathbf{x})^t\mathbf{x} = \mathbf{w}^t\mathbf{x} + \rho\|\mathbf{x}\|^2 > \mathbf{w}^t\mathbf{x} = g(\mathbf{x})$$

となるからである．同様にして，式 (2.26) の修正により，必ず $g(\boldsymbol{x})$ を減少させることができることも確かめられる．

線形分離可能ならば，上のアルゴリズムは有限回の繰り返しで解領域内の重みベクトルに到達する．これが**パーセプトロンの収束定理**（perceptron convergence theorem）である（証明は**付録 A.1** を参照）．ここで述べた重みの学習は，より一般的な関数に拡張できる．すなわち，$\boldsymbol{x}$ の任意の関数 $\phi_1(\boldsymbol{x}), \phi_2(\boldsymbol{x}), \ldots, \phi_d(\boldsymbol{x})$ の線形結合で表される関数は $\Phi$ 関数と呼ばれ，パーセプトロンの収束定理で述べた学習は $\Phi$ 関数の重みに対して適用できることが知られている．なお，$\Phi$ 関数については 4.3 節〔3〕で述べる．

**図 2.7** に，先ほどの例を用いて重みベクトルが重み空間内を移動する様子を示す．学習において，パターンは $\boldsymbol{x}_1, \boldsymbol{x}_2, \ldots, \boldsymbol{x}_6$ の順に与えた．初期値と $\rho$ の値にかかわらず，重みベクトルは最終的に解領域に到達することがわかる．例え

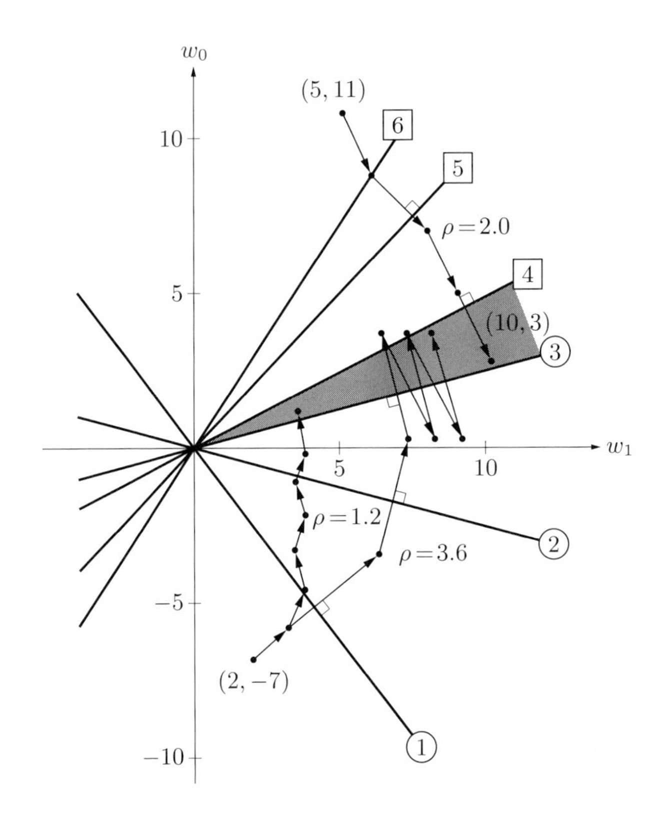


図 2.7　学習による重みベクトルの移動

ば，初期重みを $(w_1, w_0) = (5, 11)$ とし，$\rho = 2.0$ としたとき，解は図に示すように $(10, 3)$ に到達している．このときの決定境界は $x = -w_0/w_1 = -3/10$ となり，正しい重みが得られていることが図 2.4 より確かめられる．学習係数 $\rho$ の値が小さすぎると小刻みな修正を繰り返すので効率が悪く，逆に大きすぎても振動しながら収束するので好ましくない．上で述べた学習法は $\rho$ の値を固定する方法であり，**固定増分法**（fixed increment rule）と言われている．学習の過程で状況に応じて $\rho$ の値を変えることのできる方法も提案されているが，方式によっては解領域への到達が保証されないものもあるので，注意が必要である [Nil65].

多クラス（$c > 2$）への拡張は，$\omega_i$ に属するパターンを $\omega_j$ と誤ったとき，もしくは $\omega_i$ と $\omega_j$ の双方が識別結果の候補となったとき，重みベクトルの修正を下式に従って行うことにより実現できる．

$$\begin{cases} \mathbf{w}'_i = \mathbf{w}_i + \rho \cdot \mathbf{x} \\ \mathbf{w}'_j = \mathbf{w}_j - \rho \cdot \mathbf{x} \end{cases} \qquad (i \neq j) \tag{2.27}$$

パーセプトロンの学習規則は，パターンが正しく識別できなかったときに限って重みの修正を行うことから，**誤り訂正法**（error-correction method）と呼ばれる．

### 〔3〕 線形識別関数と射影軸

線形識別関数は，$d$ 次元特徴空間から 1 次元空間 (直線) への射影と捉えることができる．簡単のため，ここでは 2 クラス問題を扱うことにする．すでに述べたように，2 クラスの場合，識別は式 (2.21) で示したように，$g(\boldsymbol{x}) = w_0 + \boldsymbol{w}^t\boldsymbol{x} \gtrless 0$ に基づいて行われ，$g(\boldsymbol{x}) = 0$，すなわち

$$w_0 + \boldsymbol{w}^t\boldsymbol{x} = 0 \tag{2.28}$$

は二つのクラスを分離する決定境界となる．

式 (2.28) は，$d$ 次元特徴空間における $(d-1)$ 次元超平面 を表しており，$\boldsymbol{w}$ はこの超平面の法線ベクトルになっている．ただし，$\boldsymbol{w}$ は $\|\boldsymbol{w}\| = 1$ となるよう正規化されているものとする．ここで，原点 O を通り，超平面の法線方向に軸 $y$ を設定すると，$\boldsymbol{w}^t\boldsymbol{x}$ は図 2.8 に示すように，$\boldsymbol{x}$ を $y$ 軸上に射影したときの座標値（射影値）となる．ベクトル $\boldsymbol{w}$ を法線として持つ超平面は無数に存在するが，そ

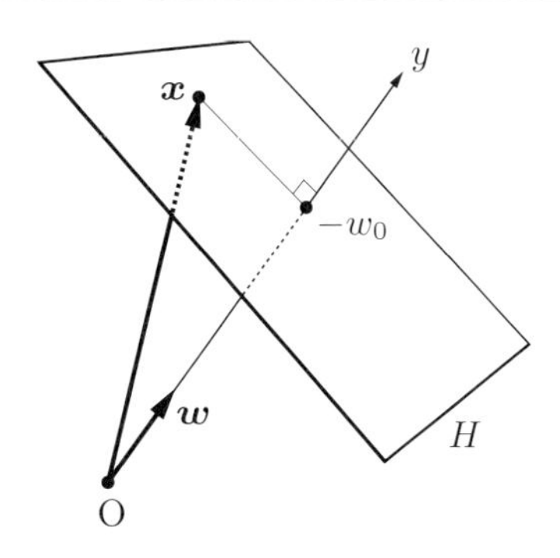


図 2.8　特徴空間上の射影軸 $y$ と超平面 $H$（$\|\boldsymbol{w}\| = 1$）

の中で式 (2.28) は，$y$ 軸と $-w_0$ で交わる超平面 $H$ を表している ($\boldsymbol{w}^t\boldsymbol{x} = -w_0$).以上の幾何学的構造を踏まえると，パーセプトロンの学習過程は次のように述べることができる．すなわち，各パターンに対して射影値 $\boldsymbol{w}^t\boldsymbol{x}$ を求め，$y$ 軸上に学習パターンを射影した後，$\boldsymbol{w}^t\boldsymbol{x} \gtrless -w_0$ によって全学習パターンが正しく識別されるまで重みベクトル $\boldsymbol{w}$ と $w_0$ の修正を繰り返す.

以上で述べたように，線形識別関数を決定することは，$d$ 次元特徴空間上に 1 次元の射影軸を定めることと等価である．その射影軸は，軸上でクラス間の分離ができるだけ高精度で行えるように最適化しなくてはならない．そのための評価尺度として，パーセプトロンの学習規則では誤識別パターン数[*13]を用い，学習によって誤識別がゼロになるまで重みの修正を繰り返す．後続の章で取り上げるウィドロー・ホフの学習規則やフィッシャーの方法も，最適な射影軸を求める点ではパーセプトロンの学習規則と同じであるが，用いる評価尺度が異なる.

## 〔4〕 学習とプロトタイプの移動

上の例では学習を重み空間上で観察した．図 2.9 に示す例は学習の過程で決定境界がどのように変化するかを特徴空間上で眺めたものである．ここでは，2 次元特徴空間（$d = 2$）での 2 クラス（$c = 2$）の識別問題を取り上げた．図中，○と□はそれぞれクラス $\omega_1, \omega_2$ の学習パターンであり，明らかにこれらは線形分離可能である．初期状態 (a) では二つのクラスを正しく分離できていないが，繰

[*13] 厳密には「正しく識別できなかったパターン数」.

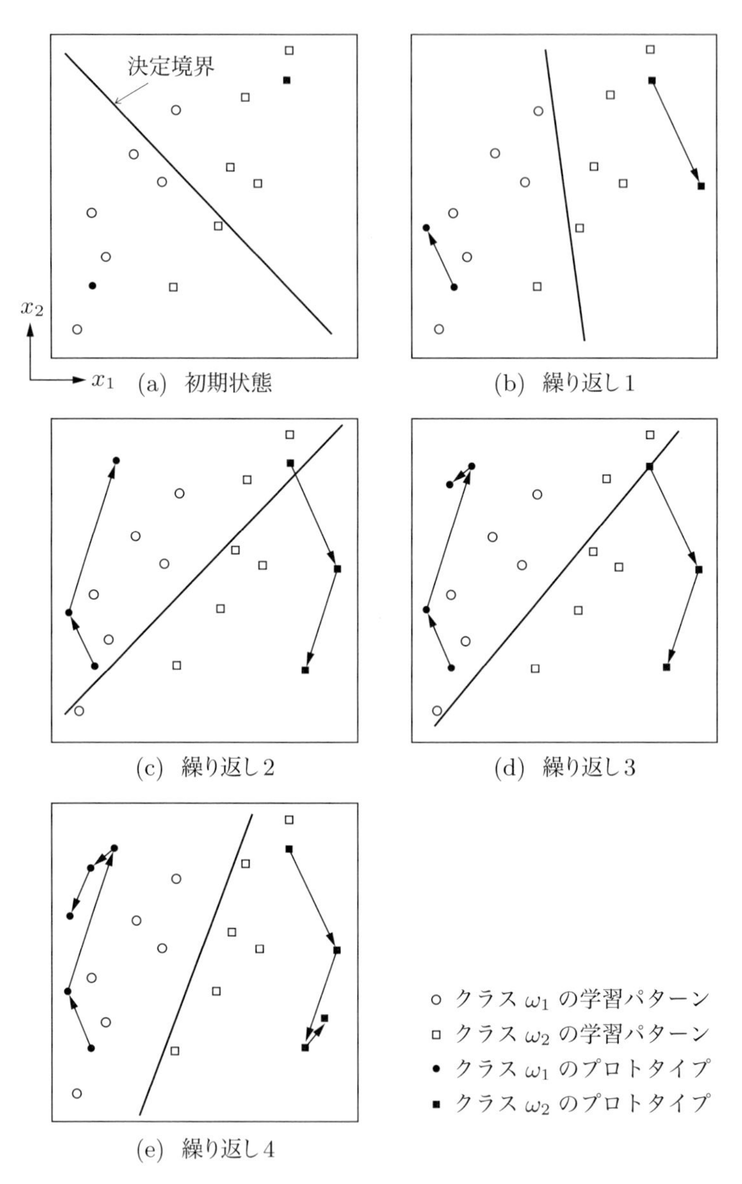


図 2.9　学習によるプロトタイプの移動

り返し 4 回目 (e) で正しい決定境界が得られていることがわかる．

すでに述べたように，NN 法を用いる場合には，決定境界はプロトタイプと関連付けられる．すなわち，決定境界を規定する重みとプロトタイプとは式 (2.15), (2.16) の関係にある．これらより

$$w_{i0} = -\frac{1}{2}\|\boldsymbol{w}_i\|^2 \tag{2.29}$$

が得られる．重みベクトルに式 (2.29) の関係が成り立てば，決定境界は $\boldsymbol{w}_i$ を特徴空間上のプロトタイプと見なした NN 法によって決まる境界に等しい．したがって，式 (2.29) の関係を維持したまま重みベクトル $\mathbf{w}_i$ の学習を行うと，$\boldsymbol{w}_i$ の変化は，そのまま特徴空間上でのプロトタイプの移動として観察できる[*14]．

図 2.9 には，このようにして得られたプロトタイプ $\boldsymbol{w}_1, \boldsymbol{w}_2$ をそれぞれ●と■で示し，また，プロトタイプが学習の過程で移動する様子を矢印で示した．ここでのプロトタイプは，垂直 2 等分線としての決定境界を規定するためのものであるから，これらは必ずしもクラスの分布を代表する位置にはない．

以上で，学習による識別部設計を，重み空間上での重みベクトルの移動，特徴空間上でのプロトタイプの移動という二つの側面から説明した．クラス間分離のための正しいプロトタイプの位置を自動的に求めるという 2.1 節の目的はここで達成できたことになる．プロトタイプを学習によって所望の位置に移動させる効率的な方法として，**学習ベクトル量子化**（LVQ：learning vector quantization）が知られている．詳細は文献 [Koh84] を参照されたい．

## coffee break

### ❖ パーセプトロンからサポートベクトルマシンへ

パーセプトロンの学習規則を適用して得られる重みベクトルは，学習パターンの中から選ばれた少数のパターンの線形和として表される．この重みベクトル構成法は，他の学習法でも見られる．このことを 2 クラス問題で確認してみよう．

パーセプトロンの学習規則を表す式 (2.25), (2.26) において，学習係数 $\rho$ は任意の正数としてよいので $\rho = 1$ とおき，重みベクトル $\mathbf{w}$ の初期値も任意に設定して

---

[*14] 式 (2.29) の関係を維持したまま学習を行うためには，$\rho$ を可変にしなくてはならない．この場合には解領域への収束は保証されないが，学習をプロトタイプの移動と関連付けて説明するために，あえてこのような方法をとった．

よいので $\mathbf{w} = \mathbf{0}$ とおける．すると，$n$ 個の学習パターンを用いたとき，収束後に得られる重みベクトルは，式 (2.25), (2.26) の形より

$$\mathbf{w} = \sum_{p=1}^{n} \alpha_p \mathbf{x}_p \tag{2.30}$$

で表される．上式の $\alpha_p$ は整数で，$|\alpha_p|$ は $\mathbf{x}_p$ が重み $\mathbf{w}$ の更新に使用された回数を表している．したがって，一度も重みの更新に使用されなかった $\mathbf{x}_p$ に対しては $\alpha_p = 0$ であり，更新に使用された場合は，$\boldsymbol{x}_p \in \omega_1$ なら $\alpha_p > 0$，$\boldsymbol{x}_p \in \omega_2$ なら $\alpha_p < 0$ となる．式 (2.30) より，収束後に得られる線形識別関数は下式で表される．

$$g(\boldsymbol{x}) = \mathbf{w}^t \mathbf{x} = \sum_{p=1}^{n} \alpha_p {\mathbf{x}_p}^t \mathbf{x} \tag{2.31}$$

パーセプトロンの学習規則を動作させてみると，$\alpha_p \neq 0$ となるパターンは，$n$ 個の学習パターンのごく一部であることが多い．その結果，線形識別関数 $g(\boldsymbol{x})$ は，$\mathbf{x}$ と，$\alpha_p \neq 0$ となる少数の $\mathbf{x}_p$ との内積 ${\mathbf{x}_p}^t\mathbf{x}$ の線形結合として表される．しかし，どの $\mathbf{x}_p$ （$\alpha_p \neq 0$）が式 (2.31) に組み込まれるかは一意に決まらず，学習時に与える学習パターンの順番に依存する．したがって，得られた線形識別関数が最適であるという保証はない．これがパーセプトロンの学習規則の欠点の一つである．

この問題を解消したのが**サポートベクトルマシン**（support vector machine）である．サポートベクトルマシンで得られる線形識別関数も式 (2.31) の形で表される．しかし，パーセプトロンと異なり，選ばれた少数の $\mathbf{x}_p$ （$\alpha_p \neq 0$）は，決定境界を最適化するよう一意に決まる．これらの $\mathbf{x}_p$ は**サポートベクトル**（support vector）と呼ばれる．

以上で述べたように，サポートベクトルマシンにおいても基本的な構成法はパーセプトロンと共通している点は，注目すべきである．なお，サポートベクトルマシンは本書で扱わないので，文献 [石井 22][前田 01] などを参照されたい．

---

## 2.4 パーセプトロンの学習実験

本節では，具体例を用いてパーセプトロンの学習実験を行い，これまで述べてきたパーセプトロンの機能を確認する．使用するデータは，3 次元特徴空間（$d = 3$）上に分布する以下の 8 個の学習パターンである．

$$\boldsymbol{x}_1 = (1,1,1)^t, \quad \boldsymbol{x}_2 = (0,1,1)^t, \quad \boldsymbol{x}_3 = (1,0,1)^t, \quad \boldsymbol{x}_4 = (1,1,0)^t,$$
$$\boldsymbol{x}_5 = (0,0,0)^t, \quad \boldsymbol{x}_6 = (1,0,0)^t, \quad \boldsymbol{x}_7 = (0,1,0)^t, \quad \boldsymbol{x}_8 = (0,0,1)^t \tag{2.32}$$

このうち，$\boldsymbol{x}_1$, $\boldsymbol{x}_2$, $\boldsymbol{x}_3$, $\boldsymbol{x}_4$ はクラス $\omega_1$ に，$\boldsymbol{x}_5$, $\boldsymbol{x}_6$, $\boldsymbol{x}_7$, $\boldsymbol{x}_8$ はクラス $\omega_2$ にそれぞれ属しているものとする．**図 2.10** に，クラス $\omega_1, \omega_2$ のパターンをそれぞれ●と○で示す．図から明らかなように，パターンは単位立方格子の頂点に存在し，これらは線形分離可能である．

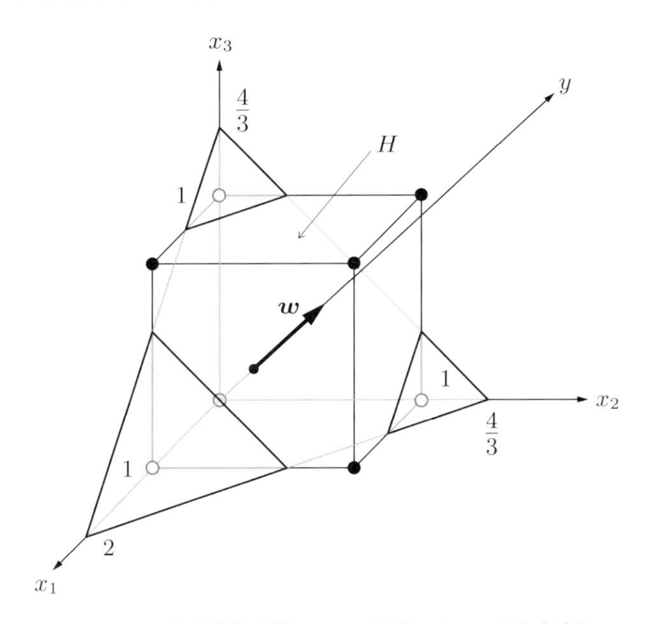


図 2.10　3 次元特徴空間における学習パターンと決定境界

ここで，線形識別関数

$$g(\boldsymbol{x}) = w_0 + w_1 x_1 + w_2 x_2 + w_3 x_3 \tag{2.33}$$

を設定し，パーセプトロンの学習規則を用いて

$$\begin{cases} g(\boldsymbol{x}_p) > 0 & (\boldsymbol{x}_p \in \omega_1) \\ g(\boldsymbol{x}_p) < 0 & (\boldsymbol{x}_p \in \omega_2) \end{cases} \qquad (p = 1, \ldots, 8) \tag{2.34}$$

となるように，重み $w_0$, $w_1$, $w_2$, $w_3$ を決定したい．ただし，重みの初期値を

$(w_0, w_1, w_2, w_3) = (-5, 1, 1, 1)$ とし，学習係数は $\rho = 1$ とする．また，学習パターンは，$\boldsymbol{x}_1$ から $\boldsymbol{x}_8$ まで，この順に繰り返し与えるものとする．

学習の結果を**表 2.1** に示す．この学習では，1 パターンの処理を 1 回の繰り返しと見なし，それが表の 2 列目に記されている．学習パターンは 8 パターンであるので，8 回の繰り返しが 1 エポックに相当し，それが 1 列目に記されている．

表の 3 列目，4 列目には，処理したパターンとその所属クラスがそれぞれ示さ

表 2.1 パーセプトロンによる重みの学習過程

| エポック | 繰り返し | パターン | クラス | 拡張特徴ベクトル | | | | 拡張重みベクトル | | | | $g(\boldsymbol{x})$ | 正(○)誤(×) | 新しい重み | | | |
|---|---|---|---|---|---|---|---|---|---|---|---|---|---|---|---|---|---|
| | | | | $x_0$ | $x_1$ | $x_2$ | $x_3$ | $w_0$ | $w_1$ | $w_2$ | $w_3$ | | | $w'_0$ | $w'_1$ | $w'_2$ | $w'_3$ |
| 1 | 1 | $\boldsymbol{x}_1$ | $\omega_1$ | 1 | 1 | 1 | 1 | −5 | 1 | 1 | 1 | −2 | × | −4 | 2 | 2 | 2 |
| | 2 | $\boldsymbol{x}_2$ | $\omega_1$ | 1 | 0 | 1 | 1 | −4 | 2 | 2 | 2 | 0 | × | −3 | 2 | 3 | 3 |
| | 3 | $\boldsymbol{x}_3$ | $\omega_1$ | 1 | 1 | 0 | 1 | −3 | 2 | 3 | 3 | 2 | ○ | | | | |
| | 4 | $\boldsymbol{x}_4$ | $\omega_1$ | 1 | 1 | 1 | 0 | −3 | 2 | 3 | 3 | 2 | ○ | | | | |
| | 5 | $\boldsymbol{x}_5$ | $\omega_2$ | 1 | 0 | 0 | 0 | −3 | 2 | 3 | 3 | −3 | ○ | | | | |
| | 6 | $\boldsymbol{x}_6$ | $\omega_2$ | 1 | 1 | 0 | 0 | −3 | 2 | 3 | 3 | −1 | ○ | | | | |
| | 7 | $\boldsymbol{x}_7$ | $\omega_2$ | 1 | 0 | 1 | 0 | −3 | 2 | 3 | 3 | 0 | × | −4 | 2 | 2 | 3 |
| | 8 | $\boldsymbol{x}_8$ | $\omega_2$ | 1 | 0 | 0 | 1 | −4 | 2 | 2 | 3 | −1 | ○ | | | | |
| 2 | 9 | $\boldsymbol{x}_1$ | $\omega_1$ | 1 | 1 | 1 | 1 | −4 | 2 | 2 | 3 | 3 | ○ | | | | |
| | 10 | $\boldsymbol{x}_2$ | $\omega_1$ | 1 | 0 | 1 | 1 | −4 | 2 | 2 | 3 | 1 | ○ | | | | |
| | 11 | $\boldsymbol{x}_3$ | $\omega_1$ | 1 | 1 | 0 | 1 | −4 | 2 | 2 | 3 | 1 | ○ | | | | |
| | 12 | $\boldsymbol{x}_4$ | $\omega_1$ | 1 | 1 | 1 | 0 | −4 | 2 | 2 | 3 | 0 | × | −3 | 3 | 3 | 3 |
| | 13 | $\boldsymbol{x}_5$ | $\omega_2$ | 1 | 0 | 0 | 0 | −3 | 3 | 3 | 3 | −3 | ○ | | | | |
| | 14 | $\boldsymbol{x}_6$ | $\omega_2$ | 1 | 1 | 0 | 0 | −3 | 3 | 3 | 3 | 0 | × | −4 | 2 | 3 | 3 |
| | 15 | $\boldsymbol{x}_7$ | $\omega_2$ | 1 | 0 | 1 | 0 | −4 | 2 | 3 | 3 | −1 | ○ | | | | |
| | 16 | $\boldsymbol{x}_8$ | $\omega_2$ | 1 | 0 | 0 | 1 | −4 | 2 | 3 | 3 | −1 | ○ | | | | |
| 3 | 17 | $\boldsymbol{x}_1$ | $\omega_1$ | 1 | 1 | 1 | 1 | −4 | 2 | 3 | 3 | 4 | ○ | | | | |
| | 18 | $\boldsymbol{x}_2$ | $\omega_1$ | 1 | 0 | 1 | 1 | −4 | 2 | 3 | 3 | 2 | ○ | | | | |
| | 19 | $\boldsymbol{x}_3$ | $\omega_1$ | 1 | 1 | 0 | 1 | −4 | 2 | 3 | 3 | 1 | ○ | | | | |
| | 20 | $\boldsymbol{x}_4$ | $\omega_1$ | 1 | 1 | 1 | 0 | −4 | 2 | 3 | 3 | 1 | ○ | | | | |
| | 21 | $\boldsymbol{x}_5$ | $\omega_2$ | 1 | 0 | 0 | 0 | −4 | 2 | 3 | 3 | −4 | ○ | | | | |
| | 22 | $\boldsymbol{x}_6$ | $\omega_2$ | 1 | 1 | 0 | 0 | −4 | 2 | 3 | 3 | −2 | ○ | | | | |

れている．続いて拡張特徴ベクトルと拡張重みベクトルの内容が記されており，前者は固定されているのに対し，後者は学習の過程で適宜更新されていく．拡張特徴ベクトルの $x_0$ は恒等的に 1 である．

表の $g(\boldsymbol{x})$ は繰り返しごとに計算された線形識別関数の値であり，パターンが正しく識別されたか否かがそれぞれ○と×で示されている．正しく識別されなかった場合は重みの修正を行い，修正後の重みが新しい重み $w'_0, w'_1, w'_2, w'_3$ として，表の最後の 4 列に記されている．

この処理を繰り返していくと，繰り返し 15〜22 で 8 パターンが連続して正しく識別されているので，この時点で収束と判定できる．すなわち，3 エポック目の途中の繰り返し 22 で収束する[*15]．最終的に得られた重みベクトル $\mathbf{w}$ は

$$\mathbf{w} = (w_0, w_1, w_2, w_3)^t = (-4, 2, 3, 3)^t \tag{2.35}$$

である．したがって，決定境界は式 (2.28) より，3 次元特徴空間上の平面

$$-4 + 2x_1 + 3x_2 + 3x_3 = 0 \tag{2.36}$$

となり，それが図 2.10 の平面 $H$ として示されている．図の $\boldsymbol{w}$ は平面 $H$ の法線ベクトルであり，$y$ が法線方向の射影軸である．平面 $H$ が両クラスを正しく識別する決定境界となっていることが確かめられる．

表 2.1 に示されているように，重みの修正は計 5 回，すなわち繰り返し 1, 2, 7, 12, 14 で実行されており，そのたびに新しい重みが得られている．学習の過程を**図 2.11** に示す．図は，初期状態の $y$ 軸，および重み修正直後の $y$ 軸に各パターンがどのように射影されるかを示している．ただし，図を見やすくするため，射影後 $w_0$ だけ移動し，$y$ 軸上の値の正負によって識別判定を行うようにした．射影軸上でのパターンの位置が，パターン名 $\boldsymbol{x}_p$ とともに●と○で示されている．図 2.10 の $y$ 軸上でゼロをしきい値として二つのクラスが分離されていく過程が観察できる．なお，●と○の合計がパターン数 8 と一致しないのは，射影値が同値となるパターンが存在し，図中で重なっているためである．他の実験例として，**演習問題 2.2** も参照されたい．

---

[*15] 収束判定を 1 エポック終わるごとに行ってもよい．その場合，この問題では 3 エポックが終了した時点，すなわち繰り返し 24 で収束したと判定される．しかし，繰り返し 23, 24 はパターン $\boldsymbol{x}_7$, $\boldsymbol{x}_8$ の処理であり，これらはすでに繰り返し 15, 16 で正しく識別されているので，繰り返し 23, 24 は不要である．

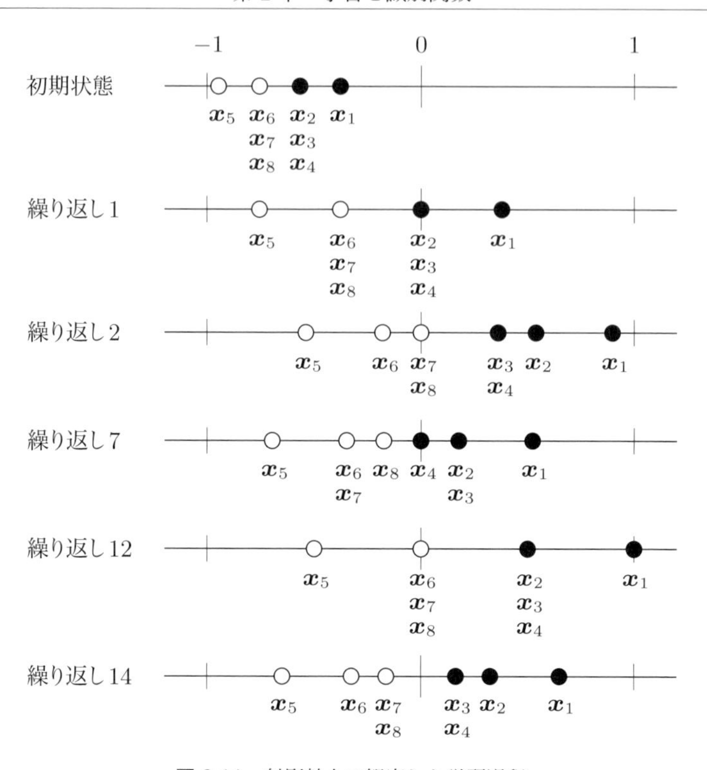


図 2.11 射影軸上で観察した学習過程

## 2.5 区分的線形識別関数

### 〔1〕 区分的線形識別関数の機能

これまでは線形分離可能な場合を扱ってきた．図 2.12 は線形分離不可能な分布の例である（$d=2$，$c=3$）．このような場合には，これまでのような線形識別関数ではクラス間を分離できない．言い換えれば，クラス当たり 1 プロトタイプでは，どの位置にプロトタイプを置いても NN 法で学習パターンを正しく識別することはできない．

これを解決するには，プロトタイプの数を増やせばよい．その極端な場合が全数記憶方式で，全学習パターンをそのままプロトタイプとする方法であることは

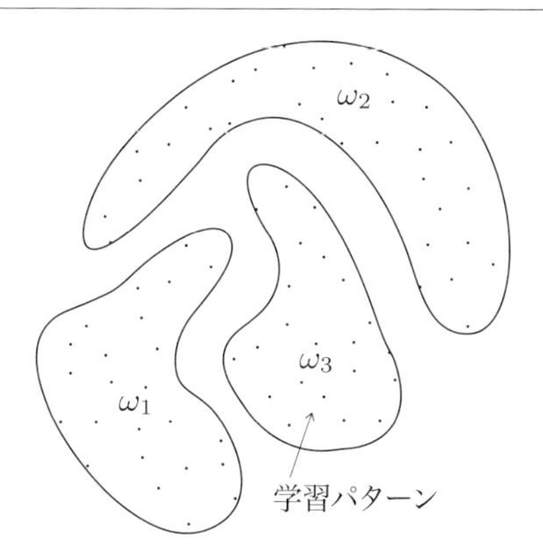


図 2.12 線形分離不可能な分布

すでに述べた．**図 2.13** (a) は，クラス当たり複数のプロトタイプを用いて NN 法によりクラス間分離を試みた例である．この方法によれば，図に示すように，特徴空間は各プロトタイプを含む閉領域（図中の点線）によって細かく分割されることになる．あるプロトタイプによって規定される閉領域は，当該プロトタイプを最近傍として持つパターンの存在範囲を示している．言い換えれば，各領域は各プロトタイプがカバーする範囲を示している．このような図は**ボロノイ図** (Voronoi diagram) と呼ばれている．隣接する二つの領域のプロトタイプが異なるクラスに属する場合，当該領域の境界はクラス同士を分離する決定境界（図中の太線）となる*16．

クラス間分離という目的に限定するならば，パターンの分布を代表していても決定境界の決定に寄与しないプロトタイプは省くことができる．図 2.13 (b) は，プロトタイプの数を約半分に減らした例である．図 2.13 (c) は，逆にプロトタイプを全学習パターンにまで増やし，全数記憶方式としたものである．いずれの場合もクラスを正しく分離できており，プロトタイプの数が増えるほど決定境界が滑らかになることがわかる．

上の例でも明らかなように，決定境界は超平面の組み合わせ（この例では太い折れ線）で構成されている．プロトタイプと線形識別関数に関する 2.2 節の議論を踏まえれば，ここで用いられる識別関数は，複数の線形識別関数の組で表され

*16 この例では，簡単のためリジェクト領域は設けていない．

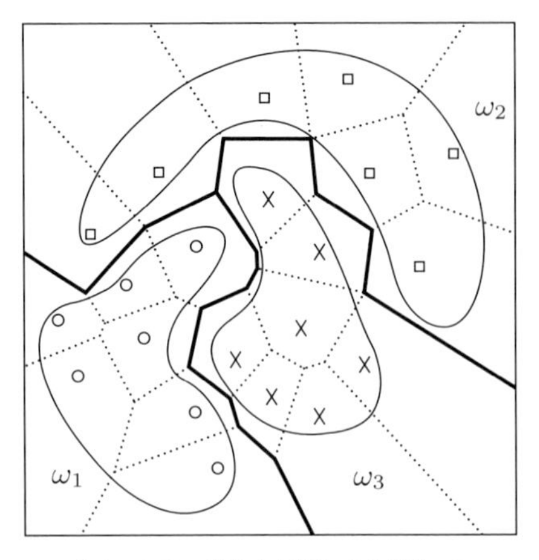


(a) クラス当たり複数（多数）のプロトタイプ

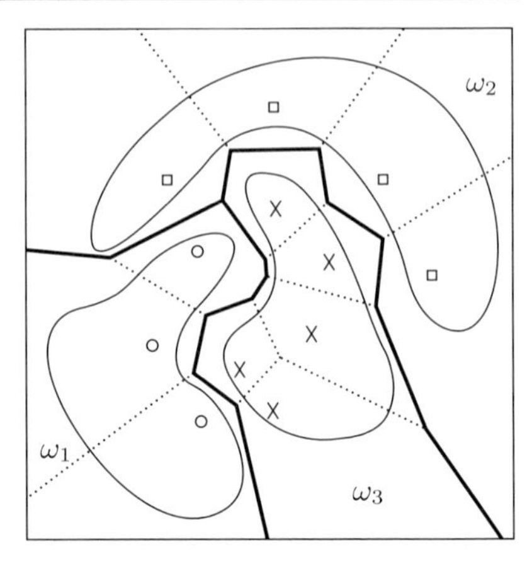


(b) クラス当たり複数（少数）のプロトタイプ

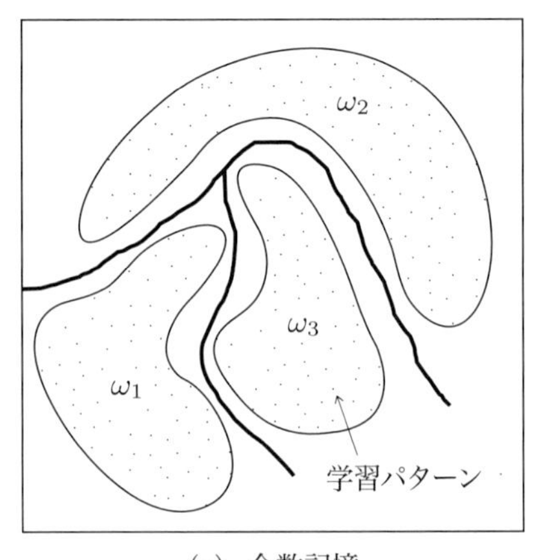


(c) 全数記憶

図 2.13　区分的線形識別関数によるクラス間分離

ることがわかる．すなわち，クラス $\omega_i$ の識別関数 $g_i(\boldsymbol{x})$ は $L_i$ 個の線形識別関数 $g_i^{(l)}(\boldsymbol{x})$ $(l=1,\ldots,L_i)$ によって，次のように表される．

$$g_i(\boldsymbol{x}) = \max_{l=1,\ldots,L_i}\{g_i^{(l)}(\boldsymbol{x})\} \tag{2.37}$$

$$g_i^{(l)}(\boldsymbol{x}) = w_{i0}^{(l)} + \sum_{j=1}^{d} w_{ij}^{(l)} x_j \qquad (i=1,2,\ldots,c) \tag{2.38}$$

上式の $L_i$ は，クラス $\omega_i$ のプロトタイプの数に等しい．このような識別関数 $g_i(\boldsymbol{x})$ を**区分的線形識別関数**（piecewise linear discriminant function）という．また，上式における線形識別関数 $g_i^{(l)}(\boldsymbol{x})$ を**副次識別関数**（subsidiary discriminant function）という（**演習問題 2.3**）．

結局 NN 法は区分的線形識別関数を実現しており，クラス当たり 1 プロトタイプ（$L_i = 1$）の特別な場合が線形識別関数になるわけである．**図 2.14** に区分的線形識別関数のブロック図を示す．区分的線形識別関数は，入力パターンに対して関数値が最大となる副次識別関数を持つクラスを識別結果として出力する．

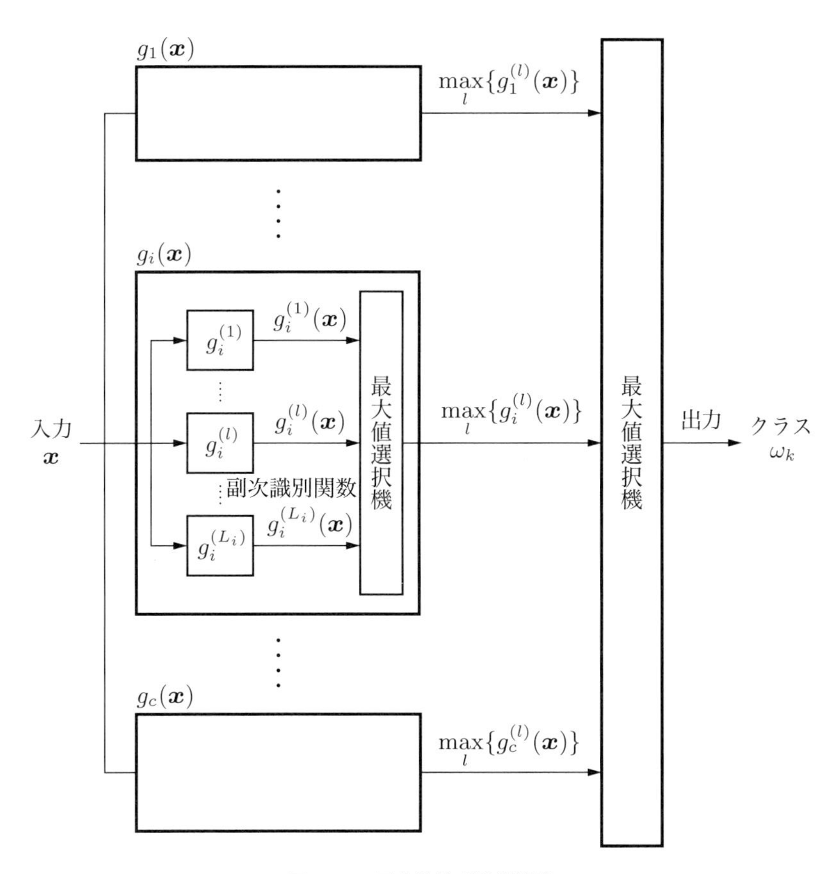


図 2.14　区分的線形識別関数

区分的線形識別関数は極めて効果的で，どのような複雑な決定境界も任意の精度で近似できる．したがって，有限個の学習パターンは区分的線形識別関数によりクラスごとに完全に分離することができる．しかし，残念ながら区分的線形識別関数には前述の学習アルゴリズムが適用できない．なぜなら，区分的線形識別関数は Φ 関数ではないからである．区分的線形識別関数を学習によって求めようとすると，副次識別関数の個数 $L_i$ とそれらの重みの両方を学習しなくてはならない．前者は，$L_i$ をあらかじめ大きめに設定することによって学習の問題を避けることができるが，無駄が多くなる．もし副次識別関数の総数が制限されているなら，副次識別関数をクラス間で移動させるという手順も，学習の中に含める必要がある．区分的線形識別関数の学習方法は，文献 [Nil65] に紹介されている．区分的線形識別関数の学習を，プロトタイプ配置の最適化の問題として捉えると，前出の学習ベクトル量子化となる．区分的線形識別関数に関しては，最適解への収束条件など，まだわかっていない部分が多い．

### 〔2〕 ニューラルネットワークとの関係

ニューラルネットワークについては 3.3〜3.5 節で詳しく紹介するが，ここで，これまでの議論とニューラルネットワークとの関係について簡単に述べておく．ニューラルネットワークにはさまざまな形態があるが，ここで取り上げるのは**フィードフォワード**（feedforward）型の**多層ニューラルネットワーク**（multi-layer neural network）[*17]である．本書では，ニューラルネットワークと言えば，フィードフォワード型の多層ニューラルネットワークを指すこととする．

実は，ニューラルネットワークは，区分的線形識別関数と極限において等価であることが証明されている [Nil65][*18]．ニューラルネットワークは非線形識別関数を実現しており，区分的線形識別関数は非線形識別関数を任意の精度で近似できることを考えると，両者が等価であることは直感的にも明らかである．実際，

---

[*17] **層状ニューラルネットワーク**（layered neural network）ということもある．

[*18] ただし，文献 [Nil65] で扱っているニューラルネットワークは，非線形要素としてしきい値関数を用いた古典的ニューラルネットワークであり，シグモイド関数を用いた現代のニューラルネットワークとは異なる．しかし，シグモイド関数は極限においてしきい値関数と等価であるので，この結論は本質的には現代のニューラルネットワークにも当てはまると考えてよい．

両者を比較すると，いくつかの共通点があることがわかる．例えば，ニューラルネットワークを用いる際，学習に先立って中間層の数やユニットの数を決めておかなくてはならないが，これは区分的線形識別関数において副次識別関数の数（プロトタイプ数）を決めなくてはならないことと同じである．また，中間層やユニット数を増やすほどニューラルネットワークの識別能力が高まることが知られているが，これは副次識別関数の数を増やすほど複雑な決定境界を作れることに相当する．

ニューラルネットワークが区分的線形識別関数と等価であるとすると，両者の識別能力に差がないことも明らかである．すなわち，識別問題に関する限り，従来の方法で不可能なことがニューラルネットワークで可能になったわけではない．ニューラルネットワークも区分的線形識別関数も，決定境界を任意の精度で近似できるという意味で極めて強力である．しかし，これは両者の潜在的識別能力が高いということであって，そのような識別性能を学習によって実現できるかどうかは，まったく別の問題である．

そのような中で，ニューラルネットワークに対して考案された誤差逆伝播法は，比較的良い識別性能を獲得できる効果的な学習法であることが実験的に確かめられている．すなわち，ニューラルネットワークで注目すべき点は，その識別能力ではなく，誤差逆伝播法の学習能力である*19．誤差逆伝播法は区分的線形識別関数の学習法の一つと見ることができ，解への到達条件が明らかにされていないなど，その問題点も従来法と変わらない．区分的線形識別関数を得る方法は，誤差逆伝播法に限らない．学習ベクトル量子化もその一つの候補であるし，計算機の容量と速度に余裕があれば，全数記憶方式も十分実用的な手段になりうる．要は，問題に応じて適切な方法を選択すべきであり，問題の性質に無関係にニューラルネットワークを適用することは避ける必要がある，ということである．

*19 そのほかに，関数近似能力も注目すべきであるが，本書では扱わない．

## coffee break

**❖ パーセプトロンは学習モデルの基本―誤解されたミンスキー―**

ローゼンブラットが1957年に提案したパーセプトロンは，人間の知的営みである「学習」をコンピュータ上に実現したということで注目を集め，第1次ニューロブームの発端となった．しかし，その後パーセプトロンの限界が明らかになり，人工知能研究は長い冬の時代を迎えることになった．その原因となったのは，ミンスキー（Marvin Minsky）が著書[MP69]の中でパーセプトロンを批判したためだと一般には信じられている．しかし，これについては彼自身が以下のように反論している[MP88]．

(1) 自著[MP69]で主張したのは，「ある種の問題はパーセプトロンで簡単に解けるが，規模の大きい問題をパーセプトロンで解こうとすると，計算コストが極端に大きくなる」という内容であり，パーセプトロンが重要ではないという評価を与えたつもりはまったくない．
(2) 自著の内容を一言で言うなら，パーセプトロンの計算コストを，問題の規模の関数として明確に表したということである．
(3) パーセプトロンは，機能，アーキテクチャの面で示唆に富んでおり，パーセプトロンで学んだことの多くは，今後も有効であり続けるはずである．

ミンスキーの言を待つまでもなく，パーセプトロンこそは学習モデルの根幹をなすものであり，パターン認識や学習を研究する者にとって必ず学んでおかなければならない基本である．深層学習で取り上げられる多層ニューラルネットワークにしても，最終層とその一つ前の層で構成されているのは，パーセプトロンの構造そのものである．また，29ページのcoffee breakでも触れたように，サポートベクトルマシンの構成法もパーセプトロンと共通している．実際，研究者はさまざまな場面で上記(3)の指摘を痛感することと思う．

## 演習問題

**2.1**　2次元特徴空間上に三つのクラス$\omega_1, \omega_2, \omega_3$の学習パターンが分布している．ここで，各クラスの平均ベクトルをプロトタイプとする最小距離識別法を実現したい．各クラスのプロトタイプ$\mathbf{p}_1, \mathbf{p}_2, \mathbf{p}_3$は，以下のようであった．

$$\mathbf{p}_1 = (4, 16)^t, \quad \mathbf{p}_2 = (12, 6)^t, \quad \mathbf{p}_3 = (12, 18)^t$$

(1) これらのプロトタイプを用いた最小距離識別法を実現する線形識別関数 $g_i(\boldsymbol{x})$ $(i = 1, 2, 3)$ を求めよ．

(2) 決定境界 $g_{ij}(\boldsymbol{x}) \stackrel{\text{def}}{=} g_i(\boldsymbol{x}) - g_j(\boldsymbol{x}) = 0$ $(i < j)$ をすべて求め，図にプロットするとともに，クラス $\omega_1, \omega_2, \omega_3$ と判定される各領域を示せ．

(3) 上記の学習パターンに，さらにクラス $\omega_4$ の学習パターンが加わり，そのプロトタイプ $\mathbf{p}_4$ は $\mathbf{p}_4 = (2, 4)^t$ であった．上と同様にして，プロトタイプに基づく最小距離識別法を実現する線形識別関数 $g_4(\boldsymbol{x})$ を求めよ．

(4) 決定境界 $g_{i4}(\boldsymbol{x}) = 0$ $(i = 1, 2, 3)$ を図に追記し，さらにクラス $\omega_1 \sim \omega_4$ と判定される各領域を示せ．

(5) 識別関数 $g_1(\boldsymbol{x}) \sim g_4(\boldsymbol{x})$ により，パターン $\boldsymbol{x}_1 = (2, 9)^t$ およびパターン $\boldsymbol{x}_2 = (2, 11)^t$ を識別した結果を示せ．また，その結果が正しいことを，パターンを図にプロットすることにより確認せよ．

**2.2** 2 次元特徴空間上に 6 個の学習パターン $\boldsymbol{x}_1, \boldsymbol{x}_2, \ldots, \boldsymbol{x}_6$ が，以下のように与えられているとする．

$$\boldsymbol{x}_1 = (11, 8)^t, \quad \boldsymbol{x}_2 = (10, 10)^t, \quad \boldsymbol{x}_3 = (6, 3)^t,$$
$$\boldsymbol{x}_4 = (6, 5)^t, \quad \boldsymbol{x}_5 = (2, 8)^t, \quad \boldsymbol{x}_6 = (1, 2)^t$$

このうち，$\boldsymbol{x}_1, \boldsymbol{x}_2, \boldsymbol{x}_3$ はクラス $\omega_1$ に，$\boldsymbol{x}_4, \boldsymbol{x}_5, \boldsymbol{x}_6$ はクラス $\omega_2$ にそれぞれ属しているものとする．いま，線形識別関数

$$g(\boldsymbol{x}) = w_0 + w_1 x_1 + w_2 x_2$$

を設定し，学習パターン $\boldsymbol{x}_p$ $(p = 1, \ldots, 6)$ に対し，

$$g(\boldsymbol{x}_p) > 0 \quad (\boldsymbol{x}_p \text{ がクラス } \omega_1 \text{ に属するとき})$$
$$g(\boldsymbol{x}_p) < 0 \quad (\boldsymbol{x}_p \text{ がクラス } \omega_2 \text{ に属するとき})$$

となるよう，重み $w_0, w_1, w_2$ を決定したい．

(1) パーセプトロンの学習規則を用いて重み $w_0, w_1, w_2$ を求めよ．ただし，重みの初期値は $(w_0, w_1, w_2) = (-54, 13, -15)$ とし，学習係数は $\rho = 1$ とする．また，学習パターンは，$\boldsymbol{x}_1$ から $\boldsymbol{x}_6$ までこの順に繰り返し与えるものとする．

(2) 2次元特徴空間上に学習パターンをプロットし，さらに初期値として設定した重みによって定まる決定境界を図示せよ．

(3) パーセプトロンの学習規則を適用して得られた重みによって定まる決定境界を図示せよ．

**2.3** 2次元特徴空間上に8個の学習パターン $\boldsymbol{x}_1, \boldsymbol{x}_2, \ldots, \boldsymbol{x}_8$ が以下のように与えられており，$\boldsymbol{x}_1 \sim \boldsymbol{x}_4$ はクラス $\omega_1$ に，$\boldsymbol{x}_5 \sim \boldsymbol{x}_8$ はクラス $\omega_2$ にそれぞれ属しているものとする．

$$
\begin{aligned}
&\boldsymbol{x}_1 = (3,0)^t, \quad \boldsymbol{x}_2 = (4,3)^t, \quad \boldsymbol{x}_3 = (6,4)^t, \quad \boldsymbol{x}_4 = (7,1)^t, \\
&\boldsymbol{x}_5 = (1,2)^t, \quad \boldsymbol{x}_6 = (3,5)^t, \quad \boldsymbol{x}_7 = (4,6)^t, \quad \boldsymbol{x}_8 = (0,3)^t
\end{aligned}
$$

(1) 識別法として，8個の学習パターンすべてをプロトタイプとして採用し，最近傍決定則（識別法1）を適用する．この識別法によって定まる区分的線形識別関数の決定境界を図示せよ．

(2) 各クラスの学習パターンの平均をプロトタイプとする最小距離識別法（識別法2）を適用した場合の決定境界を図示せよ．

(3) テストパターン $\boldsymbol{x}_9 = (3,3)^t$ を，識別法1, 2で識別したときの結果をそれぞれ示せ．

# 第 3 章
# 誤差評価に基づく学習

## 3.1　二乗誤差最小化学習

### (1)　学習のための評価関数

前章で紹介したパーセプトロンの学習規則の欠点は，線形分離可能であること，すなわち誤識別を 0 にする線形識別関数が存在することを前提としなくてはならない点である．線形分離不可能な学習パターンに対しては，誤り訂正の手続きを無限に繰り返し，解に到達することができない．もし，収束の可能性がないと判断し，繰り返しを途中で打ち切っても，そのときに得られる重みが最適であるという保証はない．学習の過程で線形分離不可能であることを検出できる方法として，**ホー・カシャップのアルゴリズム**（Ho-Kashyap algorithm）[DH73]が知られているが，一般に線形分離可能か否かを事前に確認することは困難である．そこで，以下では，線形分離不可能な場合にも適用できる一般的な学習アルゴリズムを紹介する．その基本的な枠組みは，評価関数を定義し，それを最小化するという考え方に基づいている．極めて重要な事実として，以下で述べる学習アルゴリズムは，いずれもベイズ決定則と密接に関連していることを指摘しておこう．このことについては，第 9 章で詳しく述べる．

学習パターンが $n$ 個のパターン $\boldsymbol{x}_1, \boldsymbol{x}_2, \ldots, \boldsymbol{x}_n$ からなるとする．いま，$p$ 番目のパターン $\boldsymbol{x}_p$（$p = 1, 2, \ldots, n$）を入力したときの，$i$ 番目（$i = 1, 2, \ldots, c$）の識別関数 $g_i(\boldsymbol{x}_p)$ の望ましい出力値 $b_{ip}$ をあらかじめ定めておく．この $b_{ip}$ を**教師信号**（teaching signal）と呼ぶ．さらに，$c$ 個の識別関数の出力値をベクトル $(g_1(\boldsymbol{x}_p), g_2(\boldsymbol{x}_p), \ldots, g_c(\boldsymbol{x}_p))^t$ で表すと，これに対応する教師信号は，同じくベクトルで $(b_{1p}, b_{2p}, \ldots, b_{cp})^t$ と表される．このベクトル表記された教師信号を**教師ベクトル**（teaching vector）と呼ぶ．識別関数の特性から，教師ベクトルの各成分は

$$b_{ip} > b_{jp} \quad (j \neq i,\ \boldsymbol{x}_p \in \omega_i) \tag{3.1}$$

となるように設定されていなくてはならない．クラス $\omega_i$ に属するすべてのパターンに対して同一の教師ベクトル $\mathbf{t}_i = (b_1, \ldots, b_i, \ldots, b_c)^t$ $(b_i > b_j,\ j \neq i)$ を割り当てることにすれば，教師ベクトルとしては $\mathbf{t}_1, \mathbf{t}_2, \ldots, \mathbf{t}_c$ の $c$ 個を用意すればよい．教師ベクトル $\mathbf{t}_i$ として，例えば $b_i = 1$，$b_j = 0$ $(j \neq i)$ とおいた $c$ 次元単位ベクトル

$$\mathbf{t}_i = (\overset{1}{0}, \ldots, 0, \overset{i}{1}, 0, \ldots, \overset{c}{0})^t \qquad (i = 1, \ldots, c) \tag{3.2}$$

を選ぶのも一つの方法である．すなわち

$$\boldsymbol{x}_p \in \omega_i \text{ なら } (b_{1p}, b_{2p}, \ldots, b_{cp})^t = \mathbf{t}_i = (\overset{1}{0}, \ldots, 0, \overset{i}{1}, 0, \ldots, \overset{c}{0})^t \tag{3.3}$$

とするわけである．式 (3.2) で示したような，特定の1要素のみ1で，他の要素はすべて0であるベクトルを**ワンホットベクトル**（one-hot vector）という．教師ベクトルについては，8.2 節および 9.1 節で再び取り上げることにする．

入力パターン $\boldsymbol{x}_p$ に対する実際の出力と教師信号との誤差 $\varepsilon_{ip}$ は

$$\varepsilon_{ip} = g_i(\boldsymbol{x}_p) - b_{ip} \tag{3.4}$$

であり，この二乗和を評価関数 $J_p$ として定義すると，$J_p$ は重みベクトル $\mathbf{w}_i$ の関数として，次のように書ける[*1]．

$$\begin{aligned} J_p(\mathbf{w}_1, \mathbf{w}_2, \ldots, \mathbf{w}_c) &= \frac{1}{2}\sum_{i=1}^{c} \varepsilon_{ip}^2 && (3.5)\\ &= \frac{1}{2}\sum_{i=1}^{c} (g_i(\boldsymbol{x}_p) - b_{ip})^2 && (3.6)\\ &= \frac{1}{2}\sum_{i=1}^{c} (\mathbf{w}_i^t \mathbf{x}_p - b_{ip})^2 && (3.7) \end{aligned}$$

ここで，$\mathbf{x}_p$ は $\boldsymbol{x}_p$ に対応する拡張特徴ベクトルである．

全パターンに対する二乗誤差 $J$ は

$$J(\mathbf{w}_1, \mathbf{w}_2, \ldots, \mathbf{w}_c) = \sum_{p=1}^{n} J_p(\mathbf{w}_1, \mathbf{w}_2, \ldots, \mathbf{w}_c) \tag{3.8}$$

[*1] 係数 1/2 を乗ずるのは，後出の式 (3.14) の表記を単純にするためである．

$$= \frac{1}{2}\sum_{p=1}^{n}\sum_{i=1}^{c}(g_i(\boldsymbol{x}_p) - b_{ip})^2 \tag{3.9}$$

$$= \frac{1}{2}\sum_{p=1}^{n}\sum_{i=1}^{c}(\mathbf{w}_i^t\mathbf{x}_p - b_{ip})^2 \tag{3.10}$$

となる．したがって，最適な重みベクトルは，式 (3.10) を最小にする解として求めることができる．このような重みベクトルの最適化法を**二乗誤差最小化学習** (minimum square error learning) という．

### 〔2〕 閉じた形の解

重みベクトル $\mathbf{w} = (w_0, w_1, \ldots, w_d)^t$ の関数 $J(\mathbf{w})$ に対して**勾配ベクトル** (gradient vector) を

$$\nabla J = \frac{\partial J}{\partial \mathbf{w}} = \left(\frac{\partial J}{\partial w_0}, \frac{\partial J}{\partial w_1}, \ldots, \frac{\partial J}{\partial w_d}\right)^t \tag{3.11}$$

で定義する．以後，クラス $\omega_i$ の重みベクトル $\mathbf{w}_i$ に対応する勾配ベクトルを，$\nabla_i J$ あるいは $\partial J/\partial \mathbf{w}_i$ で表す．なお，ベクトルによる微分については，**付録 A.2** を参照されたい（以下同様）．

$J(\mathbf{w}_1, \mathbf{w}_2, \ldots, \mathbf{w}_c)$ の最小解を求める直接的な方法は

$$\frac{\partial J}{\partial \mathbf{w}_i} = \nabla_i J = \mathbf{0} \qquad (i = 1, 2, \ldots, c) \tag{3.12}$$

の解を求めることである．すなわち，式 (3.10) より

$$\frac{\partial J}{\partial \mathbf{w}_i} = \sum_{p=1}^{n}\frac{\partial J_p}{\partial \mathbf{w}_i} \tag{3.13}$$

$$= \sum_{p=1}^{n}(\mathbf{w}_i^t\mathbf{x}_p - b_{ip})\mathbf{x}_p = \mathbf{0} \qquad (i = 1, 2, \ldots, c) \tag{3.14}$$

を解けばよい．いま $n \times (d+1)$ 型行列 $\mathbf{X}$ と $n$ 次元ベクトル $\mathbf{b}_i$ を

$$\mathbf{X} \stackrel{\text{def}}{=} (\mathbf{x}_1, \mathbf{x}_2, \ldots, \mathbf{x}_n)^t \tag{3.15}$$

$$\mathbf{b}_i \stackrel{\text{def}}{=} (b_{i1}, b_{i2}, \ldots, b_{in})^t \qquad (i = 1, 2, \ldots, c) \tag{3.16}$$

で定義すると[*2]，式 (3.10), (3.14) はそれぞれ

$$J(\mathbf{w}_1, \mathbf{w}_2, \ldots, \mathbf{w}_c) = \frac{1}{2}\sum_{i=1}^{c} \|\mathbf{X}\mathbf{w}_i - \mathbf{b}_i\|^2 \tag{3.17}$$

$$\frac{\partial J}{\partial \mathbf{w}_i} = \mathbf{X}^t(\mathbf{X}\mathbf{w}_i - \mathbf{b}_i) = \mathbf{0} \qquad (i = 1, 2, \ldots, c) \tag{3.18}$$

と簡単に表すことができる．行列 $\mathbf{X}$ を**パターン行列**（pattern matrix）と呼ぶ．式 (3.18) より

$$\mathbf{X}^t\mathbf{X}\mathbf{w}_i = \mathbf{X}^t\mathbf{b}_i \qquad (i = 1, 2, \ldots, c) \tag{3.19}$$

を得る．ここで $(d+1) \times (d+1)$ 型行列 $\mathbf{X}^t\mathbf{X}$ が**正則**（non-singular）であると仮定すると，

$$\mathbf{w}_i = (\mathbf{X}^t\mathbf{X})^{-1}\mathbf{X}^t\mathbf{b}_i \qquad (i = 1, 2, \ldots, c) \tag{3.20}$$

となる．上で示したような，$\|\mathbf{X}\mathbf{w}_i - \mathbf{b}_i\|^2$ の最小解として $\mathbf{w}_i = (\mathbf{X}^t\mathbf{X})^{-1}\mathbf{X}^t\mathbf{b}_i$ を得るプロセスは，$\mathbf{x}_p$ を**説明変数**（explanatory variable）とし，$b_{ip}$ を**目的変数**（objective variable）とする**重回帰分析**（multiple regression analysis）と同じ手法である．このようにして求めた $\mathbf{w}_i$ は大域的最適解であり，唯一の最小点である．詳細は**演習問題 3.1** を参照されたい．

一方，式 (3.2) は，異なったクラスには互いに区別のしやすい異なった教師ベクトルを対応させることを示している．また，式 (3.10) を最小化することは，同じクラスに属するパターンを同じ教師ベクトルの近傍に集中させることを示している．したがって，上記の処理はクラス間分散が一定のもとでのクラス内分散の最小化に相当し，線形判別法の特殊な場合と解釈することもできる．これについては，9.1 節で改めて述べることにする．

### 〔3〕 逐次近似による解（ウィドロー・ホフの学習規則）

上で述べた方法は，$\mathbf{X}^t\mathbf{X}$ が正則でない場合には適用できず，また $d$ が大きい場合には逆行列を求める計算量が膨大になるなどの理由から，あまり実用的では

---

[*2] 式 (3.16) のベクトル $\mathbf{b}_i$ と式 (3.3) の教師ベクトル $(b_{1p}, b_{2p}, \ldots, b_{cp})^t$ とを混同しないように注意してほしい．ベクトルに含まれる要素はいずれも教師信号 $b_{ip}$ であるが，前者は $p$ を 1 から $n$ まで変化させて作った $n$ 次元ベクトルであり，後者は $i$ を 1 から $c$ まで変化させて作った $c$ 次元ベクトルである．

ない．それに代わる方法として，ここでは逐次近似により重みを決定する方法について述べる．この種の方法で最もよく用いられるのは，**最急降下法**（steepest descent method）である．すなわち，重みベクトルは

$$\mathbf{w}_i' = \mathbf{w}_i - \rho \cdot \frac{1}{n} \cdot \frac{\partial J}{\partial \mathbf{w}_i} \tag{3.21}$$

$$= \mathbf{w}_i - \rho \cdot \frac{1}{n} \cdot \sum_{p=1}^{n} \frac{\partial J_p}{\partial \mathbf{w}_i} \qquad (i = 1, 2, \ldots, c) \tag{3.22}$$

によって逐次更新され，最終的に $J$ の最小解に到達する．ここで，$\rho$ は式 (2.25), (2.26) ですでに導入した学習係数で，正の定数である．

上式は全学習パターンが示された後，一括して重みの修正を行うことを示している．このような学習法を**バッチ学習**（batch learning）という．上式では，パターン数によって $\rho$ を調整する必要がないよう，$n$ で除している．

一方，パターンが示されるたびに修正を行うこともできる．このような学習法を**オンライン学習**（online learning）という．この場合，重みの修正は

$$\mathbf{w}_i' = \mathbf{w}_i - \rho \frac{\partial J_p}{\partial \mathbf{w}_i} \qquad (i = 1, 2, \ldots, c) \tag{3.23}$$

で表される．

バッチ学習，オンライン学習の中間的な学習法として，**ミニバッチ学習**（mini-batch learning）がある．この学習法では，$n$ 個の学習パターンを $m\,(1 \leq m \leq n)$ 組に分け，各組の全パターンが示された時点で重みの修正を行う．すなわち，$m = 1$ の場合がバッチ学習，$m = n$ の場合がオンライン学習に相当する．バッチ学習では 1 エポックで 1 回の重み修正，オンライン学習では 1 エポックで $n$ 回の重み修正，ミニバッチ学習では 1 エポックで $m$ 回の重み修正を行うことになる．

以下では，オンライン学習を例にとって説明する．簡単のため，$g_i(\boldsymbol{x}_p)$ を $g_{ip}$ と略記すると，

$$\frac{\partial J_p}{\partial \mathbf{w}_i} = \frac{\partial J_p}{\partial g_{ip}} \cdot \frac{\partial g_{ip}}{\partial \mathbf{w}_i} \tag{3.24}$$

が成り立つ．上式の右辺第 1 項は，式 (3.6) より

$$\frac{\partial J_p}{\partial g_{ip}} = g_{ip} - b_{ip} = \varepsilon_{ip} \tag{3.25}$$

であり，第2項は $g_{ip} = \mathbf{w}_i^t \mathbf{x}_p$ より

$$\frac{\partial g_{ip}}{\partial \mathbf{w}_i} = \mathbf{x}_p \tag{3.26}$$

であるから，式 (3.24) は

$$\frac{\partial J_p}{\partial \mathbf{w}_i} = (g_{ip} - b_{ip})\mathbf{x}_p \tag{3.27}$$

$$= \varepsilon_{ip}\,\mathbf{x}_p \tag{3.28}$$

と書ける．式 (3.28) を式 (3.23) に代入すると，重みベクトルの修正法として

$$\mathbf{w}_i' = \mathbf{w}_i - \rho\,\varepsilon_{ip}\,\mathbf{x}_p \tag{3.29}$$

$$= \mathbf{w}_i - \rho(g_{ip} - b_{ip})\mathbf{x}_p \tag{3.30}$$

$$= \mathbf{w}_i - \rho(\mathbf{w}_i^t \mathbf{x}_p - b_{ip})\mathbf{x}_p \qquad (i = 1, 2, \ldots, c) \tag{3.31}$$

が得られる．バッチ学習の場合は，式 (3.22) に式 (3.28) を代入することにより

$$\mathbf{w}_i' = \mathbf{w}_i - \rho \cdot \frac{1}{n} \cdot \sum_{p=1}^{n} \varepsilon_{ip}\,\mathbf{x}_p \tag{3.32}$$

$$= \mathbf{w}_i - \rho \cdot \frac{1}{n} \cdot \sum_{p=1}^{n} (\mathbf{w}_i^t \mathbf{x}_p - b_{ip})\,\mathbf{x}_p \qquad (i = 1, 2, \ldots, c) \tag{3.33}$$

とすればよい．ミニバッチ学習の重み修正も，同様にして実行できる．これを**ウィドロー・ホフの学習規則**（Widrow-Hoff learning rule）という．これは**デルタルール**（delta rule）と呼ばれることもある [RM86]．

この方法は，学習パターンが線形分離可能・不可能のいずれの場合にも適用できる．線形分離不可能な場合は，当然のことながら誤識別ゼロは達成できず，また誤識別パターン数を最小化できる保証もない．さらに，たとえ線形分離可能であっても，必ずしも誤識別ゼロを達成できるとは限らない．この手法を用いる際には，これらの点に注意する必要がある．

### 〔4〕 2クラスの場合

識別対象が2クラスの場合は，式 (2.19) より重みベクトルは一つでよく，式 (3.7) の代わりに

$$J_p(\mathbf{w}) = \frac{1}{2}(g(\boldsymbol{x}_p) - b_p)^2 = \frac{1}{2}(\mathbf{w}^t\mathbf{x}_p - b_p)^2 \tag{3.34}$$

を用いればよい．ここで，教師信号 $b_p$ としては，例えば次のような設定方法が考えられる．

$$b_p = \begin{cases} +1 & (\boldsymbol{x}_p \in \omega_1) \\ -1 & (\boldsymbol{x}_p \in \omega_2) \end{cases} \qquad (p = 1, \ldots, n) \tag{3.35}$$

二乗誤差 $J(\mathbf{w})$ は，式 (3.8), (3.34) より

$$J(\mathbf{w}) = \sum_{p=1}^{n} J_p(\mathbf{w}) \tag{3.36}$$

$$= \frac{1}{2}\sum_{p=1}^{n}(g(\boldsymbol{x}_p) - b_p)^2 = \frac{1}{2}\sum_{p=1}^{n}(\mathbf{w}^t\mathbf{x}_p - b_p)^2 \tag{3.37}$$

となる．ここで，$\mathbf{b}$ を

$$\mathbf{b} \stackrel{\text{def}}{=} (b_1, b_2, \ldots, b_n)^t \tag{3.38}$$

と定義する．ベクトル $\mathbf{b}$ の各成分 $b_p$ $(p = 1, \ldots, n)$ は式 (3.35) に従う．

閉じた形の解としては

$$J(\mathbf{w}) = \frac{1}{2}\|\mathbf{X}\mathbf{w} - \mathbf{b}\|^2 \tag{3.39}$$

と変形し，式 (3.18) と同様に $\partial J/\partial\mathbf{w} = \mathbf{0}$ とすることにより

$$\mathbf{w} = (\mathbf{X}^t\mathbf{X})^{-1}\mathbf{X}^t\mathbf{b} \tag{3.40}$$

が得られる．

また，逐次近似法としてのウィドロー・ホフの学習規則は

$$\mathbf{w}' = \mathbf{w} - \rho(\mathbf{w}^t\mathbf{x}_p - b_p)\mathbf{x}_p \qquad \text{（オンライン学習）} \tag{3.41}$$

$$\mathbf{w}' = \mathbf{w} - \rho \cdot \frac{1}{n} \cdot \sum_{p=1}^{n}(\mathbf{w}^t\mathbf{x}_p - b_p)\,\mathbf{x}_p \qquad \text{（バッチ学習）} \tag{3.42}$$

となる．

### 〔5〕 ウィドロー・ホフの学習規則に関する実験

以上で述べた学習法の動作とその有効性を，簡単な実験によって確かめてみよう．使用するデータは図2.4と同じで，1次元特徴空間，すなわち数直線上に分布する6個の学習パターン $\boldsymbol{x}_1 \sim \boldsymbol{x}_6$ である．ただし，各パターンの配置は図2.4と同じであるが，パターン $\boldsymbol{x}_3$ と $\boldsymbol{x}_4$ の所属クラスが逆転している．すなわち，$\boldsymbol{x}_1, \boldsymbol{x}_2, \boldsymbol{x}_4$ がクラス $\omega_1$ に，$\boldsymbol{x}_3, \boldsymbol{x}_5, \boldsymbol{x}_6$ がクラス $\omega_2$ に属している．学習パターンの位置と所属クラスを**図3.1**に示しており，これらは明らかに線形分離不可能である．したがって，前章のパーセプトロンの学習規則は適用できない．ここで取り上げているのは2クラスの識別問題であるので，本節〔4〕で述べた手順に従うことにする．

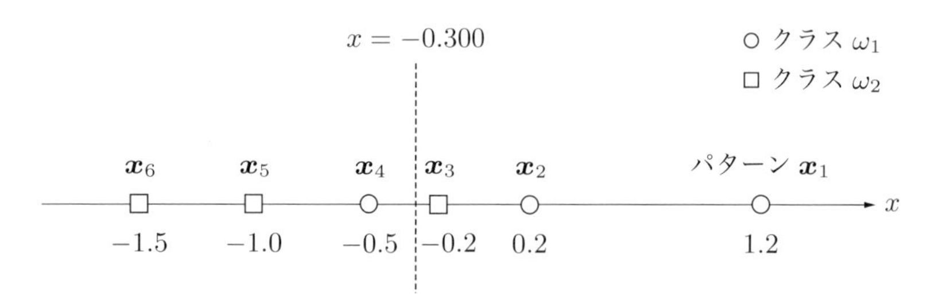


図3.1　線形分離不可能な学習パターン

式 (3.40) に従って，まず閉じた形の解を求めてみよう．パターン行列 $\mathbf{X}$ は

$$\mathbf{X}^t = \begin{pmatrix} 1.0 & 1.0 & 1.0 & 1.0 & 1.0 & 1.0 \\ 1.2 & 0.2 & -0.2 & -0.5 & -1.0 & -1.5 \end{pmatrix} \tag{3.43}$$

であり，$\mathbf{b}$ は式 (3.35), (3.38) より

$$\mathbf{b} = (1, 1, -1, 1, -1, -1)^t \tag{3.44}$$

である．式 (3.43) を用いると

$$(\mathbf{X}^t\mathbf{X})^{-1}\mathbf{X}^t = \begin{pmatrix} 0.267 & 0.200 & 0.173 & 0.153 & 0.120 & 0.086 \\ 0.335 & 0.112 & 0.022 & -0.045 & -0.156 & -0.268 \end{pmatrix} \tag{3.45}$$

となるので，式 (3.40) より

$$\mathbf{w} = (w_0, w_1)^t = (\mathbf{X}^t\mathbf{X})^{-1}\mathbf{X}^t\mathbf{b} \tag{3.46}$$
$$= (0.241, 0.804)^t \tag{3.47}$$

が得られる．二つのクラスを分離するための決定境界は

$$g(\boldsymbol{x}) = \mathbf{w}^t\mathbf{x} = w_0 + w_1 x = 0 \tag{3.48}$$

であるので，

$$x = -\frac{w_0}{w_1} = -\frac{0.241}{0.804} = -0.300 \tag{3.49}$$

と求められる．この決定境界が図 3.1 中に破線で示されている．この結果を見ると，パターン $\boldsymbol{x}_3$ と $\boldsymbol{x}_4$ が誤識別されていることがわかる．しかし，線形識別関数によって得られる決定境界の中で，二乗誤差 $J$ を最小化するという意味では，この決定境界が最適である．

なお，式 (3.40) の代わりに式 (3.20) を用いる例については，**演習問題 3.2** を参照されたい．

次に，逐次近似による解，すなわちウィドロー・ホフの学習規則によって $\mathbf{w}$ を求めてみよう．学習パターンが与えられれば，式 (3.39) によって $J(\mathbf{w})$ が定まる．学習パターン $\boldsymbol{x}_1 \sim \boldsymbol{x}_6$ と $\mathbf{b}$ を式 (3.39) に代入することによって得られる $J(\mathbf{w})$ を**図 3.2** に示す．図では，$(w_1, w_0)$ を座標にとって，2 次元平面上に $J(\mathbf{w})$ の等高線が細線で示されている．また，式 (3.47) で閉じた形の解として求められた $\mathbf{w}$ の最適値 $(w_1, w_0) = (0.804, 0.241)$ が小さな黒丸で示されている．すでに述べたように，この最適値は大域的最適解であり，解は唯一に決まるので，得られる結果は初期値に依存しない．このことは図 3.2 に示された $J(\mathbf{w})$ の形状からも明らかである．

実験にあたって，重みベクトル $\mathbf{w}$ の初期値は，図 2.7 でも用いた $(w_1, w_0) = (5, 11)$ とした．図 3.2 では重みの初期値が×印で示されている．実験はバッチ学習とオンライン学習の双方について行い，式 (3.41), (3.42) の学習係数 $\rho$ は $\rho = 0.1$ とした．繰り返しの過程で $J(\mathbf{w})$ の変化があらかじめ定めたしきい値 0.01 より小さくなった時点で収束と判断し，収束に至るまでの重みベクトル $\mathbf{w}$ の軌跡を図 3.2 に太線で示した．また，収束に至るまでの $J(\mathbf{w})$ の値の変化を**図 3.3** に示す．

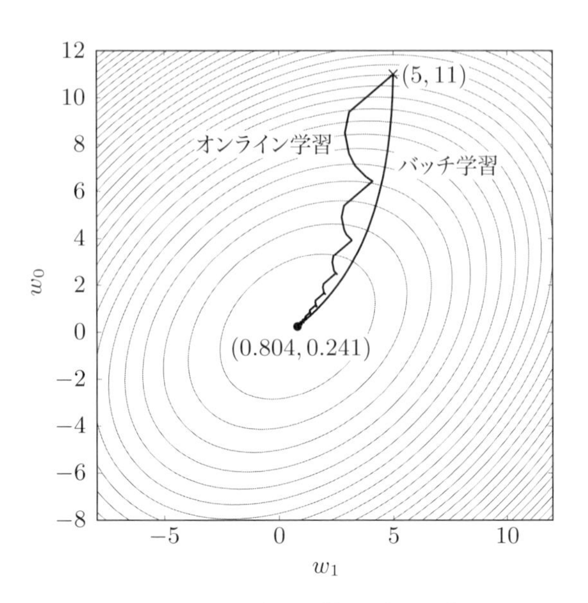


図 3.2　ウィドロー・ホフの学習規則（線形分離不可能な学習パターン）

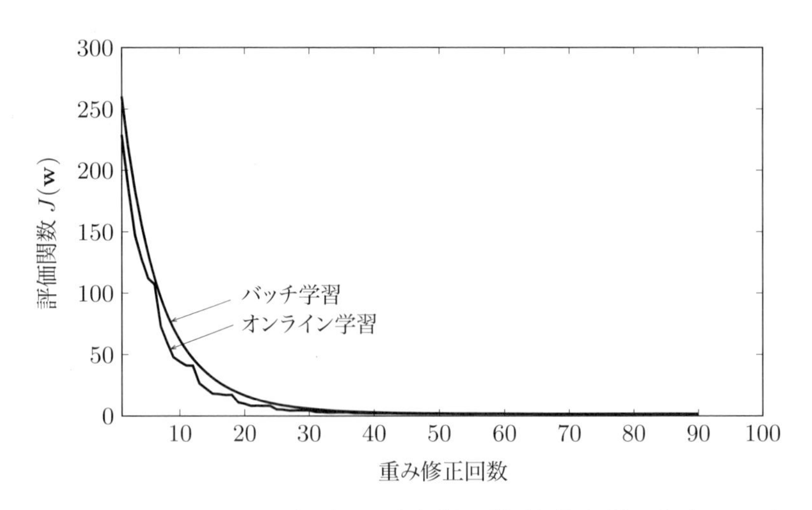


図 3.3　ウィドロー・ホフの学習規則の収束過程（線形分離不可能な学習パターン）

収束に要した重み修正回数は，バッチ学習が 69 回（エポック数と同じ），オンライン学習が 90 回（エポック数 15）であった．バッチ学習とオンライン学習のいずれにおいても，得られた重みは閉じた形の解として得られた最適値 $(w_1, w_0) = (0.804, 0.241)$ に近いことが，図 3.2 で確かめられる．

図 3.2 を見ると，バッチ学習では，修正は等高線と直角の方向，すなわち $J(\mathbf{w})$ の最急降下の方向にほぼ一致していることがわかる．一方，オンライン学習では，個々の修正の方向は必ずしも $J(\mathbf{w})$ の最急降下の方向とは一致しないが[*3]，最終的にはほぼ最適解に到達している．バッチ学習では 1 回の修正で $J(\mathbf{w})$ を最も効率良く減少させることができるので，オンライン学習よりも少ない修正回数で収束する．

両者の違いは，図 3.3 にも表れている．すなわち，バッチ学習では修正を繰り返す過程で $J(\mathbf{w})$ が単調かつ滑らかに減少しているのに対し，オンライン学習では $J(\mathbf{w})$ の減少傾向に滑らかさが欠けている．

以上，誤差評価に基づく学習を，線形分離不可能なデータを用いて実験した．この手法を図 2.4 で示された線形分離可能なデータに適用しても，得られる結果に大差はない（**演習問題 3.3**）．

## 3.2　誤差評価とパーセプトロン

### 〔1〕　二値の誤差評価

ウィドロー・ホフの学習規則を，すでに述べたパーセプトロンの学習規則と比較してみよう．式 (3.29) の $\varepsilon_{ip}$ の項は，教師信号と実際の出力との差であり，重みの修正量はこれに比例していることがわかる．いま図 2.3 における $g_i(\boldsymbol{x}) = \mathbf{w}_i^t\mathbf{x}$ に続いて**しきい値関数**（threshold function）$T_i$ による処理を施したものを改めて $g_i(\boldsymbol{x})$ とおくと，$g_i(\boldsymbol{x})$ の出力は 1 または 0 の二値となる．ただし，$T_i$ は

$$T_i(u) = \begin{cases} 1 & (u > 0) \\ 0 & (u < 0) \end{cases} \qquad (i = 1, 2, \ldots, c) \tag{3.50}$$

*3 $J_p(\mathbf{w})$ の最急降下の方向とは一致している．

で定義される．このようにして得られた新しい識別系を**図 3.4** に示す．ここで示されている線形加重和＋しきい値処理という単位は**しきい値論理ユニット** (threshold logic unit) と呼ばれ，パーセプトロンをはじめとする学習機能を持った多層ネットワークの基本的構成要素と考えられている．ここで，

$$\begin{cases} \mathbf{w}_i^t \mathbf{x} > 0 & (\boldsymbol{x} \in \omega_i) \\ \mathbf{w}_i^t \mathbf{x} < 0 & (\boldsymbol{x} \notin \omega_i) \end{cases} \qquad (i = 1, 2, \ldots, c) \tag{3.51}$$

となるように重みベクトルを設定すれば，

$$\begin{cases} g_i(\boldsymbol{x}) = 1 \\ g_j(\boldsymbol{x}) = 0 \end{cases} \qquad (i, j = 1, 2, \ldots, c,\ \ j \neq i) \tag{3.52}$$

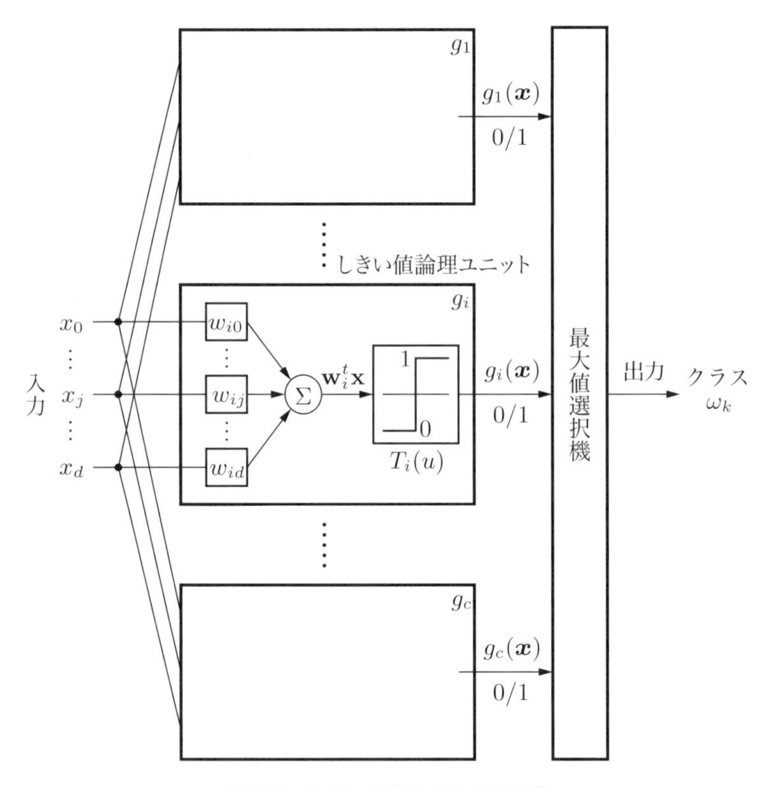


図 3.4 しきい値関数を含む識別系

となるから，図 3.4 の最大値選択機により正しい識別が可能である．教師信号 $b_{ip}$ を

$$b_{ip} = \begin{cases} 1 & (\boldsymbol{x}_p \in \omega_i) \\ 0 & (\boldsymbol{x}_p \notin \omega_i) \end{cases} \qquad (i = 1, 2, \ldots, c) \tag{3.53}$$

のように設定すると，パターン $\boldsymbol{x}_p \in \omega_i$ を $\omega_j$ と誤識別したとき

$$\begin{cases} g_i(\boldsymbol{x}_p) = 0, & b_{ip} = 1 \\ g_j(\boldsymbol{x}_p) = 1, & b_{jp} = 0 \end{cases} \qquad (j \neq i)$$

であるから，式 (3.30) は

$$\begin{cases} \mathbf{w}_i' = \mathbf{w}_i + \rho \cdot \mathbf{x}_p \\ \mathbf{w}_j' = \mathbf{w}_j - \rho \cdot \mathbf{x}_p \end{cases} \tag{3.54}$$

となる．識別結果が正しいときは $g_i(\boldsymbol{x}_p) - b_{ip} = 0$ であるので，修正は起こらない．式 (3.54) は式 (2.27) と同じであり，ウィドロー・ホフの学習規則は，パーセプトロンの学習規則を特別な場合として含むことがわかる[*4]．

### 〔2〕 超平面からの距離による評価

パーセプトロンの学習規則は，識別関数 $g_i(\boldsymbol{x}_p)$，教師信号 $b_{ip}$ ともに二値であり，全学習パターンに対して出力と教師信号が一致するまで重みの修正を繰り返す．線形分離可能であれば，この手続きは必ず誤識別 0 の重みに到達するが，線形分離不可能な場合には収束しない．

一方，ウィドロー・ホフの学習規則は，識別関数の出力を連続値とし，教師信号との二乗誤差の総和を最小化するのがねらいである．したがって，個々の学習パターンにとってみれば，得られた重みによる出力と教師信号との差は小さいとは限らない．すなわち，この方法は，線形分離可能の場合でも不可能の場合でも収束が保証されている代わりに，線形分離可能の場合に得られる重みは，必ずしも誤識別 0 の重みであるとは限らない．この点がパーセプトロンの学習規則と異なる．

次に，パーセプトロンの学習規則を，評価関数最小化のアルゴリズムとして導

[*4] 本項で定義した $g_i(\boldsymbol{x}_p)$ は，しきい値処理を含むため微分不可能となり，厳密には式 (3.26) は成り立たない．

いてみよう．簡単のため，ここでは2クラス問題を取り上げる．識別関数は式(2.19)より $g(\boldsymbol{x}) = \mathbf{w}^t\mathbf{x}$ であり，識別法は式(2.21)で定義される．

パーセプトロンの評価関数を以下のように考える．まず，パターン $\boldsymbol{x}_p$ $(p = 1, \ldots, n)$ に対して関数 $J_p(\mathbf{w})$ を定義する [TG74].

$$J_p(\mathbf{w}) = \frac{1}{2}\left(|\mathbf{w}^t\mathbf{x}_p| - b_p\mathbf{w}^t\mathbf{x}_p\right) \tag{3.55}$$

上式で，$|\cdot|$ は絶対値を表し，$b_p$ は式(3.35)で定義した教師信号である．パターン $\boldsymbol{x}_p$ に対して下式が成り立つことは，簡単に確かめられる[*5].

$$J_p(\mathbf{w}) = \begin{cases} 0 & (\boldsymbol{x}_p \text{ を正しく識別したとき}) \\ -b_p\mathbf{w}^t\mathbf{x}_p \quad (> 0) & (\boldsymbol{x}_p \text{ を誤識別したとき}) \end{cases} \tag{3.56}$$

ここで評価関数 $J(\mathbf{w})$ を

$$J(\mathbf{w}) = \sum_{p=1}^{n} J_p(\mathbf{w}) \tag{3.57}$$

と定義すると，式(3.56)より明らかなように，すべての学習パターン $\boldsymbol{x}_1 \sim \boldsymbol{x}_n$ を正しく識別したとき，$J(\mathbf{w}) = 0$ となり，最小となる[*6].

誤識別パターンの集合を $\mathcal{E}$ で表すと，式(3.56)から明らかなように

$$J(\mathbf{w}) = -\sum_{\boldsymbol{x}_p \in \mathcal{E}} b_p\mathbf{w}^t\mathbf{x}_p \quad (> 0) \tag{3.58}$$

$$= \sum_{\boldsymbol{x}_p \in \mathcal{E}} |\mathbf{w}^t\mathbf{x}_p| \tag{3.59}$$

と書ける．ただし，$\mathcal{E}$ が誤識別パターンを含まなければ，$J(\mathbf{w}) = 0$ と定義する．

ここで，重み空間内の超平面 $g(\boldsymbol{x}) = \mathbf{w}^t\mathbf{x} = 0$ を考える（図2.6参照）．重みベクトル $\mathbf{w}$ と超平面との距離 $r$ は，簡単な計算により

$$r = \frac{|\mathbf{w}^t\mathbf{x}|}{\|\mathbf{x}\|} \tag{3.60}$$

と求められる（**演習問題 3.4**）．いま，あるパターンを誤識別したとすると，重

[*5] パターン $\boldsymbol{x}_p$ が決定境界にあるときも $J(\mathbf{w}) = 0$ となるが，式(3.56)ではこの場合を除く．

[*6] ただし，式(3.55)から明らかなように，$\mathbf{w} = \mathbf{0}$ とすれば $J(\mathbf{w}) = 0$ は常に成り立つが，この解は無意味であり，除外しなくてはならない．

みベクトルは超平面から誤った側へ $r$ だけ外れていることになる．すなわち，$r$ の値は，重みベクトルの正しい位置からのずれの度合いを示している．式 (3.60) より $|\mathbf{w}^t\mathbf{x}| \propto r$ であるので，式 (3.59) の $J(\mathbf{w})$ はパーセプトロンの評価関数として妥当であり，$J(\mathbf{w})$ を最小化することで最適な $\mathbf{w}$ を求めることができる．

そこで，式 (3.57) で定義された $J(\mathbf{w})$ を最急降下法によって最小化する．ここでもオンライン学習を用いることにする．式 (3.55) の $J_p(\mathbf{w})$ を $\mathbf{w}$ で偏微分すると

$$\frac{\partial J_p(\mathbf{w})}{\partial \mathbf{w}} = \frac{1}{2}\left(\mathbf{x}_p \cdot \mathrm{sgn}(\mathbf{w}^t\mathbf{x}_p) - b_p\mathbf{x}_p\right) \tag{3.61}$$

が得られる．上式で関数 $\mathrm{sgn}(\cdot)$ を

$$\mathrm{sgn}(u) = \begin{cases} 1 & (u > 0) \\ -1 & (u < 0) \end{cases} \tag{3.62}$$

と定義した．式 (3.61) を式 (3.23) に代入すると次式が得られ，重みベクトル $\mathbf{w}$ は新しい重みベクトル $\mathbf{w}'$ に逐次修正される[*7]．

$$\begin{aligned} \mathbf{w}' &= \mathbf{w} - \rho\,\frac{\partial J_p(\mathbf{w})}{\partial \mathbf{w}} \\ &= \mathbf{w} - \frac{1}{2}\,\rho\left(\mathbf{x}_p \cdot \mathrm{sgn}(\mathbf{w}^t\mathbf{x}_p) - b_p\mathbf{x}_p\right) \end{aligned} \tag{3.63}$$

$$= \begin{cases} \mathbf{w} + \rho \cdot \mathbf{x}_p & (\boldsymbol{x}_p \in \omega_1 \text{ に対して } \mathbf{w}^t\mathbf{x}_p \leq 0 \text{ のとき}) \\ \mathbf{w} - \rho \cdot \mathbf{x}_p & (\boldsymbol{x}_p \in \omega_2 \text{ に対して } \mathbf{w}^t\mathbf{x}_p \geq 0 \text{ のとき}) \\ \mathbf{w} & (\text{その他のとき}) \end{cases} \tag{3.64}$$

式 (3.64) は式 (2.25), (2.26) と同じであることは明らかである．すなわち，パーセプトロンの学習規則は，評価関数 $J(\mathbf{w})$ を最急降下法によって最小化する手順と等価であることがわかる．

以上で述べた処理を，図 2.4 の 1 次元特徴空間上の学習パターンに適用した結果を示す．まず，式 (3.57) の評価関数 $J(\mathbf{w})$ の等高線図を示したのが，**図 3.5** である．図中，太線で囲まれた灰色の領域は，$J(\mathbf{w})$ が最小値 0 をとる解領域であり，図 2.5 で示した解領域と一致している．また，この図には，初期値 $(w_1, w_0) = (5, 11)$，$\rho = 2.0$ に設定して $J(\mathbf{w})$ の最小解を最急降下法によって求

---

[*7] $\mathbf{w}^t\mathbf{x}_p = 0$ となった場合には，誤識別ではないが重みベクトルの修正を要する．

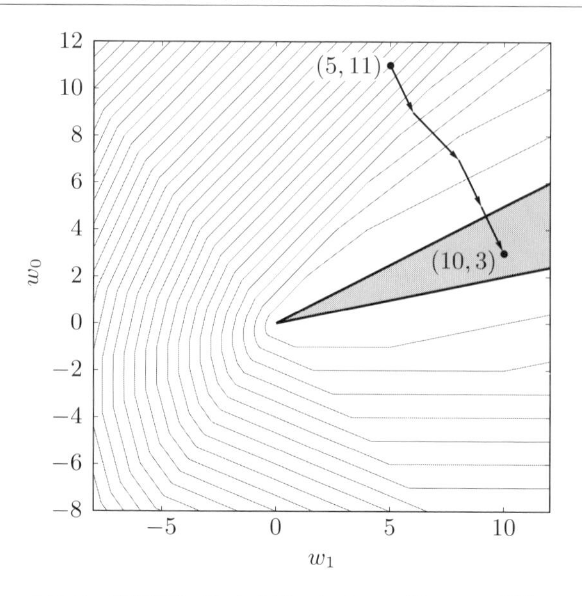


図 3.5　評価関数 $J(\mathbf{w})$ を用いたパーセプトロンの学習

めたときの軌跡が示されている．図より，$\mathbf{w}$ は $(w_1, w_0) = (10, 3)$ に収束し，解領域に到達している．これらはすべて図 2.7 で示した内容と対応していることがわかる．収束に要した繰り返し数（処理パターン数）は 16 である．収束に至るまでの $J(\mathbf{w})$ の値の変化を，**図 3.6** に示す．

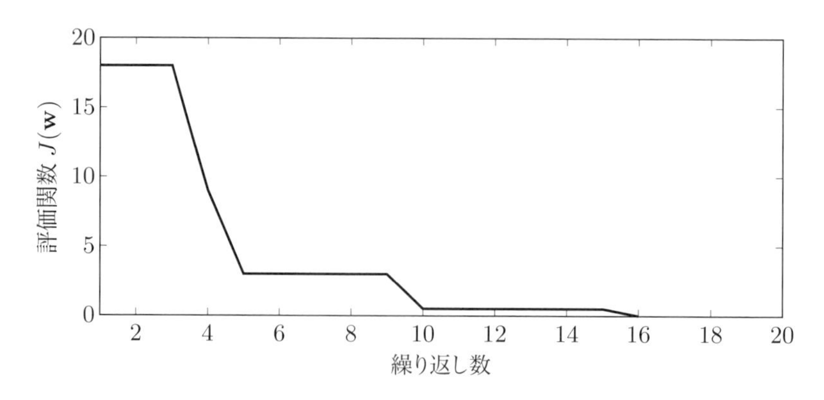


図 3.6　パーセプトロンの学習規則の収束過程

## 3.3 ニューラルネットワークと誤差逆伝播法

**図 3.7** (a) に示すような，□と○で表された複数の**ユニット** (unit) を含む層を，**入力層** (input layer) から**出力層** (output layer) まで多数並べたネットワークを考える．第1層である入力層と最終層である出力層の間に存在する層を**中間層** (internal layer) または**隠れ層** (hidden layer) という．図で□はしきい値論理ユニットを表し，○は前層からの入力はなく，次層への出力のみを行うユニットを表す．すなわち，入力層の $(d+1)$ 個の○は入力パターン $\mathbf{x}$ の特徴値 $x_0(=1)$, $x_1, \ldots, x_d$ をそのまま出力するユニットであり，中間層の○は常に1を出力するユニットである．各層のユニット数を等しくする必要はない．ユニット間の結合

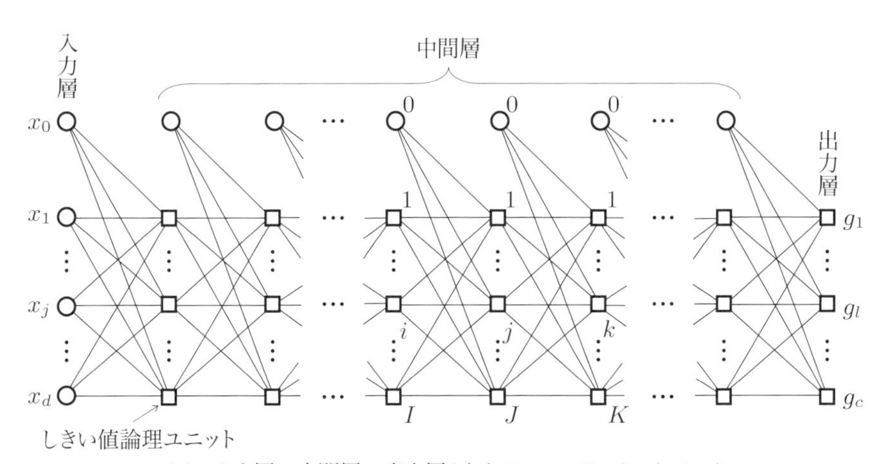


(a) 入力層，中間層，出力層よりなるニューラルネットワーク

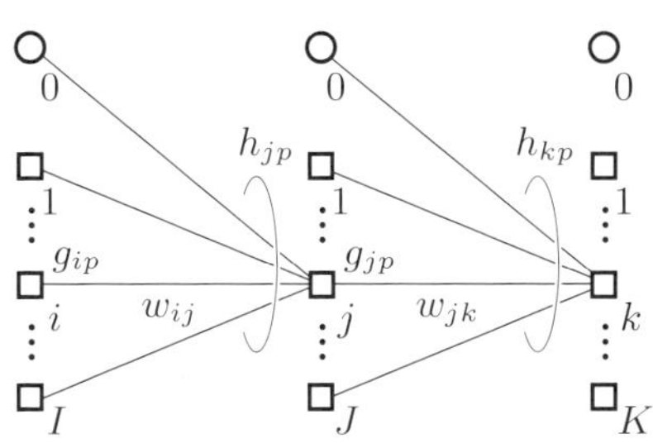


(b) ニューラルネットワークにおいて隣接する三つの層

図 3.7 ニューラルネットワークの構造

は隣接する層間でのみ存在し，かつ入力層から出力層へ向かう一方向である．

出力層のユニット数は通常クラス数に等しく，$c$ 個である．識別時には，これら $c$ 個のユニットのうち，出力値が最大となったユニットに対応するクラスを識別結果とする．すなわち，出力層の $i$ 番目のユニット出力を $g_i$ $(i = 1, \ldots, c)$ で表すと，入力パターン $\boldsymbol{x}$ の識別処理は下式で表される．

$$\max_i\{g_i(\boldsymbol{x})\} = g_k(\boldsymbol{x}) \implies \boldsymbol{x} \in \omega_k \tag{3.65}$$

学習時は，$c$ 個のユニット出力 $(g_1, \ldots, g_c)^t$ が，教師ベクトルにできるだけ近づくように，重みを調整する．教師ベクトルとしては，通常，式 (3.2) の $\mathbf{t}_i$ が用いられる．

パーセプトロンは，中間層を持たず，入力層と出力層のみからなる2層のネットワークである．中間層を加えて多層にすることによって，識別能力を高めることができる．ただし，線形の関数を直列に繋いでも線形の関数が得られるだけで，識別能力の向上は期待できない．多層化の利点は，しきい値関数に代表される非線形な処理を取り入れて初めて発揮される．このようなネットワークを**ニューラルネットワーク**（neural network）という．

すでに2.5節〔2〕で述べたように，ニューラルネットワークは区分的線形識別関数と等価であり，極めて高い識別能力を持つにもかかわらず，誤差逆伝播法が登場するまでは，有効な学習方法が知られていなかった．パーセプトロンにおいて，学習規則で学習できるのは最終層のみで，中間層の学習については無力である．このような学習法の欠点を解決し，学習の適用範囲を多層のネットワークにまで拡張したのが，以下に述べる**誤差逆伝播法**（**BP**：back propagation method）である．

図3.7 (b) に示すような，ニューラルネットワークにおいて隣接する三つの層を考える．ある層における $j$ $(= 0, \ldots, J)$ 番目のユニットをユニット $j$，1段前の層の $i$ $(= 0, \ldots, I)$ 番目のユニットをユニット $i$，1段後の層の $k$ $(= 0, \ldots, K)$ 番目のユニットをユニット $k$ と呼ぶことにする．また，ユニット $i$ からユニット $j$ への結合の重みを $w_{ij}$，ユニット $j$ からユニット $k$ への結合の重みを $w_{jk}$ とする．いま，$p$ 番目のパターン $\boldsymbol{x}_p$ $(p = 1, 2, \ldots, n)$ を入力したとき，ユニット $i$ からの出力を $g_{ip}$，ユニット $j$ への入力を $h_{jp}$ とする．$h_{jp}$ はユニット $j$ と結合している一つ前の層内のすべてのユニットからの出力の線形和であるから

$$h_{jp} = \sum_{i=0}^{I} w_{ij}\, g_{ip} \tag{3.66}$$

と書ける．さらに，ユニット $j$ からの出力は，非線形関数 $f$ を用いて

$$g_{jp} = f(h_{jp}) \tag{3.67}$$

と表される．ここでは後の議論のため，しきい値関数をその特殊な場合として含む，より一般的な非線形関数 $f$ を用いた．この関数 $f$ を**活性化関数**（activation function）という．ここで，出力層の $l$ 番目のユニットをユニット $l$ とし，ユニット $l$ に対する教師信号を $b_{lp}$ とする．パターン $\boldsymbol{x}_p$ を入力したときの出力と，教師信号との二乗誤差 $J_p$ は

$$J_p = \frac{1}{2}\sum_{l=1}^{c}(g_{lp} - b_{lp})^2 \tag{3.68}$$

であり，全学習パターンに対する二乗誤差 $J$ は

$$J = \sum_{p=1}^{n} J_p \tag{3.69}$$

となる．教師信号としては，式 (3.2) で示した $\mathbf{t}_i$，すなわち，所属クラスに該当する要素のみを 1 とし他は 0 とした教師ベクトルが用いられる．

これまでと同様に，$J$ の最小解を最急降下法で求める．最急降下法による重みの修正は，式 (3.21), (3.22) と同様にして

$$w'_{ij} = w_{ij} - \rho \cdot \frac{1}{n} \cdot \frac{\partial J}{\partial w_{ij}} \tag{3.70}$$

$$= w_{ij} - \rho \cdot \frac{1}{n} \cdot \sum_{p=1}^{n} \frac{\partial J_p}{\partial w_{ij}} \tag{3.71}$$

と書ける．上式の $\rho$ は学習係数で，正の定数である．上式は，全学習パターンが示された後，一括して重みの修正を行う形になっており，バッチ学習に相当する．

以下では，パターンが示されるごとに重みの修正を行うオンライン学習を適用することにする．その場合の重みの修正は，式 (3.71) に代わって下式となる．

$$w'_{ij} = w_{ij} - \rho \frac{\partial J_p}{\partial w_{ij}} \tag{3.72}$$

繁雑になるのを避けるため，以下ではパターン番号を表す添字 $p$ を $J_p$ 以外では省くことにする．そこで，$J_p$ を $w_{ij}$ で偏微分して

$$\frac{\partial J_p}{\partial w_{ij}} = \frac{\partial J_p}{\partial h_j} \cdot \frac{\partial h_j}{\partial w_{ij}} \tag{3.73}$$

が得られる．ここで上式の右辺第1項は，あとで重要な役割を担うので，下式のように $\varepsilon_j$ で表す．

$$\varepsilon_j = \frac{\partial J_p}{\partial h_j} \tag{3.74}$$

また，第2項は式 (3.66) より

$$\frac{\partial h_j}{\partial w_{ij}} = g_i \tag{3.75}$$

であるから，式 (3.73) は

$$\frac{\partial J_p}{\partial w_{ij}} = \varepsilon_j \, g_i \tag{3.76}$$

と表せる．上式を式 (3.72) に代入すると，重みの修正法として以下を得る．

$$w'_{ij} = w_{ij} - \rho \, \varepsilon_j \, g_i \tag{3.77}$$

ここで問題となるのは，$\varepsilon_j$ をどのように決めたらよいかである．$\varepsilon_j$ の決め方に関しては以下の巧妙な方法がある．$J_p$ を $h_j$ で偏微分すると，

$$\begin{aligned} \varepsilon_j &= \frac{\partial J_p}{\partial h_j} \\ &= \frac{\partial J_p}{\partial g_j} \cdot \frac{\partial g_j}{\partial h_j} \qquad (3.78) \\ &= \frac{\partial J_p}{\partial g_j} \, f'(h_j) \qquad (3.79) \end{aligned}$$

が得られる．ここで，式 (3.67) より

$$\frac{\partial g_j}{\partial h_j} = f'(h_j) \tag{3.80}$$

を用いた．式 (3.79) の第1項の計算は場合分けを行う．

まず，ユニット $j$ が出力層にあるときは，式 (3.68) より

$$\frac{\partial J_p}{\partial g_j} = g_j - b_j \qquad (j = 1, 2, \ldots, c) \tag{3.81}$$

となる．

次に，ユニット $j$ が中間層にあるときは，偏微分の連鎖律を用いて

$$\frac{\partial J_p}{\partial g_j} = \sum_{k=1}^{K} \frac{\partial J_p}{\partial h_k} \cdot \frac{\partial h_k}{\partial g_j} \tag{3.82}$$

となる．ここで，式 (3.74) の定義より

$$\frac{\partial J_p}{\partial h_k} = \varepsilon_k \tag{3.83}$$

であり，また式 (3.66) と同様にして

$$h_k = \sum_{j=0}^{J} w_{jk}\, g_j \tag{3.84}$$

であるから

$$\frac{\partial h_k}{\partial g_j} = w_{jk} \tag{3.85}$$

が得られ，結局，式 (3.79) の右辺第 1 項は下式となる．

$$\frac{\partial J_p}{\partial g_j} = \sum_{k=1}^{K} \varepsilon_k\, w_{jk} \tag{3.86}$$

一方，式 (3.79) の右辺第 2 項に現れる活性化関数 $f$ としては，式 (3.50) のようなしきい値関数が考えられるが，残念ながらこの関数は微分不可能なため，ここでは使えない．代わりに，しきい値関数を近似する微分可能な関数として，**図 3.8** に示すような**シグモイド関数** (sigmoid function) $S(u)$ を用いることにする．$S(u)$ は

$$S(u) = \frac{1}{1 + \exp(-u)} \tag{3.87}$$

で表され

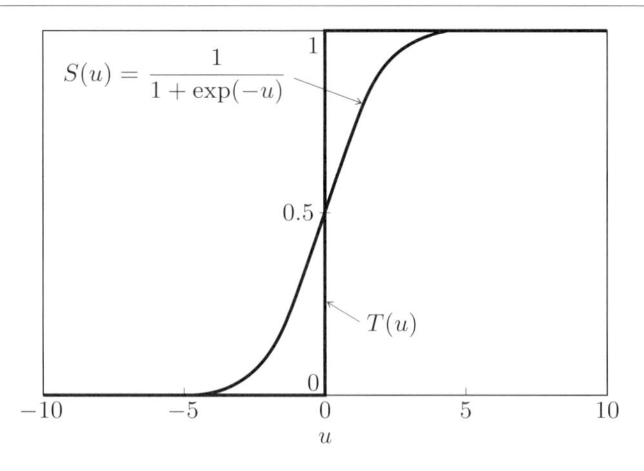


図 3.8　シグモイド関数

$$S'(u) = S(u)\,(1 - S(u)) \tag{3.88}$$

となる性質がある．したがって，$f$ をシグモイド関数に選べば，式 (3.67) より

$$f'(h_j) = g_j(1 - g_j) \tag{3.89}$$

が得られる．

以上を整理すると，$\varepsilon_j$ は次のような再帰的な手続きによって求められる．

$$\varepsilon_j = \begin{cases} (g_j - b_j)\,g_j(1 - g_j) & (\text{ユニット } j \text{ が出力層にあるとき}) \\ \left(\displaystyle\sum_{k=1}^{K} \varepsilon_k\, w_{jk}\right) g_j(1 - g_j) & (\text{ユニット } j \text{ が中間層にあるとき}) \end{cases} \tag{3.90}$$

式 (3.90) において，$0 < g_j(1 - g_j) < 1$ であり，ユニットの出力値 $g_j$ が 0.5 のとき重みの修正量は最も大きく，$g_j$ が 0 または 1 に近づくほど修正量は小さくなることがわかる．

式 (3.77) および式 (3.90) による重みの学習方法は，次の手順に従って進められる．すなわち，パターンが入力されると出力層で各ユニットの出力と教師信号との誤差が計算される．その誤差に基づいて $\varepsilon_j$ が求められ，さらに出力層での重みの修正が行われる．この $\varepsilon_j$ と修正された重みから 1 段前の層における $\varepsilon_j$

が求められ，同様にその層でも重みの修正が行われる．これを次々と繰り返すことにより，すべての層での重みが修正される．誤差逆伝播法の名は，このように誤差を表す $\varepsilon_j$ を後ろ向きに伝播させることによって重みの修正を行うことに由来する．学習が終了するのは，出力層における各ユニットからの出力が教師信号と一致したときであるが，シグモイド関数の性質上，出力は厳密には 0 または 1 に一致することはない．そこで，終了の条件として，0 や 1 の代わりに，例えば 0.1，0.9 などが使われる．誤差逆伝播法の処理過程をアニメーション風にまとめ，オーム社のウェブページ（iv ページの脚注参照）に掲げたので参照されたい．

誤差逆伝播法の式 (3.77) を，2 層のネットワークに対するウィドロー・ホフの学習規則の式 (3.29) と比較すると，前者はより一般的な多層のネットワークへ拡張された形になっており，その意味で**一般化デルタルール**（generalized delta rule）と呼ばれることもある [RM86].

以上，オンライン学習を例にとって誤差逆伝播法を説明した．バッチ学習の場合は，式 (3.72) を式 (3.71) に置き換えればよい．

## coffee break

### ❖ 汎化に対する誤解

ニューロブーム以来，**汎化**（generalization）という言葉がしばしば用いられるようになった．この言葉は魅力的であるが，誤解を招きやすい．汎化とは，本来個別の事例から背後に潜む一般法則を抽出することである．しかし，学習理論における汎化とは，学習機械が未知パターンに対してどの程度正しい出力を示せるかという予測能力を表すのに用いられる．具体的には，未知パターンに対する学習機械の出力が，真の出力からどの程度ずれているかを両者の二乗誤差の期待値で定義し，これを**汎化誤差**（generalization error）と呼んでいる．そして，この誤差が小さいほど**汎化能力**（generalization ability）が高いという．したがって，汎化能力が高いか低いかは，汎化誤差の大小についての議論であって，一般法則の抽出といった大それたものとは関係ない．

学習のプロセスは，入力と出力の間の関数をパラメータ近似すること，言い換えればフィッティングの問題にほかならない．近似方法としてパーセプトロンは線形近似を用いており，これはすでに述べたように重回帰分析と本質的には同じ手法である．一方，ニューラルネットワークは非線形近似であるから，複雑な関数を高精度で近似することができる．しかし，このことは逆に汎化能力では不利に働く場合もあることを示している．なぜなら，少数の学習パターンを複雑な関数で近似してしまえば，未知パターンに対する出力は信頼できない結果になるからである．このことは，4.4 節で改めて述べる．

このように，学習パターンが大量にある場合を除き，関数近似能力と汎化能力は必ずしも一致しないことに注意する必要がある．

---

## 3.4 3層ニューラルネットワークの実験

本節では，ニューラルネットワークの動作メカニズムをより詳しく調べるため，単純な構成のニューラルネットワークを取り上げ，それを小規模学習データに適用する実験を行う．学習パターンは2次元特徴空間上に分布する $\boldsymbol{x}_1, \ldots, \boldsymbol{x}_6$ の6パターンで，その内容は以下のとおりである[*8]．

$$
\begin{aligned}
&\boldsymbol{x}_1 = (0,5)^t, \quad \boldsymbol{x}_2 = (1,1)^t, \quad \boldsymbol{x}_3 = (5,0)^t, \\
&\boldsymbol{x}_4 = (6,2)^t, \quad \boldsymbol{x}_5 = (2,6)^t, \quad \boldsymbol{x}_6 = (2,2)^t
\end{aligned}
\tag{3.91}
$$

このうち，$\boldsymbol{x}_1, \boldsymbol{x}_2, \boldsymbol{x}_3$ はクラス $\omega_1$ に，$\boldsymbol{x}_4, \boldsymbol{x}_5, \boldsymbol{x}_6$ はクラス $\omega_2$ にそれぞれ属しているものとする．これらのパターンは図示すればわかるように（69 ページの図 3.11 を参照），線形分離不可能である．

使用するニューラルネットワークの構成を図 3.9 に示す．実験で用いるのは，入力層と出力層の間に中間層を一つ含む，3層のニューラルネットワークである．入力層，中間層，出力層に含まれるユニット数はそれぞれ 3, 3, 1 であるが，入力層，中間層の第1ユニットは恒等的に1を出力するので，実質的なユニット数はそれぞれ 2, 2, 1 である．

この実験のように2クラス（$c=2$）の場合は，出力層のユニットを2個ではなく図 3.9 で示すように1個とし，その出力 $g$ を

$$
\left.
\begin{aligned}
g > 0.5 \quad &\Longrightarrow \quad \boldsymbol{x} \in \omega_1 \\
g < 0.5 \quad &\Longrightarrow \quad \boldsymbol{x} \in \omega_2
\end{aligned}
\right\}
\tag{3.92}
$$

---

[*8] 識別部設計の際，学習パターン数がこのように少数の場合は最近傍決定則で十分であり，ニューラルネットワークを導入するまでもない．この例は，あくまで動作メカニズムの説明用として捉えてほしい．

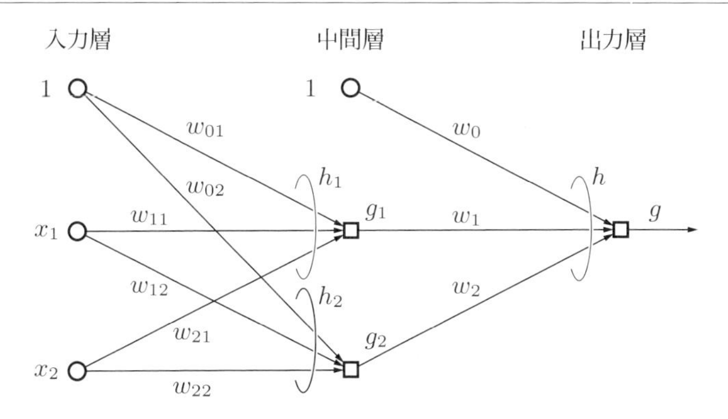


図 3.9　実験で用いた 3 層ニューラルネットワークの構造

とすることにより，識別処理を実現できる[*9]．この場合，教師信号を

$$b_p = \begin{cases} 1 & (\boldsymbol{x}_p \in \omega_1) \\ 0 & (\boldsymbol{x}_p \in \omega_2) \end{cases} \qquad (p = 1, \ldots, n) \tag{3.93}$$

として重みを調整することになる．

このニューラルネットワークによる識別処理を，図 3.9 を参照しながら説明する．まず，入力パターン $\boldsymbol{x} = (x_1, x_2)^t$ に対し，入力層と中間層の間に設定された重み $w_{ij}$（$i = 0, 1, 2,\ \ j = 1, 2$）を用いて，次式に示す $h_1$, $h_2$ が計算される．

$$\left.\begin{aligned} h_1 &= w_{01} + w_{11}x_1 + w_{21}x_2 \\ h_2 &= w_{02} + w_{12}x_1 + w_{22}x_2 \end{aligned}\right\} \tag{3.94}$$

図に示されているように，この $h_1$, $h_2$ が，中間層の二つのユニットへの入力となる．中間層の二つのユニットはいずれもしきい値論理ユニットであるので，その出力 $g_1$, $g_2$ は，式 (3.87) のシグモイド関数 $S(u)$ を用いて

$$\left.\begin{aligned} g_1 &= S(h_1) \\ g_2 &= S(h_2) \end{aligned}\right\} \tag{3.95}$$

と表される．出力層のユニットへの入力 $h$ は，中間層と出力層間の重み $w_0$, $w_1$, $w_2$ を用いて

[*9] より高度な識別系とするには，判定条件を厳しく設定し，例えば $g > 0.9$ なら $\boldsymbol{x} \in \omega_1$, $g < 0.1$ なら $\boldsymbol{x} \in \omega_2$，それ以外はリジェクトとするのが望ましい．

$$h = w_0 + w_1 g_1 + w_2 g_2 \tag{3.96}$$

と書け，最終的な出力 $g$ は，式 (3.95) と同様にして

$$g = S(h) \tag{3.97}$$

となる．

学習では，図に示しているように，$w_{ij}$ $(i = 0, 1, 2,\ j = 1, 2)$ と $w_k$ $(k = 0, 1, 2)$ の合計 9 個の重みを決定しなくてはならない．そこで，これらの重みの初期値を乱数によって設定し，式 (3.77) の学習係数を $\rho = 0.5$ としてオンライン学習を適用する．クラス $\omega_1$ の全パターンに対して出力が 0.9 以上，クラス $\omega_2$ の全パターンに対して出力が 0.1 以下となったときを収束と判定した結果，エポック数 369 で収束した．収束に至る過程を**図 3.10** に示す．

図で，上のグラフは式 (3.69) で示した二乗誤差 $J$ の値の推移，下のグラフは 6 個の学習パターンのユニット出力 $g$ の推移をそれぞれ示している．両グラフと

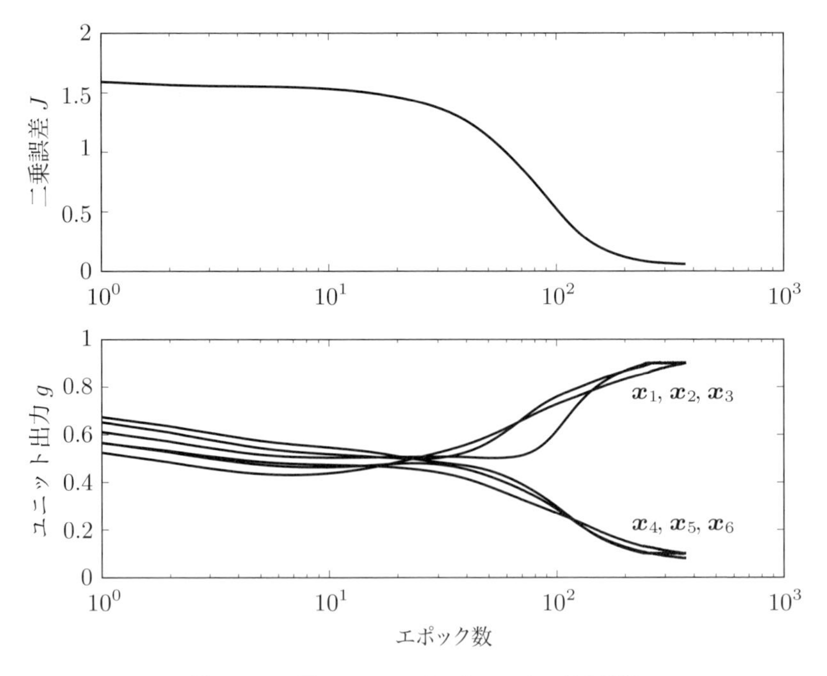


**図 3.10**　3 層ニューラルネットワークの収束過程

も，横軸は対数スケールで示したエポック数である．学習が進み，エポック数が増すに従って二乗誤差 $J$ の値が低減していることがわかる．また，学習パターンのユニット出力 $g$ の値は，学習の初期段階ではクラス間で顕著な差は見られないが，学習が進むにつれて 1 あるいは 0 に近づき，収束した時点では，$\boldsymbol{x}_1$, $\boldsymbol{x}_2$, $\boldsymbol{x}_3$ がクラス $\omega_1$ に，$\boldsymbol{x}_4$, $\boldsymbol{x}_5$, $\boldsymbol{x}_6$ がクラス $\omega_2$ に明確に分離されている．

このニューラルネットワークで得られた決定境界を，学習パターンとともに**図 3.11** に示す．クラス $\omega_1, \omega_2$ の学習パターンをそれぞれ●と○で示している．式 (3.92) より，決定境界は $g = 0.5$ となる $\boldsymbol{x} = (x_1, x_2)$ の軌跡であり，それを太線で示している．図からわかるように，この決定境界により線形分離不可能な二つのクラスを正しく分離できている．

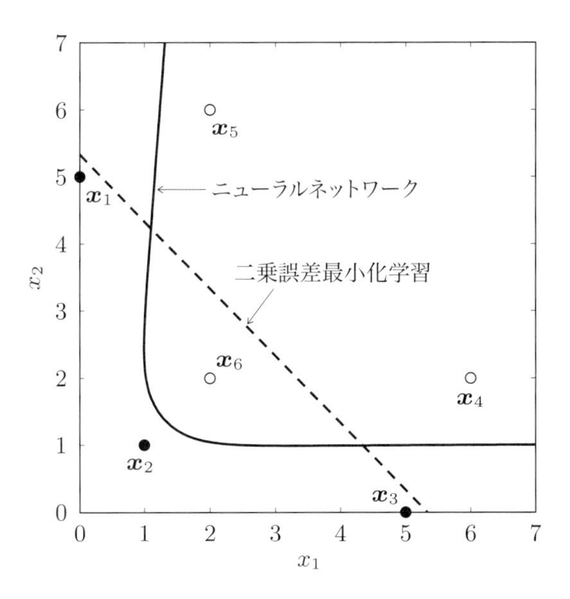


**図 3.11**　3 層ニューラルネットワークで得られた決定境界

参考のため，同じデータに対して線形識別関数を適用して得られた決定境界を破線で示している．この決定境界は，3.1 節で述べた二乗誤差最小化学習によって求められた結果であり（**演習問題 3.2**），クラス間分離に失敗している．両者を比較すると，ニューラルネットワークの効用は明白である．

# 3.5　中間層の機能の確認実験

## 〔1〕 3層ニューラルネットワークの中間層

前節の実験からもわかるように，ニューラルネットワークの誤差逆伝播法を用いれば，線形分離不可能なパターンに対しても誤識別ゼロの決定境界を求めることができる．以下では，この機能が中間層によってもたらされることを示す．

図3.9に示されている中間層と出力層に注目しよう．図および式(3.96), (3.97)より明らかなように，中間層からの出力 1, $g_1$, $g_2$ と，重み $w_0$, $w_1$, $w_2$ により線形加重和 $h$ を求め，それにしきい値処理を施した結果が出力 $g$ である．したがって，中間層からの出力を新たな特徴と見なせば，中間層と出力層の間で行われている演算はパーセプトロンの処理にほかならない．それゆえ，前節の例のように，元の特徴空間上で線形分離不可能であった学習パターンがすべて正しく識別できたとすると，中間層から出力されたパターンの分布は線形分離可能となっているはずである．したがって，ニューラルネットワークは，中間層でより高度な特徴抽出を行った後，パーセプトロンを適用していると言える．

以上で述べた内容を前節の実験例で確認してみよう．**図3.12** (a)は，式(3.94)で求めた $(h_1, h_2)$ を，6個の学習パターンについて2次元空間上にプロットした図である．この図は，各パターンがどのように変換されて中間層へ入力されて

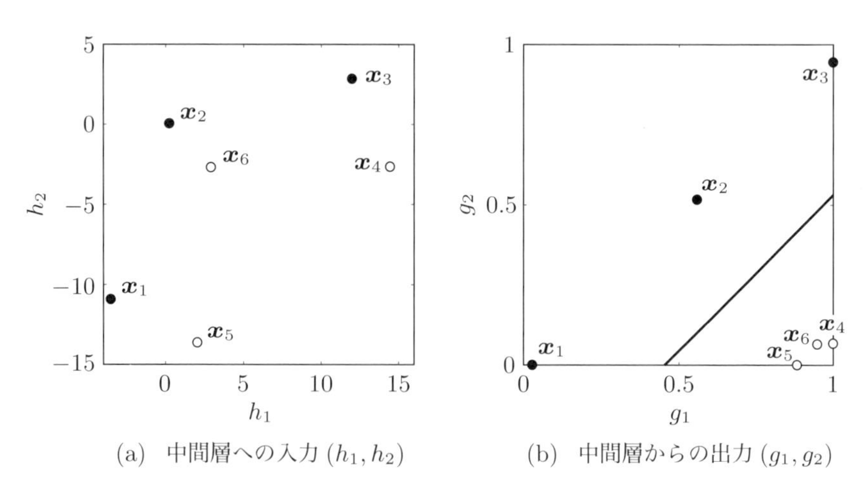


(a)　中間層への入力 $(h_1, h_2)$　　(b)　中間層からの出力 $(g_1, g_2)$

図3.12　中間層でのパターンの分布

いるかを示しており，$(h_1, h_2)$ 空間上での各パターンの位置が示されている．式 (3.94) から明らかなように，$h_1$, $h_2$ は入力 $x_1$, $x_2$ の単なる線形和であるので，元の空間 $(x_1, x_2)$ で線形分離不可能な分布は，$(h_1, h_2)$ の空間でも線形分離不可能である．このことは図 3.12 (a) でも確かめられる．

図 3.12 (b) は，式 (3.95) で求めた $(g_1, g_2)$ を同様にプロットした図である．この図は，各パターンが中間層からの出力としてどのように表現されているかを示している．図 3.12 (a) と異なり，パターンの分布は線形分離可能な状態になっていることがわかる．したがって，この $(g_1, g_2)$ 空間上では，以下のようにして線形識別関数により両クラスを正しく分離できる．

決定境界は，式 (3.92), (3.97) より

$$g = S(h) = 0.5 \tag{3.98}$$

であり，シグモイド関数の形より，上式から $h = 0$ が導ける．したがって，式 (3.96) より，決定境界として

$$h = w_0 + w_1 g_1 + w_2 g_2 = 0 \tag{3.99}$$

が得られる．上式は $(g_1, g_2)$ 空間上の直線を表しており，線形識別関数に対応している．この実験の学習の結果得られる重みは

$$(w_0, w_1, w_2) = (2.345,\ -5.165,\ 5.317) \tag{3.100}$$

であり，この値を式 (3.99) に代入して得られる決定境界が，図 3.12 (b) の直線で示されている．図を見ると，この決定境界により両クラスが正しく分離できていることが確かめられる．この決定境界を元の $(x_1, x_2)$ 空間に写像したのが，図 3.11 で示した非線形な決定境界である．

すでに 60 ページで述べたように，線形の演算を何段重ねても線形の演算が実現できるだけで，識別能力の向上には結び付かない．識別能力の向上をもたらしているのは，中間層の非線形な演算である．

### 〔2〕 多層ニューラルネットワークの中間層

前項の実験では，3 層のニューラルネットワークを例として，中間層の機能と役割について説明した．実験では中間層のユニット数を 3（実質的には 2）としたが，ユニット数を増やせば，より複雑な決定境界を設定できる．同様の効果

は，層の数を増やすことによっても実現できる．そこで，以下では，より多くの層を持つ多層ニューラルネットワークを取り上げる．

前項の3層のニューラルネットワークについて述べたことは，より多層のニューラルネットワークに対してもそのまま当てはまる．例えば，$L$ 層（$L > 3$）のニューラルネットワークについて考えよう．出力層（第 $L$ 層）と，その一つ前の第 $L-1$ 層の間で行われている処理は，やはりパーセプトロンの処理と等価である．第2層から第 $L-1$ 層へと処理が進むに従い，各中間層で抽出される特徴はしだいに高度化されていく．最終的には，パーセプトロン，すなわち線形識別関数を適用することになるので，多層ニューラルネットワークでは，第 $L-1$ 層までで可能な限り線形分離可能な分布に近づくように学習を進めることになる．ここでは，層が深くなるにつれてより高度な特徴が抽出されていく様子を，実験によって確認してみよう．

実験では，**付録 A.4** で紹介する，$c = 10$，$d = 784$ で，合計10000文字パターンよりなる MSH784 を学習用に用いる．また，ニューラルネットワークは5層の構造とし，第2，第3，第4の三つの中間層のユニット数はすべて81とする．したがって，第1層（入力層）から第5層（出力層）までのユニット数は，それぞれ 784, 81, 81, 81, 10 となる．ただし，これは恒等的に1となるユニットを除いた数である．学習では，学習係数を $\rho = 0.1$ に設定し，出力が0.9以上は1，出力が0.1以下は0と見なして教師信号と照合する．

以上の条件で，誤差逆伝播法によりニューラルネットワークの重みを決定する．繰り返しはエポック数2000で打ち切ることとする[*10]．このときの学習パターンに対する識別率は，99.9%（エラー数10）であった（ちなみに，8000文字パターンよりなるテストパターン MSH784-T に対する識別率は93.1%（エラー数554）であった）．

すでに述べたように，入力パターンに対し，このニューラルネットワークにおける三つの中間層では，それぞれ81次元特徴が抽出されていると考えることができる．そこで必要となるのは，これらの特徴の有効性を評価する方法である．この実験では，ベイズ誤り確率の推定値を用いる（詳細は5.6節〔2〕を参照）．

---

[*10] 全パターンに対して教師信号と一致するまで学習を繰り返してもよいが，二乗誤差が一定値以下となったとき，あるいは二乗誤差が低減しなくなった時点で学習を打ち切ってもよい．

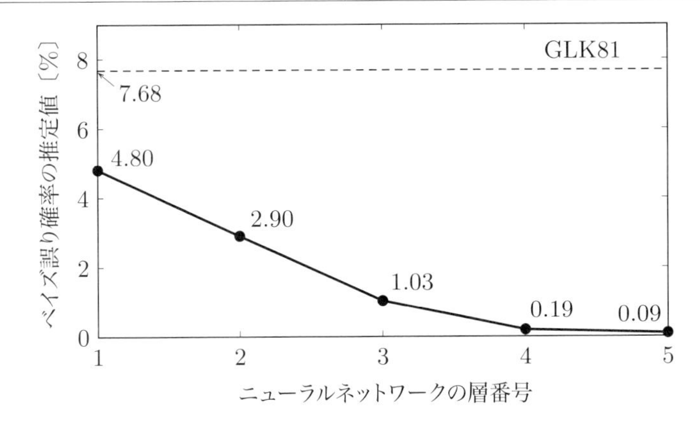


図 3.13 深層化とともに高度化する特徴

評価結果を**図 3.13** に示す．グラフの横軸の 1〜5 は，ニューラルネットワークの第 1 層から第 5 層に対応し，縦軸は各層での分布に対するベイズ誤り確率の推定値を % で示している．ただし，第 1 層の値は 784 次元，第 5 層の値は 10 次元の特徴ベクトルとして計算した値で，この二つはあくまで参考値である．

このグラフより，第 2，第 3，第 4 と層が深くなるにつれ，誤り確率が 2.90%，1.03%，0.19% と低減し，より高度な特徴が抽出されていることが確かめられる．なお，図では，前述の学習パターンから求めたグラックスマンの 81 次元特徴（GLK81）に対して適用した結果（誤り確率 7.68%）も，比較のために掲げた．グラックスマンの特徴については，**付録 A.3** を参照されたい．ニューラルネットワークの第 2〜4 層で抽出された特徴は，GLK81 と同様に 81 次元であるが，GLK81 よりはるかに優れていることが確かめられる．もともとグラックスマンの特徴は，活字認識用にはよいが手書き文字認識には不向きとされているので，この結果は妥当である．

以上，ニューラルネットワークの中間層の果たす役割について述べた．中間層が一つのみであっても，ユニット数を増やせば十分複雑な決定境界を設定できることが知られている．一方，問題によっては，ユニット数を増やすより多層化するほうが効率的な場合もある．ユニット数を増やしたり多層化を施せば，調整できる重みの数が増えるので，ニューラルネットワークの高度化が期待できる．

しかし，その反面，これらの措置はさまざまな問題を引き起こす．例えば，学習に要する処理量の増大，**局所最適解**（local optimal solution）に陥る可能性[*11]，過学習の問題[*12]などである．さらに，多層化に伴う最大の問題として，**勾配消失問題**（vanishing gradient problem）がある．これは，誤差逆伝播法で誤差を伝播させると，入力層に近づくにつれ伝播すべき誤差の値が極端に小さくなり，学習が進まなくなるという問題である．この現象は，活性化関数としてシグモイド関数を用いた場合に著しい．この問題は，活性化関数の改善や**事前学習**（pre-training）など，深層学習の新しい手法によって解決されている[岡谷 15][人工 15].

## coffee break

**❖ ニューラルネットワーク研究の変遷―ニューロブームと冬の時代―**

ニューラルネットワークの研究を巡っては，これまでブームの到来と冬の時代を繰り返してきた．

第1次ニューロブームは，前述したようにローゼンブラットが提案したパーセプトロンとともに始まった．しかし，その後，パーセプトロンの限界が明らかになるにつれ，ブームは下火になった．多層ニューラルネットワークがより高度な性能を発揮することは，当時すでに明らかになっていたが，残念なことに有効な学習法が知られていなかった．

第2次ニューロブーム到来のきっかけとなったのは，多層ニューラルネットワークの学習法として1986年にラメルハート（David E. Rumelhart）らが提案した誤差逆伝播法であった．しかし，本節で述べた勾配消失問題など，多層ニューラルネットワークが抱えるさまざまな問題が顕在化し，再び冬の時代を迎えることになった．

そして，深層学習に代表される第3次ニューロブームは，2000年以降ヒントン（Geoffrey Hinton）らが中心となって上記の問題を解決したことによりスタートし，今日に至っている．このブームがこれまでと異なるのは，研究成果が単なる論文に留まらず，数々の実用的な成果に結び付きつつあるという点である．その要因は，コンピュータの性能が飛躍的に向上し，いわゆる**ビッグデータ**（big data）を存分に活用できるようになったことによる．このブームが今後どのような盛り上がりを見せるかは予測が難しいが，大いに期待したい．

---

[*11] 多層ニューラルネットワークと局所最適解については，174ページのcoffee breakを参照．
[*12] 過学習については97ページを参照．

## 演習問題

**3.1**　式 (3.20) の $\mathbf{w}_i$ は大域的最適解であり，唯一の最小点であることを示せ．

**3.2**　式 (3.91) で示した 6 個の学習パターン $\boldsymbol{x}_1, \boldsymbol{x}_2, \ldots, \boldsymbol{x}_6$ が，所属クラスの情報とともに 2 次元特徴空間上に与えられているとする．式 (3.20) を用いて，二乗誤差最小化学習により $\mathbf{w}_1$, $\mathbf{w}_2$ を求め，得られる線形識別関数によって定まる決定境界が図 3.11 のようになることを示せ．

**3.3**　図 2.4 で示された線形分離可能な学習パターンに対し，二乗誤差最小化学習により最適な重みを求めよ．

**3.4**　式 (3.60) を導出せよ．

第 **4** 章

# 識別部の設計

## 4.1　パラメトリックな学習とノンパラメトリックな学習

認識対象としているパターンは，**確率密度関数** (probability density function) $p(\boldsymbol{x}|\omega_i)$ $(i = 1, \ldots, c)$ に基づいて生起していると考えられる[*1]．これまで学習により識別関数を求める方法について述べたが，そこで手掛かりとしたのは確率密度関数そのものではなく，確率密度関数に基づいて生起したと考えられる学習パターンであった．多次元空間上の確率密度関数を直接知ることはできないが，以下では確率密度関数を知り得たと仮定して，話を進めてみよう．

クラス $\omega_i$ の生起確率を $P(\omega_i)$ で表し，$\boldsymbol{x}$ の生起確率密度を $p(\boldsymbol{x})$ で表すことにする[*2]．この $P(\omega_i)$ を**事前確率**（*a priori* probability）と呼ぶ．また，$\boldsymbol{x}$ が生起したとき，そのクラスが $\omega_i$ である確率を $P(\omega_i|\boldsymbol{x})$ で表す．これを**事後確率**（*a posteriori* probability）と呼ぶ．事前確率 $P(\omega_i)$ は，$\boldsymbol{x}$ を観測する前の *a priori* な知識だけで求めた $\omega_i$ の生起確率である．一方，事後確率 $P(\omega_i|\boldsymbol{x})$ は，観測値 $\boldsymbol{x}$ を得た後の生起確率である．事前，事後という言葉は，観測の前か後かを表している．

上式の各項の間には

$$\sum_{i=1}^{c} P(\omega_i) = 1 \tag{4.1}$$

$$\sum_{i=1}^{c} P(\omega_i|\boldsymbol{x}) = 1 \tag{4.2}$$

---

[*1] 確率密度関数 $p(\boldsymbol{x}|\omega_i)$ は，クラス $\omega_i$ に属する $\boldsymbol{x}$ の生起確率密度を表す．

[*2] 本書では，離散的な事象に対して定義される**確率関数** (probability mass function) には大文字の $P(\cdot)$ を用い，連続的な変数に対して定義される確率密度関数には小文字の $p(\cdot)$ を用いる．

$$p(\boldsymbol{x}) = \sum_{i=1}^{c} P(\omega_i)\, p(\boldsymbol{x}|\omega_i) \tag{4.3}$$

が成り立つ．さらに，**ベイズの定理**（Bayes' theorem）として知られている次式が成り立つ．

$$P(\omega_i|\boldsymbol{x}) = \frac{p(\boldsymbol{x}|\omega_i)}{p(\boldsymbol{x})} P(\omega_i) \qquad (i = 1, \ldots, c) \tag{4.4}$$

ベイズの定理は，観測値 $\boldsymbol{x}$ を得ることによって事前確率が事後確率に変化する変換式と見ることができる．

上で述べたように，$P(\omega_i|\boldsymbol{x})$ は，未知パターン $\boldsymbol{x}$ が入力されたとき，その所属するクラスが $\omega_i$ である確からしさを示している．したがって，パターン $\boldsymbol{x}$ を識別する際に事後確率 $P(\omega_i|\boldsymbol{x})$（$i = 1, \ldots, c$）が最大となる $\omega_i$ を識別結果として出力するという方法が最も自然である．すなわち，識別法は

$$\max_{i=1,\ldots,c} \{P(\omega_i|\boldsymbol{x})\} = P(\omega_k|\boldsymbol{x}) \quad \Longrightarrow \quad \boldsymbol{x} \in \omega_k \tag{4.5}$$

となる．このような識別法をベイズ決定則と呼び，5.3 節で改めて取り上げる．式 (4.5) は，式 (2.3) において $g_i(\boldsymbol{x}) = P(\omega_i|\boldsymbol{x})$ としたことに相当する．式 (4.4) の $p(\boldsymbol{x})$ が各クラス共通の因子であることに注意すると，識別関数 $g_i(\boldsymbol{x})$ は

$$g_i(\boldsymbol{x}) = p(\boldsymbol{x}|\omega_i)\, P(\omega_i) \qquad (i = 1, \ldots, c) \tag{4.6}$$

となる．あるいは，右辺の対数をとって，下式としてもよい．

$$g_i(\boldsymbol{x}) = \log p(\boldsymbol{x}|\omega_i) + \log P(\omega_i) \qquad (i = 1, \ldots, c) \tag{4.7}$$

ここで，確率密度関数 $p(\boldsymbol{x}|\omega_i)$ が次式のような**多次元正規分布**（multivariate normal distribution）で表される場合を考える．

$$p(\boldsymbol{x}|\omega_i) = \frac{1}{(2\pi)^{d/2} |\boldsymbol{\Sigma}_i|^{1/2}} \exp\left\{-\frac{1}{2}(\boldsymbol{x} - \mathbf{m}_i)^t {\boldsymbol{\Sigma}_i}^{-1} (\boldsymbol{x} - \mathbf{m}_i)\right\} \qquad (i = 1, \ldots, c) \tag{4.8}$$

ここで，$\mathbf{m}_i$, $\boldsymbol{\Sigma}_i$ は，それぞれクラス $\omega_i$ の**平均ベクトル**（mean vector），**共分散行列**（covariance matrix）であり，

$$\mathbf{m}_i = \frac{1}{n_i} \sum_{\boldsymbol{x} \in \mathcal{X}_i} \boldsymbol{x} \tag{4.9}$$

$$\boldsymbol{\Sigma}_i = \frac{1}{n_i} \sum_{\boldsymbol{x} \in \mathcal{X}_i} (\boldsymbol{x} - \mathbf{m}_i)(\boldsymbol{x} - \mathbf{m}_i)^t \tag{4.10}$$

で定義される．ここで，$n_i$ はクラス $\omega_i$ のパターン数，$\mathcal{X}_i$ はクラス $\omega_i$ のパターン集合を表す．また，$|\boldsymbol{\Sigma}_i|$ は $\boldsymbol{\Sigma}_i$ の行列式である*3．これを式 (4.7) に代入すると，

$$\begin{aligned} g_i(\boldsymbol{x}) &= -\frac{1}{2}(\boldsymbol{x} - \mathbf{m}_i)^t {\boldsymbol{\Sigma}_i}^{-1} (\boldsymbol{x} - \mathbf{m}_i) \\ &\quad - \frac{1}{2} \log |\boldsymbol{\Sigma}_i| - \frac{d}{2} \log 2\pi + \log P(\omega_i) \end{aligned} \tag{4.11}$$

$$\begin{aligned} &= -\frac{1}{2} \boldsymbol{x}^t {\boldsymbol{\Sigma}_i}^{-1} \boldsymbol{x} + \boldsymbol{x}^t {\boldsymbol{\Sigma}_i}^{-1} \mathbf{m}_i - \frac{1}{2} {\mathbf{m}_i}^t {\boldsymbol{\Sigma}_i}^{-1} \mathbf{m}_i \\ &\quad - \frac{1}{2} \log |\boldsymbol{\Sigma}_i| - \frac{d}{2} \log 2\pi + \log P(\omega_i) \end{aligned} \tag{4.12}$$

を得る．すなわち，多次元正規分布の場合は，識別関数は $\boldsymbol{x}$ の 2 次関数となることがわかる．式 (4.11) において

$$D_M^2(\boldsymbol{x}, \mathbf{m}_i) \stackrel{\text{def}}{=} (\boldsymbol{x} - \mathbf{m}_i)^t {\boldsymbol{\Sigma}_i}^{-1} (\boldsymbol{x} - \mathbf{m}_i) \tag{4.13}$$

とおくと，$D_M(\boldsymbol{x}, \mathbf{m}_i)$ は $\boldsymbol{x}$ と $\mathbf{m}_i$ の**マハラノビス汎距離**（Mahalanobis generalized distance）*4と呼ばれる．

もし共分散行列が全クラスで等しく

$$\boldsymbol{\Sigma}_i = \boldsymbol{\Sigma}_0 \qquad (i = 1, \ldots, c) \tag{4.14}$$

とすると，式 (4.12) において $i$ に依存しない項を省くことにより，

$$g_i(\boldsymbol{x}) = \boldsymbol{x}^t {\boldsymbol{\Sigma}_0}^{-1} \mathbf{m}_i - \frac{1}{2} {\mathbf{m}_i}^t {\boldsymbol{\Sigma}_0}^{-1} \mathbf{m}_i + \log P(\omega_i) \tag{4.15}$$

と書ける．これは明らかに線形識別関数である．式 (4.15) でさらに $\boldsymbol{\Sigma}_0$ を単位行列とする．すなわち，特徴間には相関がなく，分散が等しい（$= 1$）と仮定する．すると，上式は

*3 行列式 $|\boldsymbol{\Sigma}_i|$ を $\det(\boldsymbol{\Sigma}_i)$ で表すこともある．

*4 単に**マハラノビス距離**（Mahalanobis distance）ともいう．その定性的意味については 160 ページの図 6.7 を参照．

$$g_i(\boldsymbol{x}) = \mathbf{m}_i{}^t\boldsymbol{x} - \frac{1}{2}\|\mathbf{m}_i\|^2 + \log P(\omega_i) \tag{4.16}$$

となる．ここで，さらに事前確率が各クラスで等しく，$P(\omega_i) = 1/c\,(i = 1, \ldots, c)$ ならば

$$g_i(\boldsymbol{x}) = \mathbf{m}_i{}^t\boldsymbol{x} - \frac{1}{2}\|\mathbf{m}_i\|^2 \tag{4.17}$$

としてよい．これは式 (2.2) で紹介した最小距離識別法にほかならない．

ここで，次のような場合を考えてみよう．すなわち，確率密度関数が有限個のパラメータで表される関数であって，その関数形はわかっているが，パラメータがわからないという場合である．例えば，確率密度関数が多次元正規分布であることはわかっているが，平均ベクトルや共分散行列がわからないという場合がこれに相当する．この場合には，与えられた学習パターンからパラメータを推定するという方法がとられる．そして，推定されたパラメータを真の値と見なして，式 (4.6) あるいは式 (4.7) より識別関数を構成すればよい．このように学習パターンを用いて確率密度関数のパラメータ推定を行い識別部を構成する方法を，**パラメトリックな学習**（parametric learning）という．これに対して第2章，第3章で述べた学習アルゴリズムは，確率密度関数の形を想定せずに，学習パターンから直接識別関数を求める方法であった．このような方法を**ノンパラメトリックな学習**（nonparametric learning）という．

## coffee break

### ❖ パラメトリックという用語について

上で述べた「パラメトリックな学習」を言葉どおり単純に解釈すると，パラメータを学習により求める手法ということになる．線形識別関数やニューラルネットワークは重みをパラメータとして含んでおり，パーセプトロンの学習規則や誤差逆伝播法は，この重みを学習によって正しい値に修正していく方法であった．したがって，これらの方法もパラメトリックな学習法と呼んでもよさそうである．しかし，統計的パターン認識においては，確率密度関数のパラメータを学習するときに限って，パラメトリックという言葉を使うようである．

## 4.2　パラメータの推定

ここでは，確率密度関数のパラメータを推定する方法について述べる．学習パターンとパラメータはともにクラスごとに独立と考えてよいので，以下では煩雑になるのを避けるため，クラスを区別する記号を省く．実際に適用する際には，以下の処理をクラスごとに行えばよい．

いま $n$ 個のパターンを含む学習パターン集合を $\mathcal{X} = \{\boldsymbol{x}_1, \boldsymbol{x}_2, \ldots, \boldsymbol{x}_n\}$ とし，推定すべき確率密度関数を $p(\boldsymbol{x}; \boldsymbol{\theta})$ で表す*5．$\boldsymbol{\theta}$ はパラメータの組を表すベクトルで，**パラメータベクトル** (parameter vector) と呼ばれる．ここで，学習パターン集合 $\mathcal{X}$ をもたらした $\boldsymbol{\theta}$ としては種々の候補を想定できるが，その中でどの $\boldsymbol{\theta}$ がいちばん「尤もらしい」かを考える．パターン集合 $\mathcal{X}$ に含まれる各パターンは，確率 $p(\boldsymbol{x}; \boldsymbol{\theta})$ に従って独立に生起したものと考えられるから，このようなパターン集合が得られる確率 $p(\mathcal{X}; \boldsymbol{\theta})$ は，次式で表される．

$$p(\mathcal{X}; \boldsymbol{\theta}) = \prod_{k=1}^{n} p(\boldsymbol{x}_k; \boldsymbol{\theta}) \tag{4.18}$$

したがって，いちばん「尤もらしい」$\boldsymbol{\theta}$ は式 (4.18) を最大にする $\boldsymbol{\theta}$ であると考えるのが自然であろう．このような $\boldsymbol{\theta}$ を $\hat{\boldsymbol{\theta}}$ とおき，これを推定値として用いることにすれば，

$$p(\mathcal{X}; \hat{\boldsymbol{\theta}}) = \max_{\boldsymbol{\theta}} \{p(\mathcal{X}; \boldsymbol{\theta})\} \tag{4.19}$$

であり，これを求めるには

$$\nabla p(\mathcal{X}; \boldsymbol{\theta}) = \frac{\partial}{\partial \boldsymbol{\theta}} p(\mathcal{X}; \boldsymbol{\theta}) = \boldsymbol{0} \tag{4.20}$$

あるいは対数をとって下式を解けばよい．

$$\frac{\partial}{\partial \boldsymbol{\theta}} \log p(\mathcal{X}; \boldsymbol{\theta}) = \sum_{k=1}^{n} \frac{\partial}{\partial \boldsymbol{\theta}} \log p(\boldsymbol{x}_k; \boldsymbol{\theta}) = \boldsymbol{0} \tag{4.21}$$

*5 学習パターン集合は $\mathcal{X}_1, \ldots, \mathcal{X}_c$ とクラスごとに用意される．クラス $\omega_i$ の確率密度関数 $p(\boldsymbol{x}|\omega_i; \boldsymbol{\theta}_i)$ を学習パターン $\mathcal{X}_i$ を用いて推定するわけであるが，前述したように煩雑なので，クラスを表す添字は省いた．

なお，式 (4.21) の計算に必要な，ベクトルや行列による微分演算については，**付録 A.2** を参照されたい．

式 (4.18) において $\mathcal{X}$ を固定し，$p(\mathcal{X};\boldsymbol{\theta})$ を $\boldsymbol{\theta}$ の関数と見なしたとき，$p(\mathcal{X};\boldsymbol{\theta})$ を**尤度**（likelihood）あるいは**尤度関数**（likelihood function）と呼ぶ．そして，式 (4.19) のような推定法を**最尤法**（maximum likelihood method）という．

ここで最尤法の適用例として，パターンが多次元正規分布であることはわかっているが，平均ベクトルと共分散行列が未知の場合を取り上げてみよう．この場合のパラメータ $\boldsymbol{\theta}$ は $\mathbf{m}$ と $\boldsymbol{\Sigma}$ である．式 (4.8) に対して式 (4.21) を適用することにより，$\mathbf{m}, \boldsymbol{\Sigma}$ に対して，それぞれ次のような推定値 $\hat{\mathbf{m}}, \hat{\boldsymbol{\Sigma}}$ が得られる（導出は**演習問題 4.1** 参照）．これは直感的にも自然な推定値となっている[*6]．

$$\hat{\mathbf{m}} = \frac{1}{n}\sum_{k=1}^{n}\boldsymbol{x}_k \tag{4.22}$$

$$\hat{\boldsymbol{\Sigma}} = \frac{1}{n}\sum_{k=1}^{n}(\boldsymbol{x}_k - \hat{\mathbf{m}})(\boldsymbol{x}_k - \hat{\mathbf{m}})^t \tag{4.23}$$

確率密度関数としては，唯一の極大点を有するもの，すなわち**単峰性**（unimodal）の関数を例として取り上げることが多い．しかし，現実には複数の極大点を持つ**多峰性**（multimodal）の確率密度関数も扱わなくてはならない．例えば複数の正規分布が重なり合って一つの確率密度関数を構成している場合などがこれに当たる．より一般的には，確率密度関数 $p(\boldsymbol{x};\boldsymbol{\theta})$ が次式のように $r$ 個の確率密度関数の線形結合として表される場合を扱う必要がある．

$$p(\boldsymbol{x};\boldsymbol{\theta}) = \sum_{i=1}^{r}\pi_i\, p_i(\boldsymbol{x};\boldsymbol{\theta}_i) \tag{4.24}$$

ここで，$p_i(\boldsymbol{x};\boldsymbol{\theta}_i)$（$i = 1,\ldots,r$）はあらかじめ関数形のわかっている確率密度関数で，$\boldsymbol{\theta}_i$ はそのパラメータベクトル，$\pi_i$ は $r$ 個の確率密度関数の混合比である．式 (4.24) のような確率密度関数は**混合分布**（mixture density）と呼ばれる．このような確率密度関数を最尤法によって求める場合には，$\boldsymbol{\theta}_i$（$i = 1,\ldots,r$）だけでなく，各分布の混合比 $\pi_i$（$i = 1,\ldots,r$）もパラメータとして推定する必要がある．すなわち，推定すべきパラメータベクトルは

[*6] 式 (4.23) で定義された共分散行列は不偏推定量にはなっていないことに注意しよう．

$$\boldsymbol{\theta}^t = (\boldsymbol{\theta}_1^t, \ldots, \boldsymbol{\theta}_r^t, \pi_1, \ldots, \pi_r) \tag{4.25}$$

である．

これまで述べてきた確率密度関数は，クラスごとに独立に推定できるという前提で話を進めてきた．これは，各学習パターンには所属クラスを示すラベルが割り付けられていると仮定したからである．このような学習パターンを**ラベル付きパターン**（labeled pattern）といい，ラベル付きパターンを用いて行う学習を**教師付き学習**（supervised learning）という．第2章，第3章で述べた学習法は，教師付き学習である．

それに対して，クラスのラベルが付いていない学習パターンを**ラベルなしパターン**（unlabeled pattern）といい，ラベルなしパターンを用いて行う学習を**教師なし学習**（unsupervised learning）という．この場合には，もはや確率密度関数をクラスごとに独立に推定することはできない．すなわち，全クラス取り混ぜてパターンが提示されるわけであるから，パターンは式 (4.3) の $p(\boldsymbol{x})$ に従って分布しているという情報だけがよりどころとなる．ただし，クラス数 $c$ はあらかじめわかっているものとする[*7]．このような条件で $P(\omega_i)$ と $p(\boldsymbol{x}|\omega_i)$ を推定する問題は，式 (4.24) において $\pi_i = P(\omega_i)$ $(i = 1, \ldots, c)$ としたことに相当し，混合分布のパラメータ推定の問題となる．この場合，式 (4.20) や式 (4.21) によって解析的に解く代わりに，**山登り法**（hill-climbing method）[*8]を用いた繰り返し演算によって解くのが一般的である [石井 14][DHS01].

すでに 4.1 節で述べたように，現実のパターン認識の問題において確率密度関数が既知という場合はまずない．実際のパターンは複雑な分布をすると考えられ，正規分布のような単純な確率密度関数はむしろ当てはまらないと考えたほうがよい．もちろん，パラメータの数を増やせば複雑な確率密度関数を任意の精度で近似できるが，現実的ではない．ノンパラメトリックな学習のほうが確率密度関数を仮定しないで済むので扱いやすいし，実用的な価値も高いと言える．

---

*7 クラス数が既知でない場合は，もはや最尤法は使えない．代わりに**クラスタリング**（clustering）という手法を使うことになる．これは特徴空間上で分布の塊（cluster）を見出す方法である．クラスタリングも教師なし学習の一手法であるが，本書では扱わない．クラスタリングを含む教師なし学習については，文献 [石井 14] を参照されたい．

*8 山登り法で最適化すべき関数に負号を付ければ，最急降下法となる．

## coffee break

### ❖ 最も尤もらしいこと

最尤法は，日本語にすると「最も尤もらしい」というややこしい言い方になる．ここで注意しなくてはならないのは，「最も起こりそうな $\boldsymbol{\theta}$ が $\hat{\boldsymbol{\theta}}$ である」という言い方は正しくないということである．つまり，$\boldsymbol{\theta}$ は確率変数ではなく，あくまで定数であるから，起こりそうであったりなかったりという確率的変動はしない．「尤もらしい」という言葉を用いるのは，そのためである．最尤法は，「もし何かが起こったとすると，それは最も尤もらしいことが起こったのだ」という前提で推定を行う方法であると言える．

一般に推定量として好ましい特性は，第一に，パターン数 $n$ が十分大きいときに推定値の期待値が真値に一致する，すなわち**漸近的不偏性**（asymptotic unbiasedness），第二に，パターン数 $n$ が大きくなるに従って，推定値と真値との誤差の絶対値が任意の正の値を超える確率が限りなく小さくなる，すなわち**漸近的一致性**（asymptotic consistency），第三に，パターン数 $n$ が十分大きい場合に推定値の分散が最小になる，すなわち**漸近的有効性**（asymptotic efficiency）であると言われている．最尤法はこれらの特性をすべて備えていることが理論的に明らかにされており，そのため多くの分野で広く用いられている（82 ページの脚注 *6 で述べたように，式 (4.23) の $\hat{\boldsymbol{\Sigma}}$ は不偏ではないが，$n$ が大きくなっていくときの特性としては不偏，すなわち漸近的には不偏である）．

前述したように，最尤法ではパラメータ $\boldsymbol{\theta}$ を未知の定数として扱ったが，$\boldsymbol{\theta}$ を仮に確率変数と見なすのが**ベイズ推定**（Bayesian estimation）である．パラメータの分布関数 $p(\boldsymbol{\theta})$ がおおよそわかっている場合は，一般にベイズ推定のほうが最尤法より優れた推定値を与えるが，$p(\boldsymbol{\theta})$ が未知の場合には両者の優劣は何とも言えない．なお，ベイズ推定については本書では扱わないので，興味のある読者は文献 [石井 14][DH73] などを参照されたい．

# 4.3　識別関数の設計

## 〔1〕　線形識別関数の設計

識別関数は特徴ベクトル $\boldsymbol{x}$ の関数であり，特徴ベクトルが属するクラスを判定する識別規則を記述するために用いられる．例えば，2 クラスの識別問題に対しては，

$$\begin{cases} g(\boldsymbol{x}) > 0 \implies \boldsymbol{x} \in \omega_1 \\ g(\boldsymbol{x}) < 0 \implies \boldsymbol{x} \in \omega_2 \end{cases} \tag{4.26}$$

を満たす $g(\boldsymbol{x})$ は，$\omega_1, \omega_2$ の 2 クラスを識別する識別関数の例である[*9]．識別関数は，これまで述べた線形識別関数と，**非線形識別関数**（nonlinear discriminant function）とに分けられる．これまでよく研究され，またよく使われてきたのは線形識別関数である．

すでに 2.3 節〔3〕で述べたように，2 クラスのパターンを識別することは，線形識別関数

$$g(\boldsymbol{x}) = w_0 + \boldsymbol{w}^t\boldsymbol{x} = \mathbf{w}^t\mathbf{x} \tag{4.27}$$

によって $d$ 次元特徴空間の部分空間上に 1 次元空間を定め，パターンをこの 1 次元空間上に射影した後，この空間上で決定境界を定めることに相当する．誤差評価あるいは期待損失評価という観点から式 (4.27) の $\mathbf{w}$ を求める方法については第 3 章，第 9 章において，また，特徴空間の変換という観点から $\mathbf{w}$ を求める方法については第 6 章において述べているので，ここでは別の観点から識別関数 $g(\boldsymbol{x})$ の設計を眺めてみよう．

まず，識別関数 $g(\boldsymbol{x})$ に対する評価を表す関数を $J$ とおく．上で述べたように，境界となる超平面を定めることは，その法線ベクトルで表される軸と軸上の境界点を定めることと等価である．そこで，その軸によって表される 1 次元空間上での各クラス $\omega_i$ の平均と分散をそれぞれ $\tilde{m}_i, \tilde{\sigma}_i^2$ $(i = 1, 2)$ とする．

ここで，評価関数 $J$ が $\tilde{m}_i, \tilde{\sigma}_i^2$ の関数として与えられるとする．すなわち

$$J \stackrel{\text{def}}{=} J\left(\tilde{m}_1, \tilde{m}_2, \tilde{\sigma}_1^2, \tilde{\sigma}_2^2\right) \tag{4.28}$$

---

[*9] この識別関数と識別規則とを合わせたものを**識別機**（classifier）と呼ぶこともある．

である．一方，識別関数を式 (4.27) で表すと，それは1次元部分空間への射影値でもあることから

$$\tilde{m}_i = \frac{1}{n_i}\sum_{\boldsymbol{x}\in\mathcal{X}_i} g(\boldsymbol{x}) \tag{4.29}$$

$$= \boldsymbol{w}^t\mathbf{m}_i + w_0 \qquad (i = 1, 2) \tag{4.30}$$

$$\tilde{\sigma}_i^2 = \frac{1}{n_i}\sum_{\boldsymbol{x}\in\mathcal{X}_i} (g(\boldsymbol{x}) - \tilde{m}_i)^2 \tag{4.31}$$

$$= \boldsymbol{w}^t\frac{1}{n_i}\sum_{\boldsymbol{x}\in\mathcal{X}_i} (\boldsymbol{x} - \mathbf{m}_i)(\boldsymbol{x} - \mathbf{m}_i)^t\boldsymbol{w} \tag{4.32}$$

$$= \boldsymbol{w}^t\boldsymbol{\Sigma}_i\boldsymbol{w} \qquad (i = 1, 2) \tag{4.33}$$

となる．ただし，$\mathbf{m}_i$, $\boldsymbol{\Sigma}_i$ はクラス $\omega_i$ の平均ベクトルと共分散行列である．ここで，$J$ を最大にする $\boldsymbol{w}$ と $w_0$ を求めてみよう．まず，式 (4.30), (4.33) を $\boldsymbol{w}$ と $w_0$ で偏微分すると，

$$\frac{\partial\tilde{m}_i}{\partial\boldsymbol{w}} = \mathbf{m}_i, \quad \frac{\partial\tilde{m}_i}{\partial w_0} = 1, \quad \frac{\partial\tilde{\sigma}_i^2}{\partial\boldsymbol{w}} = 2\boldsymbol{\Sigma}_i\boldsymbol{w}, \quad \frac{\partial\tilde{\sigma}_i^2}{\partial w_0} = 0 \tag{4.34}$$

となるので，$J$ を $\boldsymbol{w}$, $w_0$ で偏微分してそれぞれ $\mathbf{0}$, $0$ とおくことにより[*10]，

$$\frac{\partial J}{\partial\boldsymbol{w}} = \frac{\partial J}{\partial\tilde{\sigma}_1^2}\cdot\frac{\partial\tilde{\sigma}_1^2}{\partial\boldsymbol{w}} + \frac{\partial J}{\partial\tilde{\sigma}_2^2}\cdot\frac{\partial\tilde{\sigma}_2^2}{\partial\boldsymbol{w}} + \frac{\partial J}{\partial\tilde{m}_1}\cdot\frac{\partial\tilde{m}_1}{\partial\boldsymbol{w}} + \frac{\partial J}{\partial\tilde{m}_2}\cdot\frac{\partial\tilde{m}_2}{\partial\boldsymbol{w}} \tag{4.35}$$

$$= 2\left(\frac{\partial J}{\partial\tilde{\sigma}_1^2}\boldsymbol{\Sigma}_1 + \frac{\partial J}{\partial\tilde{\sigma}_2^2}\boldsymbol{\Sigma}_2\right)\boldsymbol{w} + \left(\frac{\partial J}{\partial\tilde{m}_1}\mathbf{m}_1 + \frac{\partial J}{\partial\tilde{m}_2}\mathbf{m}_2\right) \tag{4.36}$$

$$= \mathbf{0} \tag{4.37}$$

$$\frac{\partial J}{\partial w_0} = \frac{\partial J}{\partial\tilde{m}_1} + \frac{\partial J}{\partial\tilde{m}_2} \tag{4.38}$$

$$= 0 \tag{4.39}$$

が得られる．ここで，式 (4.39) を式 (4.37) に代入することにより，

$$\boldsymbol{w} = \frac{1}{2}\cdot\frac{\partial J}{\partial\tilde{m}_1}\left(\frac{\partial J}{\partial\tilde{\sigma}_1^2}\boldsymbol{\Sigma}_1 + \frac{\partial J}{\partial\tilde{\sigma}_2^2}\boldsymbol{\Sigma}_2\right)^{-1}(\mathbf{m}_2 - \mathbf{m}_1) \tag{4.40}$$

$$\propto (s\boldsymbol{\Sigma}_1 + (1-s)\boldsymbol{\Sigma}_2)^{-1}(\mathbf{m}_1 - \mathbf{m}_2) \tag{4.41}$$

---

[*10] スカラーの $0$ とベクトルの $\mathbf{0}$ を区別していることに注意．

という関係式が求まる．ただし，

$$s \stackrel{\mathrm{def}}{=} \frac{\partial J/\partial \tilde{\sigma}_1^2}{\partial J/\partial \tilde{\sigma}_1^2 + \partial J/\partial \tilde{\sigma}_2^2} \tag{4.42}$$

である．$\boldsymbol{w}$ は超平面の法線方向を表すベクトルであるので，方向だけが求まればよく，定数倍は無視してよい．また，$w_0$ は式 (4.39) を使って求められる．

以上の結果から，一般に $\tilde{m}_1, \tilde{m}_2, \tilde{\sigma}_1^2, \tilde{\sigma}_2^2$ の関数として定義された任意の $J$ に対して $J$ を最大にする $\boldsymbol{w}$ と $w_0$ を求めることができる．

ここで一例として，$J$ が任意の正定数 $k_1, k_2$ を用いて

$$J \stackrel{\mathrm{def}}{=} \frac{(\tilde{m}_1 - \tilde{m}_2)^2}{k_1\tilde{\sigma}_1^2 + k_2\tilde{\sigma}_2^2} \tag{4.43}$$

と定義されている場合を考えよう[*11]．この $J$ を最大化することは，1 次元空間に射影したパターンのクラス平均間の差がなるべく大きく，かつ各クラスの分散はなるべく小さくなるような $\boldsymbol{w}$ を求めることを意味する．

$$\frac{\partial J}{\partial \tilde{\sigma}_i^2} = -k_i \frac{(\tilde{m}_1 - \tilde{m}_2)^2}{(k_1\tilde{\sigma}_1^2 + k_2\tilde{\sigma}_2^2)^2} \qquad (i = 1, 2) \tag{4.44}$$

であるから，式 (4.41), (4.42) より

$$\boldsymbol{w} \propto (k_1\boldsymbol{\Sigma}_1 + k_2\boldsymbol{\Sigma}_2)^{-1}(\mathbf{m}_1 - \mathbf{m}_2) \tag{4.45}$$

となる．6.4 節で述べる線形判別法は，クラス $\omega_i$ の事前確率を $P(\omega_i)$ とすると，$k_1 = P(\omega_1)$，$k_2 = P(\omega_2)$ として $J$ を最大化する方法と捉えることができる．例えば，式 (4.45) と式 (6.127) とを比較されたい．一方，$\partial J/\partial \tilde{m}_i$ を計算して式 (4.39) に代入すると，$w_0$ の項は消えてしまい，$w_0$ は不定となる．つまり，$J$ を式 (4.43) で定義したとき，$\boldsymbol{w}$ は求まるが $w_0$ は一意に決まらない．6.4 節で述べる線形判別法は，この例に当てはまる．他の評価関数 $J$ の例は，**演習問題 4.2** を参照されたい．

上で取り上げた例のように，決定境界の法線ベクトルは求まるが境界の位置が決まらない場合には，別の方法によって $w_0$ を決定しなければならない．射影結果は 1 次元空間上の分布として観察できるので，決定境界は目視で設定するこ

[*11] $J(\tilde{m}_1, \tilde{m}_2, \tilde{\sigma}_1^2, \tilde{\sigma}_2^2)$ の他のいくつかの例については，文献 [Fuk90] の第 4 章が参考になる．

とも可能である．自動的に設定する場合は，例えば以下のような方法が考えられる．

(1)　変換後のクラス平均の中点を境界とする方法

$$w_0 = -\frac{\tilde{m}_1 + \tilde{m}_2}{2} \tag{4.46}$$

(2-1) 変換後の各クラスの分散で内分する方法

$$w_0 = -\frac{\tilde{\sigma}_2^2 \tilde{m}_1 + \tilde{\sigma}_1^2 \tilde{m}_2}{\tilde{\sigma}_1^2 + \tilde{\sigma}_2^2} \tag{4.47}$$

(2-2) 変換後の各クラスの標準偏差で内分する方法

$$w_0 = -\frac{\tilde{\sigma}_2 \tilde{m}_1 + \tilde{\sigma}_1 \tilde{m}_2}{\tilde{\sigma}_1 + \tilde{\sigma}_2} \tag{4.48}$$

(3)　事前確率も考慮して内分を行う方法

$$w_0 = -\frac{P(\omega_2)\tilde{\sigma}_2^2 \tilde{m}_1 + P(\omega_1)\tilde{\sigma}_1^2 \tilde{m}_2}{P(\omega_1)\tilde{\sigma}_1^2 + P(\omega_2)\tilde{\sigma}_2^2} \tag{4.49}$$

この手法の適用にあたって注意すべき点は，どのような $J$ に対しても $\boldsymbol{w}$ は常に式 (4.41) の形で表され，評価関数 $J$ の違いは式 (4.42) の $s$ にのみ反映されるということである．例えば，3.1 節の式 (3.37) で示した二乗誤差最小化学習の評価関数 $J(\mathbf{w})$ に対してもこの手法は適用でき，最適な $\boldsymbol{w}$ は式 (4.41) の形で得られることが確かめられる（**演習問題 4.3**）．

### 〔2〕 線形識別関数を用いた多クラスの識別

本項では，2 クラスの識別問題に対する線形識別関数の考え方を，多クラスの識別問題に拡張することを試みる．多クラスの境界を決めるためには，一般に複数の線形識別関数を必要とする．以下に述べるように，線形識別関数を利用して多クラスの識別のための識別規則を作る方法が提案されている．

#### (a) 任意の二つのクラス $\boldsymbol{\omega_i, \omega_j}$ が線形分離可能な場合

これは，**図 4.1** (a) に示すような場合である．このとき，クラス $\omega_i$ と $\omega_j$ とを識別する線形識別関数 $g_{ij}(\boldsymbol{x})$（$1 \leq i, j \leq c$）が存在し，

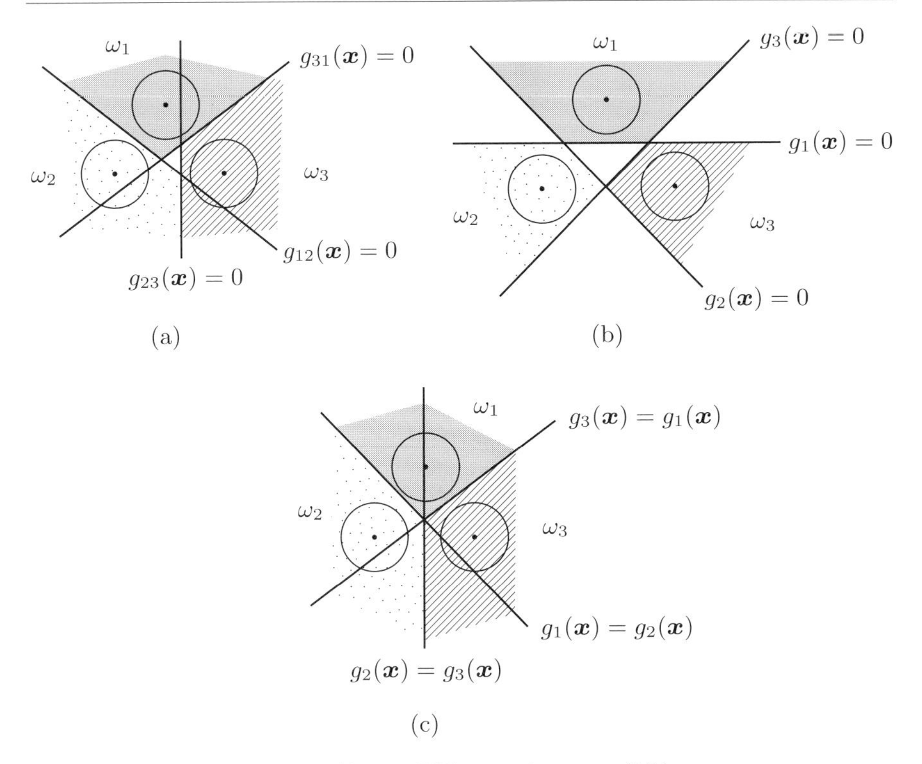


図 4.1　線形識別関数による多クラスの識別

$$\begin{cases} \boldsymbol{x} \in \omega_i & \Longrightarrow \quad g_{ij}(\boldsymbol{x}) > 0 \\ \boldsymbol{x} \in \omega_j & \Longrightarrow \quad g_{ij}(\boldsymbol{x}) < 0 \end{cases} \tag{4.50}$$

を満たす．同様にして，$c(c-1)/2$ 個の線形識別関数が定義できる．したがって，$g_{ij}(\boldsymbol{x}) = -g_{ji}(\boldsymbol{x})$ とすれば，多クラスを識別するための識別規則は

$$g_{ij}(\boldsymbol{x}) > 0 \quad \Longrightarrow \quad \boldsymbol{x} \in \omega_i \qquad (\forall j \neq i) \tag{4.51}$$

となる．ただし，この場合，どのクラスにも属さない領域が発生する可能性がある．これは，1.2 節〔2〕で述べたリジェクト領域に相当する．

また，この変法として，次のような**多数決**（majority voting）法もよく用いられる．これは，まず，すべての $i$（$i = 1, \ldots, c$）について

$$g_{ij}(\boldsymbol{x}) > 0 \tag{4.52}$$

が成り立つ $j$ $(j=1,\ldots,c)$ の個数を求め，これを得票数 $N(i)$ として，識別規則を

$$N(i) > N(j) \implies \boldsymbol{x} \in \omega_i \qquad (\forall j \neq i) \tag{4.53}$$

とするという方法である．識別関数 $g_i$ は得られていないが，$g_{ij}$ がフィッシャーの方法などで求まっている場合には，多数決法が有効である（**演習問題 4.4** 参照）．

### (b) 任意のクラス $\boldsymbol{\omega_i}$ と，$\boldsymbol{\omega_i}$ 以外のすべてのクラスとが線形分離可能な場合

これは，図 4.1 (b) に示したような場合であり，(a) の特別な場合と見なすことができる．このとき，クラス $\omega_i$ と $\omega_i$ 以外のクラスとを識別する線形識別関数 $g_i(\boldsymbol{x})$ $(1 \leq i \leq c)$ が存在し，

$$\begin{cases} \boldsymbol{x} \in \omega_i \implies g_i(\boldsymbol{x}) > 0 \\ \boldsymbol{x} \notin \omega_i \implies g_i(\boldsymbol{x}) < 0 \end{cases} \tag{4.54}$$

を満たす．同様にして，$c$ 個の線形識別関数が定義できる．したがって，多クラスを識別するための識別規則は

$$g_i(\boldsymbol{x}) > 0 \quad \text{かつ} \quad g_j(\boldsymbol{x}) < 0 \implies \boldsymbol{x} \in \omega_i \qquad (\forall j \neq i) \tag{4.55}$$

となる．また，(a) と同様に，この場合にもリジェクト領域が存在する．多数決法を用いて識別規則を定めることも可能である．

### (c) 識別関数 $\boldsymbol{g_i(x)}$ の大小によってクラスを決定できる場合

これは，図 4.1 (c) に示したような場合であり，(b) と同じく (a) の特別な場合である．識別規則は

$$g_i(\boldsymbol{x}) > g_j(\boldsymbol{x}) \implies \boldsymbol{x} \in \omega_i \qquad (\forall j \neq i) \tag{4.56}$$

となる．$g_i(\boldsymbol{x})$ の大小関係は常に決定できるので，境界を除くどの領域も，必ずいずれかのクラス $\omega_i$ に識別される．

一方，線形分離不可能である場合には，まずある評価基準を定義し，次にその基準を最小あるいは最大にする $g_i(\boldsymbol{x})$，$g_{ij}(\boldsymbol{x})$ などを手法に応じて求めなければならない．そのためには，3.1 節において述べた二乗誤差最小化学習などを利用することができるだろう．そして，例えば式 (3.6) を最小にする解として求まる $g_i$ を使うのであれば，上で述べた (b) の方法がそのまま利用できる．

### 〔3〕 一般化線形識別関数

これまでは

$$g(\boldsymbol{x}) = w_0 + \boldsymbol{w}^t\boldsymbol{x} = \mathbf{w}^t\mathbf{x} \tag{4.57}$$

で定義される線形識別関数について述べてきたが，非線形関数を用いることにより，より複雑な決定境界を設定することができる．非線形識別関数の一般的な議論は不可能であるので，ここでは線形識別関数の拡張として扱うことが可能な一般化線形識別関数について述べる[*12]．

一般化線形識別関数の最も簡単な例は**2次識別関数**（quadratic discriminant function）である．2次識別関数はスカラー量 $w_0$，$d$ 次元ベクトル $\boldsymbol{w}$，$(d,d)$ 行列 $\mathbf{W}$ を用いて，

$$g(\boldsymbol{x}) = w_0 + \boldsymbol{w}^t\boldsymbol{x} + \boldsymbol{x}^t\mathbf{W}\boldsymbol{x} \tag{4.58}$$

と定義される．この2次識別関数の重みベクトルの最適化問題は，実は線形識別関数の重みベクトルの最適化とまったく同じ枠組みで解くことができる．例えば，特徴空間の次元が1で，2次識別関数が

$$g(x) = w_0 + w_1x + w_2x^2 \tag{4.59}$$

で定義されているとすれば，新たにベクトル $\mathbf{y}$ を

$$\mathbf{y} = (1, x, x^2)^t \tag{4.60}$$

と定義し，

$$\boldsymbol{w} = (w_0, w_1, w_2)^t \tag{4.61}$$

とおくことにより，式 (4.59) は

$$g(\mathbf{y}) = \boldsymbol{w}^t\mathbf{y} \tag{4.62}$$

と書き直すことができる．したがって，ベクトル $\mathbf{y}$ を新たな特徴ベクトルと考えることによって，最適な $\boldsymbol{w}$ を求める問題は線形識別関数の重みベクトルの最適化問題と見なすことができる．

---

[*12] 非線形識別関数のもう一つの代表例であるニューラルネットワークとその設計方法については，2.5節〔2〕，3.3節ですでに述べた．

2クラスの特徴ベクトルの分布が多次元正規分布であると仮定して，4.1節で述べたパラメトリックな学習を用いると，各クラスの共分散行列が等しい（$\mathbf{\Sigma}_1 = \mathbf{\Sigma}_2 = \mathbf{\Sigma}_0$）とき最適な識別関数は線形識別関数であり，$\mathbf{\Sigma}_0^{-1}(\mathbf{m}_1 - \mathbf{m}_2)$に垂直な超平面として表される．そして，$P(\omega_1) = P(\omega_2)$であるとき最適な決定境界は$\mathbf{m}_1, \mathbf{m}_2$の中点を通る．さらに，各クラスの共分散行列が異なるときは，最適な識別関数は2次識別関数で表され，決定境界は2次曲面になる．

2次曲面が超平面に比べて複雑な境界を記述できることや，各クラスの共分散行列が異なるのが一般的であることなどから，2次識別関数が線形識別関数より実用上有利であると直感的には考えられるが，これは必ずしも正しくない．線形識別関数による方法のほうがむしろ良い結果をもたらす場合が少なくないことが知られており，これを線形識別関数の**頑健性**（robustness）と呼ぶ．この理由として，次のようなことが考えられる．

すなわち，パターンから推定される2次識別関数は，パターン数を増やしていくことにより最適な識別関数へ漸近していくが，ある一定の精度を実現するためには，2次識別関数は線形識別関数よりも多くのパターンを必要とする．なぜなら，2次識別関数はより多くのパラメータ（$d^2$のオーダー）を持つからである．例えば，共分散行列が各クラスで等しいとき，線形識別関数を用いても2次識別関数を用いても，最適な決定境界は同一の超平面として求まる．このとき，パターン数$n$を増加していったときの最適決定境界への漸近性は，2次識別関数のほうが悪いことが知られている．122ページのcoffee breakも参照されたい．

以上の2次識別関数に関する議論は，さらに任意の関数の線形結合へと拡張することが可能である．$\boldsymbol{x}$に関する任意の$k$個の関数を$\phi_i(\boldsymbol{x})$（$i = 1, 2, \ldots, k$）とおき，これらを用いて識別関数

$$g(\boldsymbol{x}) = \sum_{i=1}^{k} w_i \phi_i(\boldsymbol{x}) + w_0 \tag{4.63}$$

を定義する．ここで新たに，ベクトル$\mathbf{y}$を

$$\mathbf{y} = (\phi_1(\boldsymbol{x}), \ldots, \phi_k(\boldsymbol{x})) \tag{4.64}$$

とおけば，式(4.63)は$\mathbf{y}$を特徴ベクトルと見なした線形識別関数にほかならない．この線形識別関数$g(\boldsymbol{x})$を**一般化線形識別関数**（generalized linear discriminant function）または **Φ 関数**（Φ function）と呼ぶ．一般化線形識別関数を用いれば非線形関数をも含む任意の識別関数を実現でき，しかも，最適化の方法として線形識別関数の学習法が適用できる．しかしながら，ある識別関数を実現するために用意すべき $\phi_i(\boldsymbol{x})$ の必要条件は，一般にはわからない．

## 4.4 特徴空間の次元数と学習パターン数

識別部を設計する際に直面する現実的な問題の一つに，学習パターン数の決定方法がある．学習パターン数 $n$ は特徴ベクトルの次元数 $d$ との関連で捉えるべきで，単独に論ずることはできない．このことを直感的に理解するには，パターン数を一定にしたまま特徴ベクトルの次元数を増大させる場合を想定するとよい．このとき，パターンの分布は特徴空間上でまばらになり，統計的な信頼度が低下することは明らかである．したがって，識別部の高精度化を図るには，次元数に見合った十分な数の学習パターンを用意しなくてはならない．それでは，どの程度の学習パターンを用意したらよいのだろうか．残念ながら，この点に関する一般的な答はない．ただ，ここでは，学習パターン数と次元数との関係を示唆するいくつかの事例を挙げることにしよう．

まず，学習パターン数が特徴空間の次元数以下（$n \leq d$）の場合を想定してみよう．この場合，$d$ 次元の特徴空間を用意したにもかかわらず，実際は $(n-1)$ 次元の空間しか利用しておらず $(d-n+1)$ 次元分を無駄にしていることになる．これは次のような例を考えてみると明らかである．

特徴空間として 3 次元（$d=3$）の空間を考え，その中に学習パターンが 3 個（$n=3$）しかなかったとする．これらのパターンは，3 次元空間上に一つの 2 次元平面を決定する．つまり，3 次元空間であるにもかかわらず，パターン数が少ないために 2 次元平面上の分布に留まっていることになる．3 次元的な広がりを持たせるためには，パターン数は少なくとも次元数よりも大きい値，すなわち 4 以上でなくてはならない．ただし，これは最低限の条件であって，パターン数が 4 であってもそれらが偶然同一平面上に乗れば，事情は同じである．したがって，パターンの分布が特徴空間の中でその次元数に見合った広がりを持つためには，

$$n \gg d \tag{4.65}$$

でなくてはならない．上の例で考えてみれば，これはごく当然のようであるが，識別部の設計者はしばしばこの条件を見過ごしてしまう．これは設計者が認識性能の改善を急ぐあまり，学習パターンが有限であることを忘れて，特徴の追加という安直な手段に訴えてしまうためである．本来，特徴を追加すれば，それに応じて学習パターンも増やさなくてはならないのであるが，設計者の多くはパターン収集に費やされる手間と時間を惜しんで，特徴の追加だけで済ませてしまうのである（96ページのcoffee break参照）．

これは，第6章のKL展開やフィッシャーの方法を適用するときにも当てはまる．すなわち，KL展開には共分散行列の計算が必要で，少なくとも$(d+1)$個以上のパターンがないと，得られる共分散行列は正則でなくなる．また，フィッシャーの方法を適用する場合には，逆行列が求められないといった問題が生ずる．ここで，$n = d + 1$というのは最低限の条件であって，統計的に信頼できる結果を得るには，これよりもはるかに大きな$n$を設定する必要がある．

ただ，6.5節〔2〕でも述べるが，特徴相互に強い相関がある場合には，次元数が大きくてもそれは見掛けだけで，実際はより少ない次元数（固有次元数）でパターンが記述できることが少なくない．式(4.65)の$d$は見掛けの次元数ではなく，固有次元数と解釈すべきである．

もう一つの事例として，$d$次元の特徴空間上に$n$個のパターンが分布している場合を考えよう．ただし，これらのパターンは**一般位置**（general position）*13にあるものとする．おのおののパターンは二つのクラス$\omega_1, \omega_2$のいずれかに属しているとすると，クラス名の割り付け方は全部で$2^n$通りあることになる．この中から任意の一つを選んだとき，これを超平面により線形分離できる確率$p(n,d)$はどうなるだろうか．

例えば，$d = 2$，$n = 4$の場合，すなわち2次元特徴空間上に4個のパターンが分布している場合を取り上げよう．各パターンはクラス$\omega_1, \omega_2$のいずれかに所属するから，その組み合わせの数は$2^4 = 16$通りである．**図4.2**に分布の様子

*13 $n > d$に対しては，どの$(d+1)$パターンも$(d-1)$次元超平面上にないとき，また$n \leq d$に対しては，$(n-2)$次元超平面が$n$パターンを含まないとき，これらのパターンは一般位置にあるという．例えば，3次元特徴空間（$d = 3$）で4パターンが同一平面上にない場合などが相当する．

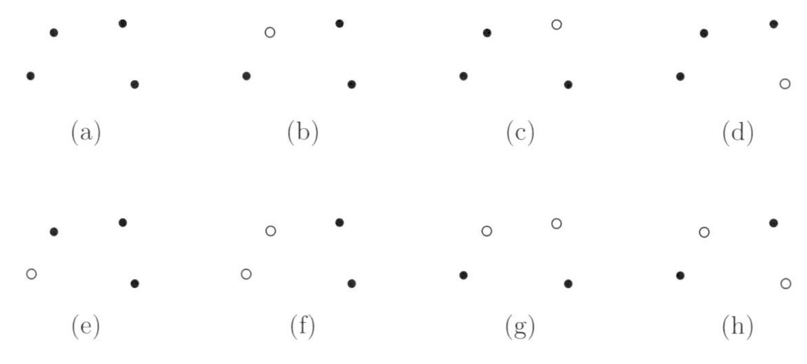


図 4.2　2 次元特徴空間上に分布する 4 パターン

を示す．図では二つのクラスが●と○で区別されていて，(a)〜(h) の 8 種類の分布を示している．この図で●と○を入れ替えれば，さらに 8 種の分布が追加され，合計 16 種のすべての分布が得られる．図から明らかなように，3 点が一直線上にないので，これら 4 点は一般位置にある．図の 8 種の分布のうち，(h) のみが線形分離不可能で，他の 7 種はすべて線形分離可能であるから，

$$p(n, d) = p(4, 2) = 14/16 = 0.875 \tag{4.66}$$

となる．一般に，$d$, $n$ に対して $p(n, d)$ は次式で表される（導出は**演習問題 4.5, 4.6** を参照）．

$$p(n, d) = \begin{cases} 2^{1-n} \cdot \displaystyle\sum_{j=0}^{d} {}_{n-1}C_j & (n > d) \\ 1 & (n \leq d) \end{cases} \tag{4.67}$$

式 (4.67) の $p(n, d)$ を，$n/(d+1)$ を横軸としてプロットしたのが**図 4.3** である．図は，$d = 2, 8, 32, \infty$ の場合についてプロットされており，$n/(d+1) = 2$ では $p(n, d) = 1/2$ となることがわかる（**演習問題 4.7**）．また，$d$ が大きくなるにつれて，$n/(d+1) = 2$ 近辺でしきい値効果が生じ，$d \to \infty$ の極限では

$$\begin{cases} p(n, d) \approx 1 & (n < 2(d+1)) \\ p(n, d) \approx 0 & (n > 2(d+1)) \end{cases} \tag{4.68}$$

が成り立つ．また，式 (4.66) で求めた結果を図中破線で示している．この $2(d+1)$ を超平面の**容量**（capacity）と呼んでいる．容量については文献 [Nil65] が詳しい．

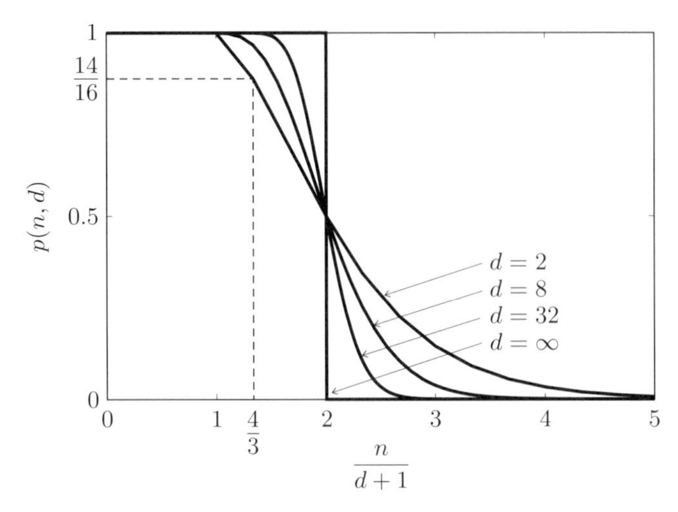


図 4.3 線形分離可能な確率

## coffee break

### ❖ 特徴の追加は識別性能の低下を招く？

図 4.3 を得るにあたっては，特徴ベクトルの次元数 $d$ が定まっていて，学習パターン数 $n$ が自由に設定できるという想定で話を進めている．しかし，一般にデータ収集のコストは高いため，実際は学習パターン数が限られている場合も少なくない．したがって，次元数に対して学習パターン数が十分でない場合は，パターン数を増やす代わりに，特徴を取り除いたり合体させるなどの方法により，次元数を減少させなくてはならないこともある．

識別性能を高めるために，既存の特徴とはなるべく独立した新たな特徴を追加するという作業を設計者はごく自然に行っている．特徴の追加によって識別性能は改善されるか，悪くてもせいぜい現状維持に留まるはずと期待するのは自然である．しかし，特徴の追加が識別性能の低下をもたらすという現象がしばしば起こる．これはどのように説明したらよいのだろうか．原因は，学習パターン数が有限であることを忘れて特徴を増やしすぎることにあり，結局，本節で扱う「次元の呪い」に関わっている．すなわち，パターン数 $n$ に対して特徴数 $d$ が小さい間は，特徴の追加は識別性能の向上に結び付くが，$n$ に対して $d$ が無視できないくらい大きくなると，統計的な信頼度が低下し，期待とは裏腹に識別性能の低下を招くのである．これはヒューズの現象として知られており，有限の学習パターンに起因する「偏り」のなせる業である．詳細は 5.5 節で述べることにする．

いずれにしても，識別部の設計は，学習パターン数と特徴数の関係を常に念頭に置きながら進めなくてはならない．

---

いま，二つのクラスを線形分離する超平面を学習によって求める場合を考えよう．式 (4.68) によれば，$d$ が大きいとき，学習パターンがどのように分布していても，$n < 2(d+1)$ の場合はほぼ確実に線形分離面を見出せる．逆に，$n > 2(d+1)$ の場合は，そのような超平面を見出せる確率は限りなく 0 に近い．したがって，もし $n > 2(d+1)$ の条件のもとで所望の超平面が得られれば，その信頼度は極めて高いことになる．学習に対してわれわれが期待するのは，十分な数の学習パターンからの強い拘束によって，所望の超平面 (決定境界) が「必然的」に求まるという効果である．この「必然性」が重要なのであって，$n < 2(d+1)$ の場合に得られる超平面には多分に偶然性が伴う．言い換えれば，$n < 2(d+1)$ の学習パターン数は，超平面を決定する拘束としては弱すぎるということである．

以上の例から，識別部の設計時には，特徴ベクトルの次元数に比べて十分な数の学習パターンを用意しなくてはならないことがわかる．しかし，残念なことに，次元数に見合った学習パターンを用意しようと思っても，現実には不可能な場合が多い．なぜなら，必要とされる学習パターンの数は，次元数の増大とともに指数関数的に増えていくからである．この極めてやっかいな問題は**次元の呪い** (curse of dimensionality) として知られ，パターン認識研究者を悩ましている．

特徴ベクトルの次元数 $d$ は，超平面の記述に必要なパラメータ，すなわち重み係数 $(w_0, w_1, \ldots, w_d)$ の数と解釈することもできる．したがって，上で述べたことは，識別部を構成するパラメータ数に比べて十分な数のパターンを学習に用いるべきである，と言い換えることもできる．ニューラルネットワークでしばしば取り上げられる**過学習** (over-fitting) も，結局パラメータ数に対して少なすぎる学習パターンを用いることに起因している．すなわち，過学習とは，少数の個別パターンを多数のパラメータを持つ複雑な関数により誤差ゼロで近似してしまうことであり，新たな入力パターンに対して正確な出力ができなくなる危険をはらんでいる[*14]．過学習の解決方法は，202 ページの coffee break を参照されたい．

---

[*14] パラメータの数を勘案しつつ個別パターンへの適合を行う方法として，**赤池情報量規準** (AIC: Akaike's information criterion) が知られている．

coffee break

**❖ 学習パターンが少ない場合は NN 法で**

本節では，学習パターンが少ない場合にはいろいろな弊害があることを述べた．このような弊害を承知の上で，どうしても識別部を構成しなければならない場合には，NN 法を適用するのが最も手っ取り早い．なぜなら，学習パターンを完全に識別できるような識別部を作るのが，この場合にとれる最良の方法であり，その最も確実な方法が NN 法だからである．このような場合に学習[*15]を適用しても，あまり意味がない．たとえ学習を適用したとしても収束に時間を要するだけで，得られる決定境界は NN 法と大差ない．

また，ニューラルネットワークの効用を示す例として，しばしば**排他的論理和** (exclusive OR) が取り上げられる．この例から学ぶべきことは，「パーセプトロンでは排他的論理和を "学習によって" 実現できないが，ニューラルネットワークでは "学習によって" 実現できる」ということである．単に排他的論理和を実現するだけなら，NN 法で十分である．

# 4.5 識別部の最適化

## (1) 識別部を決定するパラメータ

これまで，ノンパラメトリックな識別手法として，線形識別関数，非線形識別関数（ニューラルネットワーク），$k$-NN 法を紹介した．これらはすべて実用面でもよく用いられる代表的な手法である．しかしながら，線形識別関数では次元数 $d$，ニューラルネットワークでは中間ユニット数，$k$-NN 法では $k$ の値など，学習に先立って決定すべきパラメータがある．これらのパラメータは，識別機の「本来のパラメータ（例えばニューラルネットワークの場合は重みパラメータ）のためのパラメータ」と解釈できるので，しばしば**ハイパーパラメータ** (hyperparameter) と呼ばれる．

ハイパーパラメータの設定は識別性能に大きな影響を与えるため，実用上極めて重要である．ハイパーパラメータの良さは，誤り確率で評価される．本節で

[*15] この場合の学習には，全数記憶方式である NN 法は含めない．

は，与えられた学習パターンからハイパーパラメータを決定する代表的な手法について述べる．与えられたラベル付きパターン集合を

$$\mathcal{X} = \{\boldsymbol{x}_1, \boldsymbol{x}_2, \ldots, \boldsymbol{x}_n\} \tag{4.69}$$

と書く．ハイパーパラメータは，未知パターンに対する識別性能を評価することにより決定される．いま，ある識別法のハイパーパラメータを $\lambda$ とする．例えば $k$-NN 法では，$\lambda = k$ ゆえ，$\lambda = 1, 2, 3, 4, \ldots$ の自然数となる．ここで，$\lambda$ の値を固定し，与えられた学習パターンを用いて設計した識別機の，同じ分布に従うすべての可能な未知パターンに対する誤り確率の平均値（期待値）を $\mathbf{e}_\lambda$ と書くこととする．ハイパーパラメータの決定問題とは，$\mathbf{e}_\lambda$ を最小にする $\lambda \in \mathbf{\Lambda}$ を決定することにほかならない．ここで，$\mathbf{\Lambda}$ は $\lambda$ 全体の集合とする．

しかしながら，言うまでもなく，分布は未知ゆえ，単純に $\mathbf{e}_\lambda$ を計算することはできない．したがって，ここでの問題は，与えられた $n$ 個のパターンからなるパターン集合 $\mathcal{X} = \{\boldsymbol{x}_1, \boldsymbol{x}_2, \ldots, \boldsymbol{x}_n\}$ のみから $\mathbf{e}_\lambda$ を推定する問題に帰着される．

### 〔2〕　分割学習法

まず，最も単純な方法として，$\mathcal{X}$ を学習パターン集合 $\mathcal{X}_1$ とテストパターン集合 $\mathcal{X}_2$ に分割し，$\mathcal{X}_1$ を用いて $\lambda \in \mathbf{\Lambda}$ の各値で識別機を設計し，次いで $\mathcal{X}_1$ とは独立な $\mathcal{X}_2$ で識別性能を評価することにより，$\mathbf{e}_\lambda$ を推定する方法が考えられる．つまり，与えられたパターン集合の一部をテストパターン集合（未知パターン集合）と見なす方法であり，**分割学習法**（hold-out method）と呼ばれる．以下，これを **H 法**と略す．

ただし，この方法では与えられたパターン集合の一部をテストパターン集合として使用するため，実際の学習で使用されるパターン数が減少し，それに伴い識別性能が劣化する．逆に学習パターン数をできるだけ多くするように分割すると，テストパターン数が少なくなり，性能評価の信頼性が低下するという問題が生ずる．したがって，与えられたパターン数が十分多い場合には有効な手法かもしれないが，パターン数が少ない場合は，$\mathbf{e}_\lambda$ の推定法としては精度が良くないと言える．

### 〔3〕 交差確認法

H法では，与えられたパターン集合は学習かテストかのいずれかに使用されていたが，**交差確認法**（cross-validation method）（以下 **CV 法**と略す）[*16]による $\mathbf{e}_\lambda$ の推定では，$\mathcal{X}$ のすべての要素が学習とテストに使用されるようになっている．具体的には，まず $\mathcal{X}$ を $m$ 個のグループ $\mathcal{X}_1, \mathcal{X}_2, \ldots, \mathcal{X}_m$ に分割する．このとき，各グループのパターン数は $n/m$ となっている．そして，$\mathcal{X}_i$ を除いた $(m-1)$ 個のグループのパターンで学習した後，$\mathcal{X}_i$ で誤り確率を算出する．この手順を $i = 1, 2, \ldots, m$ のすべてについて行い，得られた $m$ 個の誤り確率の平均値を求め，それを $\mathbf{e}_\lambda$ の推定値とする．

最も単純かつよく用いられている分割は，要素数が1となる分割である．すなわち，$(\mathcal{X} - \boldsymbol{x}_i)$ で学習し，$\boldsymbol{x}_i$ でテストするという手順を $i = 1, 2, \ldots, n$ について行い，$n$ 回のテストによって得られた誤り確率を $\mathbf{e}_\lambda$ の推定値とする．この方法は，**一つ抜き法**（leave-one-out method）[*17]と呼ばれる．以下これを **L 法**と略す．明らかに，L 法の場合，すべてのパターンが学習とテストに用いられているため，H 法に比べ $\mathbf{e}_\lambda$ の推定精度が向上する．ただし，学習を $n$ 回繰り返す必要があるので，処理量が膨大になる．

### 〔4〕 ブートストラップ法

CV 法と同様に，任意の統計量の推定法として，**ブートストラップ法**（bootstrap method）[*18]がある．以下これを **BS 法**と略す．CV 法に比べて，推定値の分散が小さくなる，すなわち推定値が $\mathcal{X}$ の変動に対して安定するという特長がある．BS 法は統計量に応じていろいろな推定の仕方をするが，その基本は $\mathcal{X}$ からの**復元抽出**（sampling with replacement），すなわち，取り出しては元に戻す抽出法

---

[*16] CV 法は本来，任意の統計量の推定法として考案されたものである．つまり，ここでは誤り確率の推定に CV 法を適用したわけである．CV 法に基づく推定量は，漸近的一致性（$n \to \infty$ のとき，推定量が真値に漸近する）を持つことが理論的に証明されている．

[*17] **ジャックナイフ法**とも呼ばれる．ジャックナイフが万能ナイフとして知られていることから，任意の統計量の推定に用いられる一つ抜き法を，「万能」の意味を込めてジャックナイフ法と呼んでいる．先に述べた CV 法は，一つ抜き法を含むより広い範囲をカバーした推定法であるが，CV 法と言えば，この一つ抜き法のことを指す場合が多い．

[*18] ブートストラップの語源は，自力で窮地を脱するという意味のフレーズ "to pull oneself up by one's bootstrap" から来ている [ET93]．つまり，与えられたパターン集合のみから何とか真値を推定しようという意図が込められている．

にある．以下では，$\mathbf{e}_\lambda$ の推定として，BS 法がどのように応用されるかについて説明する．ただし，以下では実用面での使用法を重視した直感的な説明に留める．詳細は文献 [ET93] を参照していただきたい．

いま，$\mathbf{e}_\lambda$ の推定をする際，$\mathcal{X}$ を学習とテストの両方に使用して，推定値 $\widehat{\mathbf{e}}_\lambda$ を得たとする．学習パターン集合がテストにも利用されたわけだから，明らかに，得られた誤り確率の推定値は真値よりも小さくなるはずである．このとき，そのずれを

$$R = \mathbf{e}_\lambda - \widehat{\mathbf{e}}_\lambda \tag{4.70}$$

で表すと，もし $R$ の値を何らかの方法で推定できれば，式 (4.70) から

$$\mathbf{e}_\lambda = \widehat{\mathbf{e}}_\lambda + R \tag{4.71}$$

と求めることができる．BS 法は，$\mathcal{X}$ から $n$ 回の復元抽出により疑似パターン集合 $\mathcal{X}^* = \{\boldsymbol{x}_1^*, \boldsymbol{x}_2^*, \ldots, \boldsymbol{x}_n^*\}$ を生成し，この疑似パターン集合を用いて式 (4.70) の $R$ の推定値を求めようという方法である．

すなわち，BS 法ではこの疑似パターン集合 $\mathcal{X}^*$ を学習パターン集合と見なし，元のパターン集合 $\mathcal{X}$ をテストパターン集合と見なすことにより，式 (4.70) の関係を

$$R^* = \mathbf{e}_\lambda^* - \widehat{\mathbf{e}}_\lambda^* \tag{4.72}$$

と書き換える．ここで，$\mathbf{e}_\lambda^*$ は $\mathcal{X}^*$ を学習に，$\mathcal{X}$ をテストに用いて得られた $\mathbf{e}_\lambda$ の推定値を表し，$\widehat{\mathbf{e}}_\lambda^*$ は $\mathcal{X}^*$ を学習とテストの両方に用いて得られた $\mathbf{e}_\lambda$ の推定値を表す．ただし，$R^*$ は，特定のサンプリングの影響を受けないようにしなくてはならない．そこで，$B$ 個[*19]の疑似パターン集合 $\mathcal{X}^{*1}, \mathcal{X}^{*2}, \ldots, \mathcal{X}^{*B}$ を生成し，そのおのおのについて $R^{*1}, R^{*2}, \ldots, R^{*B}$ を求め，それらの平均値を $R^*$ とする．BS 法は L 法と同様に，しっかりした理論的基盤を持っている．より深く勉強したい読者には，教科書 [ET93] が良書である．

BS 法による $\mathbf{e}_\lambda$ の推定法を整理すると，以下のようになる．

**Step 1．** 元のパターン集合 $\mathcal{X}$ でモデル $\lambda$ の識別機を設計した後，同じ $\mathcal{X}$ で誤り確率を算出し，その値を $\widehat{\mathbf{e}}_\lambda$ とする．

---

[*19] $B$ は通常 50 程度でよいと言われている．

**Step 2.** $b = 1, \ldots, B$ のおのおのについて以下を行う．

元のパターン集合 $\mathcal{X}$ から $n$ 回の復元抽出により $\mathcal{X}^{*b}$ を生成し，$\mathcal{X}^{*b}$ をパターン集合としてモデル $\lambda$ の識別機を設計した後，$\mathcal{X}$ で誤り確率を算出した結果を $\mathbf{e}_\lambda^{*b}$ とし，$\mathcal{X}^{*b}$ で誤り確率を算出した結果を $\widehat{\mathbf{e}}_\lambda^{*b}$ とする．これらの値を用いて

$$R^{*b} = \mathbf{e}_\lambda^{*b} - \widehat{\mathbf{e}}_\lambda^{*b}$$

を計算する．

**Step 3.** Step 2 で得られた $B$ 個の $R^{*1}, \ldots, R^{*B}$ の平均値を $R^*$ とすると，求めるべき推定値は $\widehat{\mathbf{e}}_\lambda + R^*$ として得られる．

以上，最尤推定値を必要としないモデル選択手法について述べたが，実用的には，L 法あるいは BS 法の使用を勧める．いずれもかなりの学習回数[*20]を必要とし，H 法に比べると膨大な計算時間を要するが，その欠点は精度で十分カバーできるだろう．

## 演習問題

**4.1** 式 (4.22), (4.23) を導出せよ（**付録 A.2** の公式を用いるとよい）．

**4.2** 射影した 1 次元空間上で，原点の周りのクラス間の広がりがなるべく大きく，かつ各クラスの分散はなるべく小さくなるような $\boldsymbol{w}$ を求めたい．そのための評価関数 $J$ として，

$$J \stackrel{\mathrm{def}}{=} \frac{k_1 \tilde{m}_1^2 + k_2 \tilde{m}_2^2}{k_1 \tilde{\sigma}_1^2 + k_2 \tilde{\sigma}_2^2}$$

を考えることができる．この評価関数を用いて，4.3 節〔1〕で述べた方法により，最適な $\boldsymbol{w}$ と $w_0$ を求めよ．

**4.3*** 二乗誤差最小化学習を 2 クラスに対して適用する場合の評価式（式 (3.37)）

[*20] パターン数が $n$ 個の場合，ある一つの $\lambda$ の値に対し，CV 法では $n$ 回，BS 法では $B$ 回必要である．ただし，L 法のために共分散行列とその逆行列を高速に求める算法が知られている（文献 [Fuk90] の第 5 章を参照）．

$$J(\mathbf{w}) = \frac{1}{2}\sum_{p=1}^{n}(g(\boldsymbol{x}_p) - b_p)^2 = \frac{1}{2}\sum_{p=1}^{n}(\mathbf{w}^t\mathbf{x}_p - b_p)^2$$

に対し，4.3 節〔1〕で述べた方法で求めた最適な $\boldsymbol{w}$ と $w_0$ は，

$$\begin{aligned}\boldsymbol{w} &= a \cdot \boldsymbol{\Sigma}_W^{-1}(\mathbf{m}_1 - \mathbf{m}_2)\\ w_0 &= -\mathbf{m}^t\boldsymbol{w} + P(\omega_1) - P(\omega_2)\\ &= -a \cdot \mathbf{m}^t\boldsymbol{\Sigma}_W^{-1}(\mathbf{m}_1 - \mathbf{m}_2) + P(\omega_1) - P(\omega_2)\end{aligned}$$

となることを示せ．ただし，$a$ は任意の定数，$\boldsymbol{\Sigma}_W$ は式 (6.113) で定義されるクラス内共分散行列であり，教師信号 $b_p$ は式 (3.35) に従うものとする (**演習問題 9.2** も参照)．

4.4　2 次元特徴空間上に，$\omega_1 \sim \omega_4$ の四つのクラスの学習パターンが分布している．これらのパターンから，決定境界を定める 6 種の線形識別関数が以下のように得られたとする．

$$\begin{aligned}g_{12}(\boldsymbol{x}) &= -23 - 4x_1 + 5x_2, & g_{13}(\boldsymbol{x}) &= 49 - 4x_1 - x_2,\\ g_{14}(\boldsymbol{x}) &= -63 + x_1 + 6x_2, & g_{23}(\boldsymbol{x}) &= 12 - x_2,\\ g_{24}(\boldsymbol{x}) &= -40 + 5x_1 + x_2, & g_{34}(\boldsymbol{x}) &= -112 + 5x_1 + 7x_2\end{aligned}$$

ここで，入力パターン $\boldsymbol{x} = (x_1, x_2)^t$ に対し，線形識別関数 $g_{ij}$ は

$$\begin{cases} g_{ij}(\boldsymbol{x}) > 0 & \Rightarrow \quad \boldsymbol{x} \in \omega_i \\ g_{ij}(\boldsymbol{x}) < 0 & \Rightarrow \quad \boldsymbol{x} \in \omega_j \end{cases} \tag{4.73}$$

として用いられる．すなわち，$g_{ij}(\boldsymbol{x}) = 0$ は，クラス $\omega_i$ と $\omega_j$ の決定境界である．

多数決法により，パターン $\boldsymbol{x}_1 = (2, 9)^t$ およびパターン $\boldsymbol{x}_2 = (2, 11)^t$ を識別した結果をそれぞれ示せ．

4.5* 合計 $n$ 個のパターンが $d$ 次元特徴空間上に分布しており，これらは一般位置にあるものとする．これらのパターンを $(d-1)$ 次元超平面で二分して $\omega_1, \omega_2$ の二つのグループに分ける方法の数を $L(n, d)$ とする．このような二分法を**線形二分法** (linear dichotomy) という．このとき，

$$L(n, d) = L(n-1, d) + L(n-1, d-1) \tag{4.74}$$

が成り立つことを示せ．ただし，$L(n, d)$ には，グループ内のパターン数がゼロの場合も含めるものとする．

**4.6** 式 (4.74) より，数学的帰納法を用いて下式が成り立つことを証明せよ．

$$L(n, d) = \begin{cases} 2 \cdot \sum_{j=0}^{d} {}_{n-1}C_j & (n > d) \\ 2^n & (n \leq d) \end{cases} \tag{4.75}$$

**4.7** 式 (4.67) の $p(n, d)$ は，$n/(d + 1) = 2$ のとき $p(n, d) = 1/2$ となることを示せ．

# 第 5 章
# 特徴の評価とベイズ誤り確率

## 5.1　特徴の評価

第 1 章で述べたように，認識系は前処理部，特徴抽出部，識別部からなっている．いま，認識系が期待したとおりの性能を発揮しなかったとしよう．認識性能は，前処理部，特徴抽出部，識別部を含めた認識系全体の評価尺度であるから，認識性能を改善するためには，性能を低下させた原因が認識系のどの処理部にあるのかを明確にしなくてはならない．

例として 2 次元特徴空間上に二つのクラスが分布している場合を考える．いま，クラスの分布を特徴空間上で観測したところ，**図 5.1** (a) のようになったとする．この場合，二つのクラスは完全に分離されているから，識別部を適切に設計すれば，誤認識を起こさない認識系を実現できるはずである．にもかかわらず低い認識性能に留まったとすれば，原因は特徴抽出部ではなく識別部にあることになる．

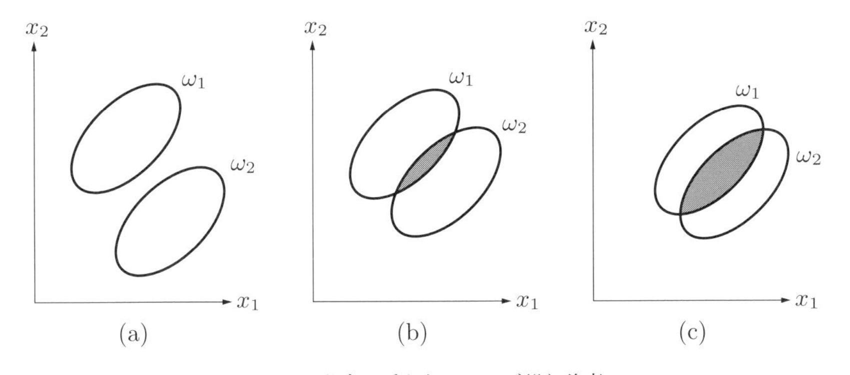


**図 5.1**　分布の重なりとベイズ誤り確率

一方，別の特徴を用いて図 5.1 (b) または (c) のような分布が得られたとする．この場合はクラスの分布間に重なりがあるため，識別部をどのように設計しても，誤認識が生じてしまう．すなわち，この場合は，識別部ではなく特徴抽出部に問題があることになる．

特徴抽出部を設計する際に，あらかじめ特徴の評価*1を行うことは極めて重要である．上の例からもわかるように，特徴が適切でなければ識別部設計にいかに力を注いでも高精度の認識系は実現できない．特徴の良し悪しは，クラス間分離能力によって評価できる．すなわち，上の例では図 5.1 の (c) よりも (b) が，(b) よりも (a) が優れた特徴と言うことができる．以下では，特徴をクラス間分離度によって評価する方法を述べる．

## 5.2　クラス間分散・クラス内分散比

クラス間の分離を高精度で行うためには，特徴空間上で同じクラスのパターンはなるべく接近し，異なるクラスのパターンはなるべく離れるような分布をするのが望ましい．以下では，クラス間分離度をこのような視点で評価する方法を紹介する．

クラス $\omega_i$ に属するパターンの集合を $\mathcal{X}_i$ とし，$\mathcal{X}_i$ に含まれるパターン数を $n_i$，平均ベクトルを $\mathbf{m}_i$ とする．また，全パターン数を $n$，全パターンの平均ベクトルを $\mathbf{m}$ とする．ここで，**クラス内分散** (within-class variance) を $\sigma_W^2$，**クラス間分散** (between-class variance) を $\sigma_B^2$ で表すと，

$$\sigma_W^2 = \frac{1}{n} \sum_{i=1}^{c} \sum_{\boldsymbol{x} \in \mathcal{X}_i} (\boldsymbol{x} - \mathbf{m}_i)^t (\boldsymbol{x} - \mathbf{m}_i) \tag{5.1}$$

$$\sigma_B^2 = \frac{1}{n} \sum_{i=1}^{c} n_i (\mathbf{m}_i - \mathbf{m})^t (\mathbf{m}_i - \mathbf{m}) \tag{5.2}$$

と書ける．すなわち，クラス内分散はクラスの平均的な広がりを表し，クラス間分散はクラス間の広がりを表している．したがって，それらの比

*1 複数の特徴によって定まる多次元特徴空間上でのクラス間分離を議論しているので，正確には個々の特徴の評価というより，特徴ベクトルの評価と言うべきであろう．

$$J_\sigma = \frac{\sigma_B^2}{\sigma_W^2} \tag{5.3}$$

を定義すれば，$J_\sigma$ が大きいほど優れた特徴であると判定することができる．上式の $J_\sigma$ は**クラス間分散・クラス内分散比**（ratio of between-class variance to within-class variance）[*2]と呼ばれる．これはクラス内距離で正規化したクラス間距離と見ることもできる（**演習問題 5.1**）．

クラス間分散・クラス内分散比は簡便な評価法であるが，次のような欠点もある．すなわち，多クラスの問題に対しては，クラス間分散・クラス内分散比による評価値は，必ずしも実際の分布の分離度を反映していないということである．例えば**図 5.2** のような 4 クラスからなる分布を考えたとき，分布 (a), (b) の $J_\sigma$ の値は等しい．しかしながら，特徴としては，明らかに (b) より (a) が優れている．なぜなら，(a) では四つの分布が等間隔に分離し重なりがないのに対し，(b) では $\omega_1$ と $\omega_3$，$\omega_2$ と $\omega_4$ の分布が重なっているからである．このような現象が起こるのは，$J_\sigma$ がクラス間の距離だけを見ていて，分布の重なりを評価してい

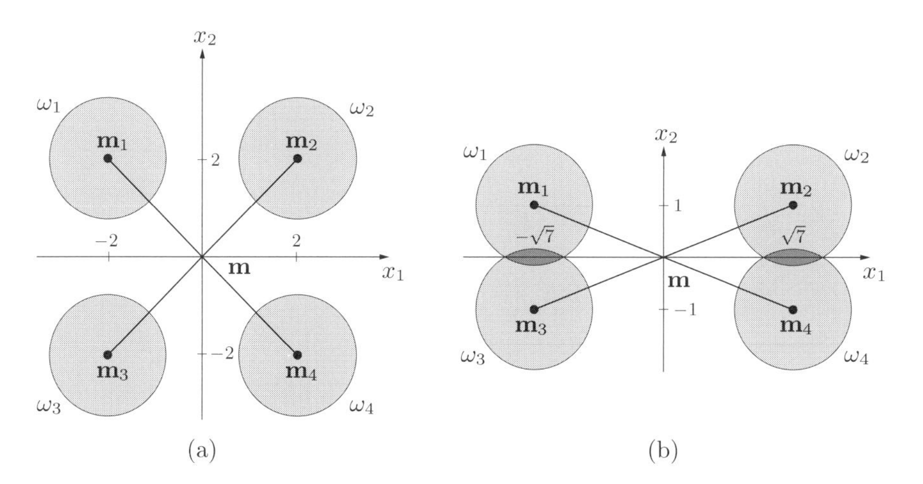


図 5.2　クラス間分散・クラス内分散比による評価が機能しない例

[*2] 初版において，クラス内分散・クラス間分散比（within-class variance between-class variance ratio）と記していたのを，このように改めた．この記法は，信号雑音比すなわち SN 比（SNR：signal to noise ratio）などと同じように，定義式での対比する二つの語の順序を慣例に合わせた結果である．

ないためである．しかも，この方法では全体の分離度を平均的に評価するため，クラスの対で見たときの分離度が反映されないという問題もある．この問題を避けるには，すべてのクラス対に対して式 (5.3) を算出し，その平均値を評価値とする方法がある．ただし，クラス数が多い場合，この方法は計算量が膨大になる．

それでは，分布の重なり具合を調べるにはどうしたらよいのであろうか．実は，これが次節で述べるベイズ誤り確率と密接に関連している．

## 5.3 ベイズ誤り確率とは

ここで例として，ある地点を通過する通行人を観察し，それが男性であるか女性であるかを機械で自動判定することを考えよう [数藤 00]．例えば，TV カメラや各種センサーによって身長，体重，音声，服装の色などの特徴を抽出できれば，これらを用いてある程度まで男女の判定が可能である．しかし，このような間接的な観測方法を用いる限り，男女を一意には決定できない．なぜなら，同一の特徴量の組が男性にも女性にも起こりうるからである．例えば身長と体重をとってみても，どちらも平均的には男性のほうが女性より大きいが，個々に見ればこの傾向に当てはまらないケースはいくらでも存在する．これらの特徴を用いた特徴空間上では，男女の分布は互いに重なり合っている．したがって，このような特徴を用いて男女の判定を行う限り，必ず誤識別が生ずることになる．これは特徴そのものの持つ本質的不完全さに起因しており，識別部を工夫することでは解決し得ない．ベイズ誤り確率（Bayes error）とは，いわば特徴そのものの不完全さに起因する「必然的な誤り」の程度であり，特徴空間上での「分布の重なりの度合い」と解釈することができる（図 5.1 参照）．

上の 2 クラスの問題を定式化してみよう．二つのクラスを $\omega_1$（男），$\omega_2$（女）とし，それらの生起確率，すなわち事前確率をそれぞれ $P(\omega_1)$，$P(\omega_2)$ とする．観測される $d$ 種の特徴をベクトル $\boldsymbol{x} = (x_1, x_2, \ldots, x_d)^t$ で表し，$\boldsymbol{x}$ が観測されたとき，それが $\omega_1$, $\omega_2$ に属する確率，すなわち事後確率をそれぞれ $P(\omega_1|\boldsymbol{x})$，$P(\omega_2|\boldsymbol{x})$ とする．また，$\boldsymbol{x}$ の確率密度関数を $p(\boldsymbol{x})$ とする．すでに 4.1 節で述べたように，

$$P(\omega_1) + P(\omega_2) = 1 \tag{5.4}$$
$$P(\omega_1|\boldsymbol{x}) + P(\omega_2|\boldsymbol{x}) = 1 \tag{5.5}$$
$$p(\boldsymbol{x}) = P(\omega_1)p(\boldsymbol{x}|\omega_1) + P(\omega_2)p(\boldsymbol{x}|\omega_2) \tag{5.6}$$

が成り立つ．また，式 (4.4) のベイズの定理より

$$P(\omega_i|\boldsymbol{x}) = \frac{p(\boldsymbol{x}|\omega_i)}{p(\boldsymbol{x})}P(\omega_i) \qquad (i = 1, 2) \tag{5.7}$$

が得られる．

入力されるおのおのの $\boldsymbol{x}$ に対し，$\omega_1$ または $\omega_2$ の判定を行うわけであるが，前に述べたように，特徴空間上で分布の重なりが生じている以上，必ず誤識別を伴う．ある $\boldsymbol{x}$ に対する**誤り確率**（probability of error）$P_e(\boldsymbol{x})$ は

$$P_e(\boldsymbol{x}) = \begin{cases} P(\omega_2|\boldsymbol{x}) & (\boldsymbol{x} \in \omega_1 \text{ と判定したとき}) \\ P(\omega_1|\boldsymbol{x}) & (\boldsymbol{x} \in \omega_2 \text{ と判定したとき}) \end{cases} \tag{5.8}$$

で表される．起こりうるすべての $\boldsymbol{x}$ に対する誤り確率 $P_e$ は，

$$P_e = \int P_e(\boldsymbol{x})\, p(\boldsymbol{x}) d\boldsymbol{x} \tag{5.9}$$

と書ける．$P_e$ を最小にするには，式 (5.9) の $P_e(\boldsymbol{x})$ として $P(\omega_1|\boldsymbol{x})$，$P(\omega_2|\boldsymbol{x})$ の小さいほうが選ばれるような判定方法をとればよい．すなわち

$$\begin{cases} P(\omega_1|\boldsymbol{x}) > P(\omega_2|\boldsymbol{x}) & \Longrightarrow \quad \boldsymbol{x} \in \omega_1 \\ P(\omega_1|\boldsymbol{x}) < P(\omega_2|\boldsymbol{x}) & \Longrightarrow \quad \boldsymbol{x} \in \omega_2 \end{cases} \tag{5.10}$$

である．これは事後確率 $P(\omega_i|\boldsymbol{x})$（$i = 1, 2$）を最大にする $\omega_i$ を識別結果として出力するような判定方法であり，すでに式 (4.5) で述べたように，このような判定方法を**ベイズ決定則**（Bayes decision rule）[*3] と呼ぶ．$P_e(\boldsymbol{x})$ の最小値を $e_B(\boldsymbol{x})$ で表すと，

---

[*3] ここでは誤り確率を最小化することを考えたが，より一般的には**損失関数**（loss function）を定義し，判定に伴う損失を最小化するという形で定式化される．損失の最小値をベイズリスクと呼ぶ．ベイズリスクはベイズ誤り確率を特別な場合として含む．これについては 8.2 節〔2〕で述べる．

$$
\begin{aligned}
e_B(\boldsymbol{x}) &= \min P_e(\boldsymbol{x}) && (5.11)\\
&= \min\{P(\omega_1|\boldsymbol{x}), P(\omega_2|\boldsymbol{x})\} \leq \frac{1}{2} && (5.12)
\end{aligned}
$$

である．$e_B(\boldsymbol{x})$ を**条件付きベイズ誤り確率**（conditional Bayes error）と呼ぶ．同様に $P_e$ の最小値を $e_B$ で表すと，

$$
\begin{aligned}
e_B &= \min P_e && (5.13)\\
&= \int e_B(\boldsymbol{x})\, p(\boldsymbol{x})\, d\boldsymbol{x} && (5.14)\\
&= \int \min\{P(\omega_1|\boldsymbol{x}), P(\omega_2|\boldsymbol{x})\}\, p(\boldsymbol{x}) d\boldsymbol{x} && (5.15)
\end{aligned}
$$

となる．

上式の $e_B$ は，誤り確率をこれより小さくはできないという限界，言い換えれば「分布の重なり」であり，この特徴抽出系によってもたらされる「必然的な誤り」である．統計的パターン認識では，これを**ベイズ誤り確率**（Bayes error）と呼んでいる（**演習問題 5.2**）．

$\boldsymbol{x}$ を観測せずに男女を判定する場合には，利用できる情報は事前確率の $P(\omega_1)$ と $P(\omega_2)$ だけであるから

$$
\begin{cases}
P(\omega_1) > P(\omega_2) & \Longrightarrow \quad \boldsymbol{x} \in \omega_1\\
P(\omega_1) < P(\omega_2) & \Longrightarrow \quad \boldsymbol{x} \in \omega_2
\end{cases}
\tag{5.16}
$$

と判定するのが妥当である．男女比が等しい場合には $P(\omega_1) = P(\omega_2) = 0.5$ であるが，もし，ある特定の地域，時間帯では女性のほうが多く，例えば $P(\omega_1) = 0.4$，$P(\omega_2) = 0.6$ であることが事前にわかっているなら，常に女性と判定するのが最良ということになる．ただし，この場合は 40% の誤認識を覚悟しなくてはならない．

一方，$\boldsymbol{x}$ を観測したあとでは判定のための情報が増えているから，より精度の高い判定が可能となる．このときの判定方法が式 (5.10) である．

以上，2 クラスの場合について述べたが，多クラスの場合のベイズ決定則は，式 (5.10) の代わりに

$$
\max_{i=1,\ldots,c} \{P(\omega_i|\boldsymbol{x})\} = P(\omega_k|\boldsymbol{x}) \quad \Longrightarrow \quad \boldsymbol{x} \in \omega_k \tag{5.17}
$$

となる．この判定方法は，すでに式 (4.5) で示した．また，ベイズ誤り確率 $e_B$ は，式 (5.15) の代わりに次式となる．

$$e_B = \int \min_i \{1 - P(\omega_i|\boldsymbol{x})\}\, p(\boldsymbol{x}) d\boldsymbol{x} \tag{5.18}$$

4.1 節でも述べたように，式 (5.17) は，$P(\omega_i|\boldsymbol{x})$ が識別関数として使えることを示している．すなわち，識別関数 $g_i(\boldsymbol{x})$ は

$$g_i(\boldsymbol{x}) = P(\omega_i|\boldsymbol{x}) \qquad (i = 1, \ldots, c) \tag{5.19}$$

である．このようにベイズ決定則を実現するような識別関数を**ベイズ識別関数** (Bayes discriminant function) と呼ぶ．

## coffee break

### ❖ 情報量による特徴の評価

情報の話が出たので，情報量が特徴の評価に使えることを述べよう．本節で取り上げた例で，性別についての不確定度 (曖昧さ)，すなわち**エントロピー** (entropy) を計算してみる．$\boldsymbol{x}$ を観測する前のエントロピー $H_0$ は

$$H_0 = -\sum_{i=1}^{2} P(\omega_i) \log P(\omega_i) \tag{5.20}$$

であり，観測後のエントロピー $H(\boldsymbol{x})$ は

$$H(\boldsymbol{x}) = -\sum_{i=1}^{2} P(\omega_i|\boldsymbol{x}) \log P(\omega_i|\boldsymbol{x}) \tag{5.21}$$

である．$\boldsymbol{x}$ を観測することによってもたらされる情報量 $I(\boldsymbol{x})$ は，不確定度の減少分，すなわちエントロピーの差であるから，

$$I(\boldsymbol{x}) = H_0 - H(\boldsymbol{x}) \tag{5.22}$$

と書ける．したがって，特徴 $\boldsymbol{x}$ を用いたときに得られる平均的な情報量 $I$ は

$$I = \int I(\boldsymbol{x})\, p(\boldsymbol{x})\, d\boldsymbol{x} \tag{5.23}$$

となる．この $I$ が大きいほど，効果的な特徴と言えるので，これは特徴評価の尺度として使うことができる．ここではクラス数が 2 の場合を扱ったが，クラス数が増えても，式 (5.20)，式 (5.21) において $\sum_{i=1}^{c}$ とすれば一般化できる．

上の $P(\omega_i)$，$P(\omega_i|\boldsymbol{x})$ をそれぞれ事前確率，事後確率と呼ぶことは，すでに 4.1 節で述べた．一般に，$\boldsymbol{x}$ を観測することにより，$P(\omega_i)$ に比べて $P(\omega_i|\boldsymbol{x})$ は特定のクラスに大きな値が偏るようになり，これがエントロピーの減少，つまり情報となって表れることになる．

---

## 5.4　ベイズ誤り確率と最近傍決定則

### 〔1〕　最近傍決定則の誤り確率

前節では，ベイズ誤り確率が特徴を評価する上で重要であることを述べた．それでは，ベイズ誤り確率はどのようにして求めたらよいのだろうか．確率密度関数があらかじめわかっていれば，式 (5.15), (5.18) により解析的に求めることができるが，確率密度関数が既知ということは現実にはまずない．われわれが観測できるのは確率密度関数そのものではなく，確率密度関数の実現値，言い換えれば確率密度関数に基づいて生成される個々のパターンである．つまり，現実には確率密度関数もベイズ誤り確率も，いわば「神のみぞ知る」理想化された概念である．

そこで，ベイズ誤り確率を近似的に求める方法が古来研究されているが，その中で最もよく知られているのは，1.3 節でも紹介した NN 法，すなわち最近傍決定則による近似である．その関係式は，次のように表される [CH67].

$$e_B \leq e_N \leq e_B\left(2 - \frac{c}{c-1}\,e_B\right) \leq 2e_B \tag{5.24}$$

ここで，$e_B$ はベイズ誤り確率，$e_N$ は NN 法の誤り確率，$c$ はクラス数である．つまり，プロトタイプ数が十分大きい状態では，NN 法の誤り確率はベイズ誤り確率より大きく（これは当たり前），ベイズ誤り確率の 2 倍を超えないという極めて興味深い結果になっている．言い換えれば，NN 法は単純な処理でありながら，プロトタイプ数が大きい場合にはベイズ誤り確率の比較的良い近似になっている．以下では，$c = 2$ の場合について，式 (5.24) を導いてみよう．

まず，あらかじめ所属クラスがわかっている $n$ 個のプロトタイプ $\boldsymbol{x}_1, \boldsymbol{x}_2, \ldots,$ $\boldsymbol{x}_n$ を用意する．入力パターン $\boldsymbol{x}$ に対する最近傍を $\boldsymbol{x}'$ で表すと，$\boldsymbol{x}'$ はプロトタ

イプの中から選ばれるので，

$$\boldsymbol{x}' \in \{\boldsymbol{x}_1, \boldsymbol{x}_2, \ldots, \boldsymbol{x}_n\} \tag{5.25}$$

である．NN 法で誤りが生ずるのは入力パターンとその最近傍の属するクラスが異なる場合であるので，$n$ 個のプロトタイプを用いた NN 法でパターン $\boldsymbol{x}$ を識別したときの誤り確率 $e_n(\boldsymbol{x})$ は

$$e_n(\boldsymbol{x}) = P(\omega_1|\boldsymbol{x})\,P(\omega_2|\boldsymbol{x}') + P(\omega_2|\boldsymbol{x})\,P(\omega_1|\boldsymbol{x}') \tag{5.26}$$

である．起こりうるすべての $\boldsymbol{x}$ に対する誤り確率 $e_n$ は

$$e_n = \int e_n(\boldsymbol{x})\,p(\boldsymbol{x})\,d\boldsymbol{x} \tag{5.27}$$

となる[*4]．ここで，次式のような仮定を置く．

$$\lim_{n\to\infty} \boldsymbol{x}' = \boldsymbol{x} \tag{5.28}$$

すなわち，プロトタイプ数 $n$ を無限大に近づけると，$\boldsymbol{x}'$ は $\boldsymbol{x}$ に限りなく近づく．したがって，

$$\lim_{n\to\infty} P(\omega_i|\boldsymbol{x}') = P(\omega_i|\boldsymbol{x}) \qquad (i = 1, 2) \tag{5.29}$$

が成り立ち，これらより

$$\lim_{n\to\infty} e_n(\boldsymbol{x}) = 2P(\omega_1|\boldsymbol{x})\,P(\omega_2|\boldsymbol{x}) \tag{5.30}$$

$$= 2e_B(\boldsymbol{x})\,(1 - e_B(\boldsymbol{x})) \tag{5.31}$$

が得られる．式 (5.30) から式 (5.31) への変形は，式 (5.12) の関係式を用いた．

NN 法の誤り確率 $e_N$ は，式 (5.14), (5.27), (5.31) より

$$e_N = \lim_{n\to\infty} e_n \tag{5.32}$$

---

[*4] 式 (5.27) は，厳密には $e_n(\boldsymbol{x})$ の代わりに $e_n(\boldsymbol{x}, \boldsymbol{x}')$ を定義し，さらに確率密度関数 $q(\boldsymbol{x}, \boldsymbol{x}')$ を定義することにより，

$$e_n = \int\!\!\int e_n(\boldsymbol{x}, \boldsymbol{x}')\,p(\boldsymbol{x})q(\boldsymbol{x}, \boldsymbol{x}')\,d\boldsymbol{x}d\boldsymbol{x}'$$

とすべきであるが，煩雑なので略記した．これについては本節〔2〕を参照．

$$= \int \left( \lim_{n \to \infty} e_n(\boldsymbol{x}) \right) p(\boldsymbol{x}) d\boldsymbol{x} \tag{5.33}$$

$$= \int 2e_B(\boldsymbol{x}) \left(1 - e_B(\boldsymbol{x})\right) p(\boldsymbol{x}) d\boldsymbol{x} \tag{5.34}$$

$$= 2e_B \left(1 - e_B\right) - 2 \cdot \mathrm{Var}\left(e_B(\boldsymbol{x})\right) \tag{5.35}$$

$$\leq 2e_B \left(1 - e_B\right) \tag{5.36}$$

となる．ただし，$\mathrm{Var}\left(e_B(\boldsymbol{x})\right)$ は $e_B(\boldsymbol{x})$ の分散を表す*5．

一方，式 (5.27), (5.31), (5.32) より，

$$e_N = \int 2e_B(\boldsymbol{x}) \left(1 - e_B(\boldsymbol{x})\right) p(\boldsymbol{x}) d\boldsymbol{x}$$

$$= \int \left\{ e_B(\boldsymbol{x}) + e_B(\boldsymbol{x}) \left(1 - 2e_B(\boldsymbol{x})\right) \right\} p(\boldsymbol{x}) d\boldsymbol{x} \tag{5.37}$$

$$= e_B + \int e_B(\boldsymbol{x}) \left(1 - 2e_B(\boldsymbol{x})\right) p(\boldsymbol{x}) d\boldsymbol{x} \tag{5.38}$$

$$\geq e_B \tag{5.39}$$

となる．ここで，式 (5.12) の $e_B(\boldsymbol{x}) \leq 1/2$ を適用した．

以上をまとめると，

$$e_B \leq e_N \leq 2e_B \left(1 - e_B\right) \leq 2e_B \tag{5.40}$$

となり，式 (5.24) で $c = 2$ の場合が証明できた．$c > 2$ の一般的な場合の証明は原論文 [CH67] を参照されたい．

---

*5 $f(\boldsymbol{x})$ を $\boldsymbol{x}$ の関数とし，

$$\overline{f} \stackrel{\mathrm{def}}{=} \int f(\boldsymbol{x})\, p(\boldsymbol{x})\, d\boldsymbol{x}$$

とすると，

$$\begin{aligned} \int f(\boldsymbol{x}) \left(1 - f(\boldsymbol{x})\right) p(\boldsymbol{x})\, d\boldsymbol{x} &= \overline{f(1-f)} = \overline{f} - \overline{f^2} = \overline{f}(1-\overline{f}) - (\overline{f^2} - \overline{f}^2) \\ &= \overline{f}(1-\overline{f}) - \mathrm{Var}(f) \end{aligned}$$

が成り立つ．

## coffee break

### ❖ 最近傍決定則とプロトタイプの分布

最近傍決定則（NN 法）は，プロトタイプが密に分布している場合，その誤り確率がベイズ誤り確率に近く，優れた識別法であることを述べた．ベイズ決定則による決定境界は，事後確率が等しいところ，すなわち

$$P(\omega_1|\boldsymbol{x}) - P(\omega_2|\boldsymbol{x}) = \frac{P(\omega_1)p(\boldsymbol{x}|\omega_1)}{p(\boldsymbol{x})} - \frac{P(\omega_2)p(\boldsymbol{x}|\omega_2)}{p(\boldsymbol{x})} = 0 \tag{5.41}$$

を満たす点として定まる．一般に誤識別は決定境界付近で発生することが多い．そして，多くの場合，決定境界付近ではパターンの確率密度が低い．例えば上式で，互いに平均（ベクトル）が異なる正規分布で $p(\boldsymbol{x}|\omega_i)$ $(i = 1, 2)$ が表される場合，決定境界は確率密度の低い部分，すなわち正規分布の裾野近くに設定される．この傾向は，平均間の距離が離れるほど著しい．

さて，NN 法を実行するためにプロトタイプを収集したとしよう．それらは元の確率密度を反映していると考えられるから，必然的に確率密度の高いところに多くのプロトタイプが集まる．しかし，このことは，逆に誤識別を生じやすい決定境界付近には少数のプロトタイプしか集まらないことを示している．

一方，NN 法で高い識別性能を達成するには，誤識別を起こす可能性が高い決定境界付近に，大量のプロトタイプを配置する必要がある．逆に，それ以外のところは少数のプロトタイプでよい．言い換えれば，決定境界を決めるのに寄与するプロトタイプのみ残せばよいということである．すなわち，プロトタイプを配置する際，パターンの分布を忠実に反映することと，高い識別性能を実現することとが相反する要求となっている．

NN 法を適用する場合，上で述べた不必要なプロトタイプの削減は，計算量と記憶容量の削減に効果的である．しかし，真の識別境界が何らかの理由で変動したようなときの識別の頑健性という点では，劣ることが多い．収集したプロトタイプから，より効率的な識別が可能な新しいプロトタイプの集合を作り出す方法として，**編集アルゴリズム**（editing algorithm）[DST00] が提案されている．

### 〔2〕 誤り確率の計算例

ここでは，具体例により，式 (5.40) が成り立つことを確かめてみよう．以下で扱う例題は，カバー（Thomas Cover）とハート（Peter Hart）の論文 [CH67] で紹介されたものである．ベイズ誤り確率と NN 法との関係を理解するには格好の材料であるので取り上げた．

いま，二つのクラス $\omega_1$, $\omega_2$ が 1 次元特徴空間上の区間 $[0, 1]$ 上に分布し，両クラスの事前確率が

$$P(\omega_1) = P(\omega_2) = \frac{1}{2} \tag{5.42}$$

と等しいとする．また，両クラスの確率密度関数 $p(x|\omega_1)$，$p(x|\omega_2)$ を

$$p(x|\omega_1) = 2x \tag{5.43}$$

$$p(x|\omega_2) = 2 - 2x \tag{5.44}$$

とする．ここで，$x$ は 1 次元の特徴値を表す．式 (5.6) より

$$p(x) = P(\omega_1)\,p(x|\omega_1) + P(\omega_2)\,p(x|\omega_2) \tag{5.45}$$

$$= \frac{1}{2} \cdot 2x + \frac{1}{2}(2 - 2x) \tag{5.46}$$

$$= 1 \tag{5.47}$$

となるから，$n$ 個のパターンの分布は一様分布であることがわかる．いま，両クラスで合計 $n$ 個のパターン $x_1, x_2, \ldots, x_n$ が，上で述べた確率分布に従って分布しているとする．**図 5.3** に，$p(x|\omega_1)$ と $p(x|\omega_2)$ をプロットし，さらに区間 $[0, 1]$ 上に両クラスのパターンが分布する様子を示す．

これら $n$ 個のパターンをプロトタイプとして用い，NN 法によって未知パターンを識別するとき，その誤り確率 $e_n$ は，若干の計算を経た後，

$$e_n = \frac{1}{3} + \frac{3n + 5}{2(n + 1)(n + 2)(n + 3)} \tag{5.48}$$

と求められる[*6]．上式の導出は**演習問題 5.3** を参照されたい．

---

*6 この結果は，原論文で示されている式

$$e_n = \frac{1}{3} + \frac{1}{(n + 1)(n + 2)}$$

と異なっているが，文献 [Pet70] の結果とは一致している．おそらくカバーとハートによる式の導出過程に誤りがあったと思われる．ただし，$n = 1$，$n \to \infty$ としたときの上式の値は，いずれも式 (5.48) の結果と一致する．

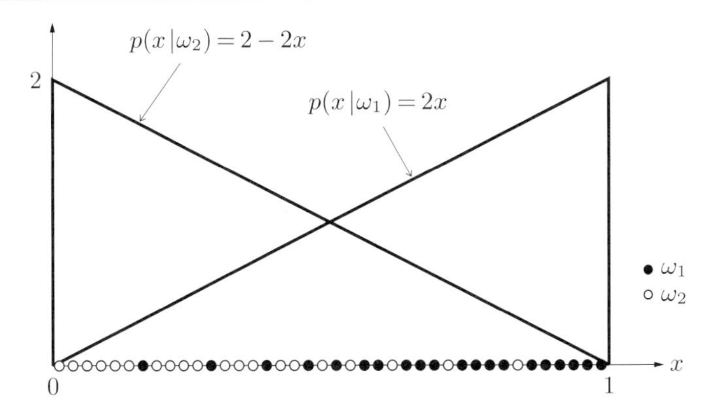


図 5.3　2 クラスの確率密度関数

ここで，上式の妥当性を検証してみよう．もしプロトタイプを一つしか用いないで NN 法を適用したとすると，2 クラスのうちの片方のクラスはすべて誤って識別されるはずである．実際，式 (5.48) において $n = 1$ とすると $e_n = 1/2$ となり，そのことが確かめられる．

式 (5.48) で $n \to \infty$ とすると，NN 法の誤り確率 $e_N$ は

$$e_N = \lim_{n\to\infty} e_n = \frac{1}{3} \tag{5.49}$$

となる．**図 5.4** は $n$ と $e_n$ との関係をプロットしたものである．

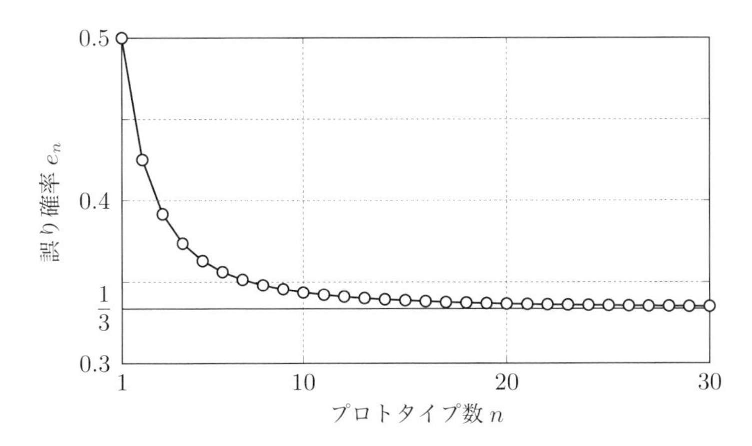


図 5.4　NN 法の誤り確率とプロトタイプ数との関係

一方，ベイズ誤り確率 $e_B$ は，式 (5.15) より

$$e_B = \int_0^1 \min\{P(\omega_1|x), P(\omega_2|x)\}\, p(x)dx$$
$$= \int_0^1 \min\{x, 1-x\}\, dx \tag{5.50}$$
$$= \frac{1}{4} \tag{5.51}$$

と求められる．2 クラスの場合の式 (5.40) に式 (5.49), (5.51) を当てはめてみると，

$$\frac{1}{4} < \frac{1}{3} < \frac{3}{8} \tag{5.52}$$

となり，確かに関係式が成り立っていることがわかる．

## coffee break

### ❖ NN 法の誤り確率はベイズ誤り確率の 2 倍を超える！

ベイズ誤り確率と NN 法との関係を明らかにしたカバーらの論文 [CH67] は，統計的パターン認識の歴史の中でも画期的なものであり，以後のパターン認識研究に与えた影響も大きい．ところが，カバーらの論文の 20 年後に，この定説は福永（Keinosuke Fukunaga）らにより覆された．これについて以下に述べよう．

「NN 法の誤り確率はたかだかベイズ誤り確率の 2 倍である」という式 (5.24) は，NN 法がパターン識別機のみならず，ベイズ誤り確率の推定手段として有用であることを支持するものであり，NN 法のいわば礎となっている．ところが，その後この主張に福永 [Fuk87] らが疑義を差し挟んでいる．すなわち，福永の理論解析によれば，特徴空間（特徴ベクトル）の次元が高いとき，NN 法における誤り確率の漸近性能は，ベイズ誤り確率の 2 倍どころか 3 倍にも 4 倍にもなるというのである．では，カバーの解析のどこに問題があったのであろうか？

一般に推定値は，推定に用いたパターンの確率的変動に起因する**偏り**（真の値からの偏り）と**分散**（推定値の平均値からの散らばり）を伴う．偏りが大きければ，推定値は真の値から相当ずれているし，分散が大きければ，一つの推定結果だけでは信頼性が低いことになる．実は，NN 法の誤り確率の推定においても，これらの厄介物，特に推定値そのものに関わる偏りが陰で悪事を働いていたのである．多くの場合，偏りの値はパターン数の増加に伴って減少するので，十分なパターン数があれば偏りの影響は実用上無視できる．ところが，NN 法における偏りは，パター

ン数とは独立に特徴空間の次元，距離尺度（最近傍（nearest neighbor）を定義する距離で，一般にはユークリッド距離），さらにパターンの分布にも大きく関わっていた．特に次元の影響は著しく，次元数の増加とともに偏りが指数関数的に増加するので，特徴空間の次元が高いと，いくらパターン数を増やしても「焼け石に水」で，偏りが減少せず，その結果，誤り確率に大きな偏りが付加されて，ベイズ誤り確率の 2 倍をはるかに超えてしまう．つまり，カバーは式 (5.24) の導出において偏りの影響をまったく考慮していなかったのである．さらに，カバーの式 (5.24) の導出過程にも問題があった．すなわち，式 (5.28) で示されるように，カバーは十分多くのパターンが一様分布しているとき，あるパターン $\boldsymbol{x}$ とその最近傍パターン $\boldsymbol{x}'$ との距離はゼロであるという仮定を用いている．特徴空間が 2 次元の場合で考えると，膨大な数のパターンが 2 次元平面に一様にばらまかれているのだから，上記の仮定は尤もらしい．ところが，高次元では話はそれほど単純ではない．高次元の場合は次のようになる．**図 5.5** に示すように，ある $\boldsymbol{x}$ を中心とする半径 $r$ の $d$ 次元超球を考え，その球内にパターンが一様分布しているとする．次に，中心が同じで半径が $ar$（$0 < a < 1$）の $d$ 次元超球を考える．半径 $r$ の $d$ 次元超球の体積を $V_1$，半径 $ar$ の超球の外側かつ半径 $r$ の超球の内側の部分の体積を $V_2$ とすると，超球の体積は半径の $d$ 乗に比例することから，

$$\frac{V_2}{V_1} = \frac{r^d - (ar)^d}{r^d} = 1 - a^d$$

となる．例えば，$a = 0.8$，$d = 100$ とすると，$V_2/V_1 \approx 1 - 2.03 \times 10^{-10}$ となる．興味深いことに，これは $d$ が大きいとき，超球の体積はほとんどその表面付近

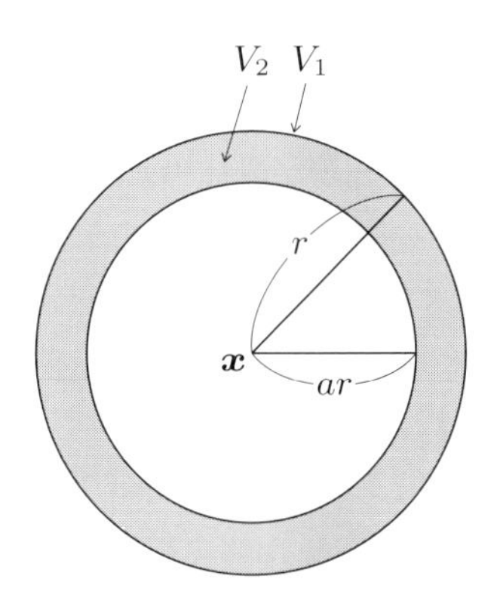


**図 5.5**　高次元空間での球面集中現象

の体積で占められることを示している．ゆえに，超球内の $\delta V$ の小領域にパターンが存在する確率 $P(\delta V)$ は，分布 $\times\ \delta V$ となる．ところが，中心付近では，上記の計算から $\delta V \approx 0$ ゆえ，$P(\delta V) \approx 0$ となる．つまり，$\boldsymbol{x}$ の近傍のパターンは，確率 $\approx 1$ で図5.5の灰色部分に存在する．これは，通信理論を学んだ人なら，シャノンの第2定理の証明における「球面集中現象」として周知の事実であろう．したがって，高次元空間では，$\boldsymbol{x}$ とその最近傍パターンとの距離がゼロであるという上記の仮定は適切ではない．

以上から，特徴次元が高いときには式(5.24)は成立しないと認識しておくべきであろう．ただ，誤解のないよう言っておくが，これはNN法が識別法として有用ではないということを主張するものではない．NN法を望ましい識別機として使用するためには，特徴空間の次元，パターン数，距離尺度をうまく設定することが肝要であるということである．しかしながら，その設定法は完全には確立されておらず，これはNN法に残された今後の重要研究課題と言えよう．統計的パターン認識には，このほかにも，まだ取り組むべき研究課題が山積している．それにしても，次元の呪いは恐ろしいものである．

---

## 5.5 ベイズ誤り確率の推定法

### (1) 誤り確率の偏りと分散

ベイズ誤り確率が特徴の評価基準として重要であることは，すでに述べた．本節では，ベイズ誤り確率の推定法について述べる．ベイズ誤り確率は真の分布を用いて定義されているため，実際の応用ではベイズ誤り確率を直接計算することは不可能である．また，たとえ分布が既知のときでも，多次元の特徴空間の場合，ベイズ誤り確率を計算するためには多次元の積分計算が必要となり，その計算は，分布の関数形が正規分布のような特殊な場合を除いて困難である．したがって，式(5.18)の定義式に基づいてベイズ誤り確率を直接推定しようとするのは，筋の良いアプローチとは言えない．実際，上記アプローチでベイズ誤り確率を推定することはまずない．以下では，定義式からではなく，学習パターンに基づいてベイズ誤り確率を間接的に推定する実用的な方法について述べる．ベイズ誤り確率の推定法を説明するためには，誤り確率の推定に伴う**偏り**（bias）と**分**

**散** (variance) に関する重要事項を示しておく必要がある．その前にまず，偏り，分散とは何かについて説明する．

与えられたパターン集合 $\mathcal{X}$ から何らかの統計量 $s(\mathcal{X})$ を推定した場合，その推定量は確率的変動を伴うパターン $\mathcal{X}$ に依存するため，確率変数となる．これを $S(\mathcal{X})$ と書くことにする*7.

$S(\mathcal{X})$ の偏りは，$S(\mathcal{X})$ のすべての可能な $\mathcal{X}$ にわたる平均値（期待値）と真値 $s_0$ との差

$$\mathrm{Bias} = \mathop{\mathrm{E}}_{\mathcal{X}}\{S(\mathcal{X})\} - s_0 \tag{5.53}$$

として定義される．直感的には，偏りとは，同一分布に従うすべての可能なパターン $\mathcal{X}$ で推定した値を平均したものが，真値に対してどの程度偏っているかを示す量である．そして，偏りがゼロのとき，その推定量は**不偏** (unbiased) あるいは**不偏推定量** (unbiased estimator) と呼ばれる．また，$S(\mathcal{X})$ の分散は，推定値間でのばらつきとして

$$\mathrm{Var} = \mathop{\mathrm{E}}_{\mathcal{X}}\{(S(\mathcal{X}) - \mathrm{E}\{S(\mathcal{X})\})^2\} \tag{5.54}$$

で定義される．偏りが小さいほどその推定量は真値に近いことを意味し，分散が小さいほどその推定量の信頼性が高いことを意味する．したがって，偏り，分散は，推定量の良さの尺度として用いられる．

誤り確率の推定における偏り，分散に関して，次の重要な事実が明らかにされている．すなわち，誤り確率の偏りは学習パターン数が有限であることに起因し，誤り確率の分散はテストパターン数が有限であることに起因する*8.

*7 推定量 (estimator) と推定値 (estimate) とは異なる概念であることに注意しなくてはならない．推定量が与えられたとき，その実現値が推定値である．例えば，平均値の場合，確率変数 $X_1, \ldots, X_n$ の関数 $M = 1/n \sum_{i=1}^{n} X_i$ が推定量で，その実現値 $X_1 = x_1$, ..., $X_n = x_n$ による具体的な値 $1/n \sum_{i=1}^{n} x_i$ が推定値である．したがって，推定値 $s(\mathcal{X})$ は推定量 $S(\mathcal{X})$ の実現値である．

*8 詳細は文献 [Fuk90] の第 5 章を参照.

## coffee break

### ❖ 偏りと分散のジレンマ

導出は省略するが，推定量の平均二乗誤差，すなわち，推定値と真値との二乗誤差の期待値は，次式のように偏りと分散に分解できる[*9]．

$$\text{MSE} = \text{Bias}^2 + \text{Var} \tag{5.55}$$

式 (5.55) は MSE の細部を語ってくれる重要な関係式である．例えば，次数を 1 次，2 次，3 次と順々に上げながら識別関数を設計し，逐次テストパターンでその識別性能を評価すると，誤り確率はある次数までは低下していくが，それを過ぎると今度は増加していく．これはいったいどういうことなのか？ 式 (5.55) を用いるとこの現象をうまく説明できる．偏り，分散は，一般に推定量のモデルの自由度と密接に関係する．すなわち，**図 5.6** に示すように，モデルの自由度が大きいほど偏りは小さくなる（真値に接近する）が，分散は逆に大きくなる（ばらつきが大きくなる）．識別関数の次数を上げることは，関数としての表現能力を高める，すなわちモデルの自由度を上げることになる．したがって，次数を上げていくと，確かに偏りは小さくなっていくが，その分，分散が大きくなる．その結果，図 5.6 に示すよ

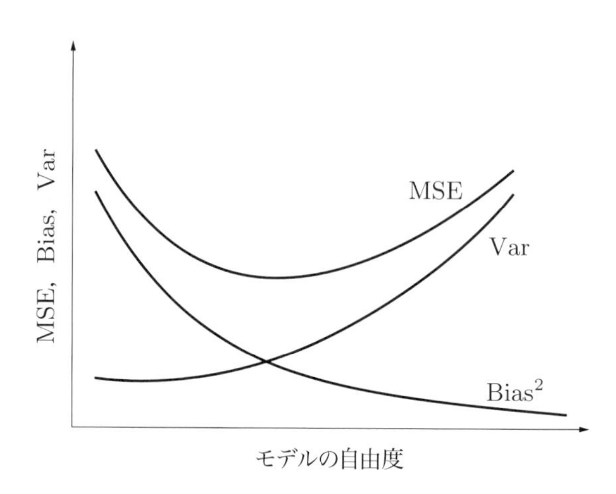


**図 5.6** モデルの自由度と MSE, Bias, Var の関係

---

[*9] MSE，Var が 2 次統計量で，Bias が 1 次統計量ゆえ，Bias が 2 乗されているのは直感的にも自然である．また，データにノイズが含まれている場合は，式 (5.55) の右辺にノイズの分散も付加される．

うに，両者の和であるMSEは，あるところを境に減少から増加に変わるのである．

Bias-Var曲線は，一方を下げると他方が上がるというトレードオフの関係にある．したがって，大は小を兼ねると言って，むやみに複雑なモデルを用いると，確かに学習パターンに対してはほぼ100%の識別率を達成できるかもしれないが，未知パターンに対してはかなり識別性能が低下する場合が多い．これはまさに分散の増大による．

ニューラルネットワークのような自由度の高い非線形モデルを使用する際，学習パターンをうまく識別できたからといって，その性能がそのまま未知パターンにも当てはまるとは言えない．一方，線形モデルでは，真値への当てはまりはそこそこではあるが，分散が小さいため，推定値のばらつきが小さく，安定した結果を得ることができる．つまり，学習パターンで得た識別性能と未知パターンのそれとであまり差がないので，評価が容易になる．モデルの自由度の決定は，実はこの偏りと分散の最適なバランスを求めていたのである．

---

### 〔2〕 ベイズ誤り確率の上限および下限

誤り確率は，一般に学習パターンとテストパターンの関数となる．これは識別機の設計に学習パターンが用いられ，その評価にテストパターンが用いられることから明らかである．そこで，誤り確率をこれらの二つの分布の関数で表すことにする．このとき，真の誤り確率，すなわちベイズ誤り確率は，ベイズ決定則を実現できる識別機を用いて真の分布で学習した後，真の分布でテストした誤り確率と考えられる．すなわち，真の分布の集合を $\mathcal{P}$ とすると[*10]，ベイズ誤り確率は $\epsilon(\mathcal{P}, \mathcal{P})$ と書き表される．$\epsilon(\ )$ の第1引数は学習パターンの分布を，第2引数はテストパターンの分布をそれぞれ示す．

一方，有限個の学習パターンで推定された分布を $\widehat{\mathcal{P}}$ で表すと，次の二つの不等式が成り立つ．

$$\epsilon(\mathcal{P}, \mathcal{P}) \leq \epsilon(\widehat{\mathcal{P}}, \mathcal{P}) \tag{5.56}$$

$$\epsilon(\widehat{\mathcal{P}}, \widehat{\mathcal{P}}) \leq \epsilon(\mathcal{P}, \widehat{\mathcal{P}}) \tag{5.57}$$

上記の不等式は，学習とテストの両者の分布が異なれば，それらが同じ場合に

---

*10 例えば，2クラスの場合，$\mathcal{P} = \{p(\boldsymbol{x}|\omega_1), p(\boldsymbol{x}|\omega_2)\}$ となる．

比べて確実に誤り確率が増加することから，直感的に明らかである．

一方，本節〔1〕で述べたように，誤り確率の偏りはすべて学習パターンに起因する．換言すれば，誤り確率はテストパターンに関して不偏なので，学習パターンと独立なテストパターンに関する期待値は，真の分布でテストした誤り確率に等しい．したがって，学習パターンと独立なテストパターンの分布を $\widehat{\mathcal{P}}'$ と書くと，

$$\mathop{\mathrm{E}}_{\widehat{\mathcal{P}}'}\{\epsilon(\widehat{\mathcal{P}},\widehat{\mathcal{P}}')\} = \epsilon(\widehat{\mathcal{P}},\mathcal{P}) \tag{5.58}$$

が成り立つ．式 (5.56) と式 (5.58) から

$$\epsilon(\mathcal{P},\mathcal{P}) \le \mathop{\mathrm{E}}_{\widehat{\mathcal{P}}'}\{\epsilon(\widehat{\mathcal{P}},\widehat{\mathcal{P}}')\} \tag{5.59}$$

を得る．また，式 (5.57) から次式を得る．

$$\mathop{\mathrm{E}}_{\widehat{\mathcal{P}}}\{\epsilon(\widehat{\mathcal{P}},\widehat{\mathcal{P}})\} \le \mathop{\mathrm{E}}_{\widehat{\mathcal{P}}}\{\epsilon(\mathcal{P},\widehat{\mathcal{P}})\} \tag{5.60}$$

ところが，上記と同様に，テストパターンに関する期待値は不偏なので，

$$\mathop{\mathrm{E}}_{\widehat{\mathcal{P}}}\{\epsilon(\mathcal{P},\widehat{\mathcal{P}})\} = \epsilon(\mathcal{P},\mathcal{P}) \tag{5.61}$$

が成り立つ．式 (5.60), (5.61) より次式を得る．

$$\mathop{\mathrm{E}}_{\widehat{\mathcal{P}}}\{\epsilon(\widehat{\mathcal{P}},\widehat{\mathcal{P}})\} \le \epsilon(\mathcal{P},\mathcal{P}) \tag{5.62}$$

結局，式 (5.59), (5.62) から，以下に示すベイズ誤り確率の上限値と下限値が得られる．

$$\mathop{\mathrm{E}}_{\widehat{\mathcal{P}}}\{\epsilon(\widehat{\mathcal{P}},\widehat{\mathcal{P}})\} \le \epsilon(\mathcal{P},\mathcal{P}) \le \mathop{\mathrm{E}}_{\widehat{\mathcal{P}}'}\{\epsilon(\widehat{\mathcal{P}},\widehat{\mathcal{P}}')\} \tag{5.63}$$

式 (5.63) から，真の誤り確率 $\epsilon(\mathcal{P},\mathcal{P})$ は，学習パターンをテストにも使用して推定した誤り確率の期待値と，学習パターンとは独立なテストパターンを使用して推定した誤り確率の期待値との挟みうちで推定できることがわかる．換言すれば，上記の2通りの方法で誤り確率を推定することにより，間接的にベイズ誤り確率を推定できるわけである．

学習パターン $n$ 個からなる一つのデータセットしか与えられていない実際の応用では，所詮期待値計算はできないので，誤り確率の下限値，上限値は，以下

の方法で近似的に求める．式 (5.63) に示した下限値は，単純に学習パターンで識別機を設計し，同じ学習パターンでテストして誤り確率を算出するという方法で近似する．この方法は，学習パターンを識別機に再度入力（resubstitution）することから，**再代入法**（resubstitution method）と呼ばれる[*11]．以下これを **R 法**と略す．

一方，式 (5.63) について，$\widehat{\mathcal{P}}$ に関して期待値をとっても不等号はなんら変化しないので，上限値は $\mathrm{E}_{\widehat{\mathcal{P}}}\{\mathrm{E}_{\widehat{\mathcal{P}}'}\{\epsilon(\widehat{\mathcal{P}}, \widehat{\mathcal{P}}')\}\}$ としてもよい．そしてこれは，4.5 節〔2〕で述べた H 法にほかならない．ところが，いま，一つのデータセットしか与えられていないので，H 法では識別機の設計およびテスト時にパターン数が減少するという不都合が生ずる．そこで，H 法の代わりに L 法が用いられる．つまり，$\mathcal{X} - \boldsymbol{x}_i$ で学習し，$\boldsymbol{x}_i$ でテストするという手順を $i = 1, 2, \ldots, n$ について行って誤り確率を求め，それを上限値の推定値とする．

以上から，与えられた有限個のパターンを用いて，R 法と L 法の挟みうちによりベイズ誤り確率を間接的に推定できそうであるが，話はそれほど簡単ではない．上記の手順を実際に行う場合，まずベイズ識別を近似的に実現できる適切な識別法を用いて R 法と L 法を実行することになるが，その推定精度は，用いた識別法と与えられたパターン数，特徴の次元数に大きく左右される．例えば，上記の処理を線形識別関数で行った場合とニューラルネットワークで行った場合とでは，$\epsilon(\mathcal{P}, \mathcal{P})$ の推定値が明らかに異なる．また，同じニューラルネットワークでも，パターン数が 100 個と 1000 個とでは，やはり $\epsilon(\mathcal{P}, \mathcal{P})$ の推定値が異なる．この理由は，推定値の偏りによる．そして，その偏りは，一般に識別法，特徴の次元数，およびパターン数の関数となる[*12]．識別法を固定したとき，特徴の次元数に対するパターン数の比が大きいほど，偏りは小さくなる．そして，その偏りの減少の度合いは，識別法により異なる．したがって，ベイズ誤り確率をより正確に推定するには，上記の偏りを推定し，その偏りを補正する必要があるが，一般に偏りの推定は容易ではない．

以上からわかるように，ベイズ誤り確率の推定は，モデル選択と推定値の偏り

---

[*11] 再代入というのはあくまで概念上の説明であり，実際には学習パターンで学習したときの誤り確率をそのまま採用すればよく，学習後に学習パターンで再度誤り確率を算出するわけではない．

[*12] 118 ページの coffee break で，まさにこの偏りの悪戯を述べていたことを思い出そう．

補正を伴う問題と言える．特に次元の呪いにより，大きな偏りを伴う高次元特徴空間におけるベイズ誤り確率の推定は，困難を極める問題と言えよう*13．むやみに特徴次元数を増やすことは，識別機の設計だけでなく，特徴の評価をも困難にする．肝に銘じておこう．

## coffee break

### ❖ ベイズ誤り確率推定に伴う困難

パターン認識系の性能は，特徴の選択法と識別機の設計法に依存する．特に前者は高精度なパターン認識系を設計するための必要条件である．なぜなら，ベイズ誤り確率が大きい特徴に対しては，いかに優れた識別機を用いても認識率の高いパターン認識系が構成できないからである．かつて文字認識などのパターン認識研究において，識別機より特徴の選択に研究の重点が置かれていたのは，上記の理由によるものと言える．

そこで，5.1 節でも述べたように，識別機の評価とは別に特徴の評価を行う必要がある．前述したように，特徴はベイズ誤り確率で評価され，そのベイズ誤り確率自身は本節〔2〕で述べた手順で推定可能である．しかし，式 (5.63) でベイズ誤り確率の上限と下限を求めるためには，結局何らかの識別法を仮定しなくてはならない．したがって，識別機とは独立に特徴の評価を行うという当初の目論見は，達成できないことになる．

結局，この問題に対する現実的な解決方法は，できるだけベイズ識別機に近い識別機を使ってベイズ誤り確率の推定を行うことであろう．特徴空間の次元が低い場合は，NN 法に基づく識別機がその有力候補であるが，高次元特徴空間では，118 ページの coffee break で述べたように，NN 法でも十分でない．実は，高次元特徴空間の場合本節〔2〕のベイズ誤り確率の推定で必要とされる適切な識別機は，残念ながら現在のところない．したがって，本節〔2〕で述べた方法では，ベイズ誤り確率を精度良く推定することはできない．このことからわかるように，ベイズ誤り確率の推定は，統計的パターン認識における未解決かつ重要な問題の一つと言えよう．

---

*13 NN 法に基づくベイズ誤り確率の推定に関しては，文献 [Fuk90] の第 7 章で詳細に議論されている．

# 5.6　特徴評価の実験

## 〔1〕　クラス間分散・クラス内分散比による特徴評価実験

本章で紹介した特徴評価法は，クラス間分散・クラス内分散比による方法と，ベイズ誤り確率の推定値による方法の2種であった．本節では，実データを用いてこれらの評価法により評価実験を行い，各評価法の有効性を確認する．使用する特徴は，3種のグラックスマンの特徴 (**付録 A.3**)，GLK16，GLK81，GLK256であり，いずれもクラス当たり1000パターン，合計10000パターンよりなる．特徴GLK16，GLK81，GLK256はこの順でより高度になっており，このことがこれまで述べた評価法で定量的に評価できることを，以下の実験で示す．なお，使用データについては，**付録 A.4** を参照されたい．

まず，クラス間分散・クラス内分散比による特徴評価実験について述べる．全クラスに対して式 (5.3) を適用して得られた結果を，**図 5.7** の薄い灰色の棒グラフで示す（評価法1）．また，算出された評価値を，棒グラフの上に記す．評価値は，GLK16，GLK81，GLK256に対して，それぞれ0.622，0.691，0.694と順に増大しており，この順に特徴がより高度になり，クラス間の分離が容易になっていることが確かめられる．

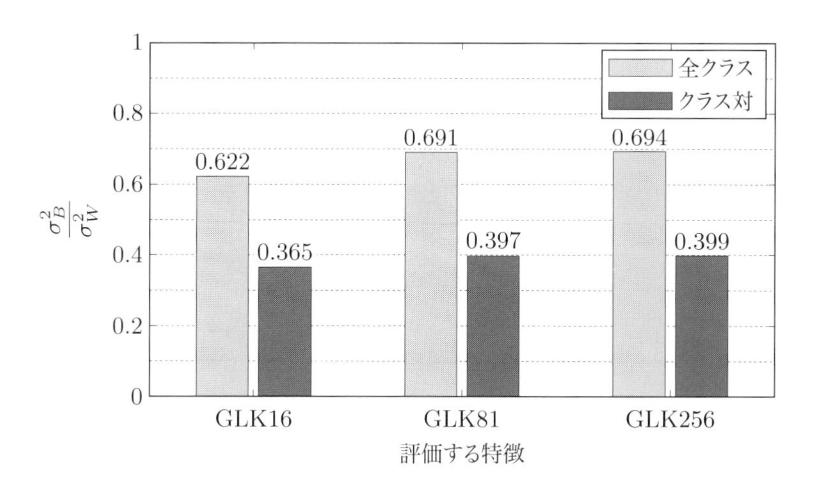


図 5.7　クラス間分散・クラス内分散比による特徴評価

しかし，この評価法ではクラス対で見たときの分布の重なりが評価できないので，5.2 節で，クラス対ごとに式 (5.3) を算出して平均する方法（評価法 2）を紹介した．数字の場合はクラス数が 10 で，クラス対の総数は ${}_{10}\mathrm{C}_2 = 45$ であるので，計算量が深刻な問題となることはない．このようにして得られた評価結果を，図 5.7 の濃い灰色の棒グラフで示している．評価法 2 でも，評価法 1 の結果と同様の傾向が観察され，評価法として正しく機能していることが確かめられる．この図を見る限り，5.2 節で指摘したような，評価法 1 に懸念される問題点は発生していないと考えられる．

以上で述べたクラス間分散・クラス内分散比による特徴評価法は，計算量が少なく簡便な方法であるが，その評価値が識別率あるいは誤識別率と直接連動していないという欠点がある．

### 〔2〕 ベイズ誤り確率の推定値による特徴評価実験

ベイズ誤り確率は，特徴空間上での分布の重なりの度合いを示す尺度である．したがって，クラス間分散・クラス内分散比と異なり，ベイズ誤り確率は誤識別率に基づいた評価ができるという点で，特徴評価法として理想的である．しかし，各クラスの確率密度関数が既知でない限り，ベイズ誤り確率を直接求めることは不可能である．それに代わる方法として，ベイズ誤り確率の上限値と下限値を求めることにより，ベイズ誤り確率の推定ができることを示したのが，式 (5.63) である．また，式 (5.63) で示した上限値と下限値は，有限個のパターンを用いて，L 法（一つ抜き法），R 法（再代入法）によってそれぞれ間接的に求められることも示した．ただし，推定値としては下限値ではなく，上限値のほうがより重要であるので[*14]，以下では，L 法で求めた上限値をベイズ誤り確率の推定値と見なすことにする．

ベイズ誤り確率は，ベイズ決定則を適用したときの誤り確率であるから，L 法を用いる際にはベイズ決定則を実現できる識別法が必要となる．式 (5.24) で示したように，NN 法はベイズ誤り確率との関係が明らかにされているので，推定に用いる識別法として期待できる．しかし，この方法にはいくつか問題がある．

---

[*14] 例えば，パーセプトロンの学習規則を用いて学習した場合，誤識別ゼロを収束の条件とするので，R 法で推定した下限値は常にゼロとなり，意味がない．これは NN 法を用いた場合も同様である．

まず，118 ページの coffee break で述べたように，NN 法によるベイズ誤り確率の推定は，高次元空間において少なからぬ偏りを伴うという問題がある．また，もしこの偏りの問題を回避できたとしても，126 ページの coffee break で指摘した問題が残されている．すなわち，NN 法という特定の識別法を介して特徴評価を行うことは，「特徴評価は識別法とは独立に行わなくてはならない」という要件に抵触するという問題である．

これらの問題は深刻で，解決するのは容易ではない．しかし，上で述べたようなさまざまな問題点があるとしても，ベイズ誤り確率を推定したいという要求に応えるための手段として，L 法と NN 法の組み合わせは，現状で考えうる現実的かつ最良の解決法と思われる．ベイズ誤り確率を厳密に推定するのではなく，複数の特徴抽出法を比較したいという要請には，この方法でも十分対応可能と考えられる．

もう一点，NN 法を適用する理由として，以下を挙げることができる．パターン数を $n$ としたとき，L 法では $(n-1)$ パターンで学習し，残りの 1 パターンでテストするという操作を，パターンを変えながら $n$ 回繰り返す必要がある．すなわち，$(n-1)$ パターンを用いた学習を $n$ 回繰り返すわけであるから，膨大な処理量を要することになり，これが L 法の最大の欠点とされている．しかし，識別法として NN 法を用いる場合は，この問題を回避できる．なぜなら，NN 法の学習は，単に $(n-1)$ 個の学習パターンを登録するのみで完了するからである．この方法は全数記憶方式として，10 ページですでに紹介済みである．

以下，L 法と NN 法の組み合わせによるベイズ誤り確率の推定法について述べる．ここでは，全パターン数を $n$ と仮定している．

#### L 法と NN 法を用いたベイズ誤り確率の推定手順

**Step 1.** 全パターン（$n$ パターン）を登録する．

**Step 2.** その中から，1 パターンをテストパターンとして選び，残りの $(n-1)$ パターンを学習パターンとする．

**Step 3.** 全学習パターンをプロトタイプと見なし（全数記憶方式），上記のテストパターンを最近傍決定則に従って識別し，その結果を記録する．

**Step 4.** 別の 1 パターンをテストパターンとして選び，残りの $(n-1)$ パターンを学習パターンとして，Step 3 を実行する．

Step 5. 上記 Step 3, 4 を繰り返し，すべてのパターンに対して識別処理が終了したら，誤識別率を算出し，その値をもってベイズ誤り確率の推定値とする．

上記の手順を，特徴 GLK16，GLK81，GLK256 のパターンに実施して得られた結果を**図 5.8** に示す．この実験では $n = 10000$ である．図の見方は，図 5.7 と同じである．誤り確率は，GLK16，GLK81，GLK256 の順に 19.19%，7.68%，7.46% と低下しており，図 5.7 と同様，この順に特徴が高度化されていることが確認できる．

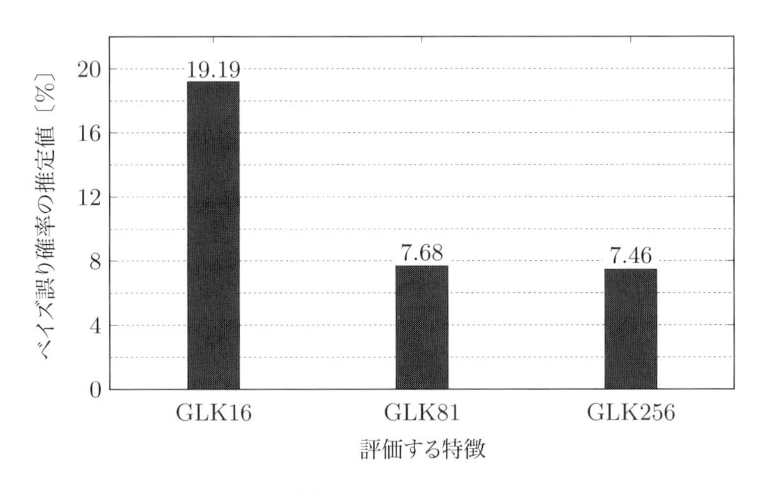


図 5.8 ベイズ誤り確率の推定値による特徴評価

## coffee break

### ❖ 最小二乗法の不偏性

線形回帰モデルをかじったことがある読者の中には，「最小二乗推定量は不偏推定量」という線形回帰モデルにおける重要な性質を記憶している人がいるかもしれない．そして，122 ページの coffee break の内容（線形モデルは偏りが大きい）と矛盾するではないかという疑問を持つかもしれない．混乱するといけないので，この疑問を解消しておこう．

結論から言うと，両者はまったく矛盾しない．両者とも正しい．すなわち，線形回帰モデルにおける不偏性というのは，$\boldsymbol{x} \in \mathcal{R}^d$ に対し，回帰式 $y = w_0 + w_1x_1 + \cdots + w_dx_d = \mathbf{w}^t\mathbf{x}$ におけるパラメータ $\mathbf{w}$ の最小二乗推定量に関する性質であって，$y$ の性質ではない．一方，先の coffee break では $y$ の推定量 $Y$ の偏りについて議論していた．つまり，上記の線形回帰モデルで言う偏りとは，$\mathbf{w}$ の推定量と真値 $\mathbf{w}_0$ との偏りを言っているのであって，推定量 $Y$ と真値 $y_0$ との偏りではない．

注意が必要なのは，一般に推定量 $S$ がある確率変数 $\theta$ の関数として $S(\theta)$ と書け，かつ $\theta$ の推定量が不偏だとしても，一般には推定量 $S$ が不偏となる保証はないということである．このことから，$\mathbf{w}$ の推定量が不偏であることと $Y$ の偏りが大きいこととがなんら矛盾していないことは明らかであろう．このように，偏りと分散の議論においては，どの推定量を問題にしているかに注意を払うべきである．

---

## 演習問題

**5.1** 異なる 2 種類の特徴抽出法 1, 2 があり，これらはいずれも 2 次元の特徴ベクトルを生成する．いま，8 個のパターンに対してこれらの特徴抽出法を適用し，2 次元特徴ベクトル $\boldsymbol{x}_1, \boldsymbol{x}_2, \ldots, \boldsymbol{x}_8$ が得られたとする．ここで，$\boldsymbol{x}_1, \boldsymbol{x}_2, \boldsymbol{x}_3, \boldsymbol{x}_4$ はクラス $\omega_1$ に，$\boldsymbol{x}_5, \boldsymbol{x}_6, \boldsymbol{x}_7, \boldsymbol{x}_8$ はクラス $\omega_2$ にそれぞれ属するものとする．

いま，特徴抽出法 1 では

$$\boldsymbol{x}_1 = (1,1)^t, \quad \boldsymbol{x}_2 = (1,3)^t, \quad \boldsymbol{x}_3 = (2,3)^t, \quad \boldsymbol{x}_4 = (4,1)^t,$$
$$\boldsymbol{x}_5 = (5,2)^t, \quad \boldsymbol{x}_6 = (6,2)^t, \quad \boldsymbol{x}_7 = (7,5)^t, \quad \boldsymbol{x}_8 = (6,7)^t$$

が得られ，特徴抽出法 2 では

$$\boldsymbol{x}_1 = (0,0)^t, \quad \boldsymbol{x}_2 = (0,1)^t, \quad \boldsymbol{x}_3 = (1,2)^t, \quad \boldsymbol{x}_4 = (3,1)^t,$$
$$\boldsymbol{x}_5 = (5,3)^t, \quad \boldsymbol{x}_6 = (6,4)^t, \quad \boldsymbol{x}_7 = (4,5)^t, \quad \boldsymbol{x}_8 = (5,8)^t$$

が得られたとする．

(1) 特徴抽出法 1, 2 によってそれぞれ得られた 8 個の特徴ベクトルを 2 次元特徴空間上にプロットせよ．

(2) クラス間分散・クラス内分散比を用いて，特徴抽出法 1, 2 のいずれが優れているかを示せ．
(実際の特徴評価には，クラス当たり 4 パターンでは少なすぎる．この演習問題では，あくまで手法および計算方法の習得を目的としているので，計算の負担が軽くなるよう配慮した)

**5.2** 2次元特徴空間上のパターンを $\boldsymbol{x} = (x_1, x_2)^t$ で表す．この空間上で，クラス $\omega_1$ に属するパターンとクラス $\omega_2$ に属するパターンが，それぞれ次のように分布している．

- クラス $\omega_1$ のパターン：$x_1, x_2$ が独立で，いずれも区間 $[0, 4]$ で一様分布
- クラス $\omega_2$ のパターン：$x_1, x_2$ が独立で，いずれも区間 $[2, 5]$ で一様分布

ただし，クラス $\omega_1, \omega_2$ の事前確率 $P(\omega_1)$, $P(\omega_2)$ は，

$$P(\omega_1) = \frac{2}{3}$$
$$P(\omega_2) = \frac{1}{3}$$

とする．

上記のように分布するパターンをベイズ決定則によって識別したときの誤り確率，すなわちベイズ誤り確率を求めよ．また，2次元平面 $(x_1, x_2)$ 上に，ベイズ決定則による決定境界を図示せよ．

**5.3*** 式 (5.48) を導出せよ．

# 第 6 章
# 特徴空間の変換

## 6.1 特徴選択と特徴空間の変換

第 1 章，第 2 章で述べたように，特徴抽出によって特徴ベクトル（パターン）を定義した後，学習パターンを用いて特徴空間を各クラスに分割するというのが，パターン認識の基本的な処理の流れである．しかしながら，この特徴空間と特徴ベクトルは，いわば原特徴空間と原特徴ベクトルとでも呼ぶべきものであり，そのままでは識別処理を行う上で数々の問題をはらんでいる．

まず，特徴ベクトルの各成分間の**スケーリング**（scaling）の問題がある．通常，特徴ベクトルの各成分は，それぞれ異なる単位で計測されたものである．計測されたときの単位，すなわち**スケール（尺度）**（scale）を変えるだけで，特徴空間でのパターンの分布は様相が一変してしまう．このような状況を回避するためには，特徴ベクトルの正規化と呼ばれる処理が必要となる．

次に，特徴空間の次元数の問題がある．一般に識別機を設計する際，特徴を増やしすぎるという傾向に陥りやすい．これは，特徴の数を増やせば，それだけ情報量が増え，識別率も上昇すると期待することによる．これが必ずしも得策でない理由は，次の 3 点に集約できる．第一に，特徴の数を増やせば増やすほど，相関の高い特徴の組が混入する可能性が高まり，期待したほどの効果が得られない．第二に，統計計算に要する計算量は少なくとも次元のべき乗のオーダーになるから，特徴空間の次元の増大は計算量の爆発を引き起こす．これはいわゆる次元の呪いとして知られる問題である．第三に，有限個の学習パターンから識別機を設計する際，次元を高くしていくと誤り確率がかえって上昇するという事実がある．これは**ヒューズの現象**（Hughes phenomenon）と呼ばれている [Hug68]．このような理由から，特徴空間の**次元削減**（dimensionality reduction）を行うことは，パターン認識の重要な課題の一つとなっている．

ある基準に則って特徴空間の次元削減を行うことを，**特徴選択**（feature selection）と呼ぶ[*1]．特徴選択の方法としては，単に与えられた $d$ 次元の特徴ベクトルから有用な成分のみを拾い出して $\tilde{d}$ $(< d)$ 次元の特徴ベクトルを構成する方法が考えられる．この場合には，$d$ 個の成分から $\tilde{d}$ 個の成分を選び出してその有用性を評価するという操作を繰り返す必要があり，次元数が大きい場合には膨大な計算量になる．一方，特定の基準のもとに，原特徴ベクトルをより小さな次元の特徴ベクトルに変換する方法をとることもある．

上で述べた正規化や特徴選択など，原特徴ベクトルをその後の処理に適した形に変換する操作は**特徴空間の変換**（transformation of feature space）と呼ばれ，多くの場合，次式のような線形変換として表される．

$$\mathbf{y} = \mathbf{A}^t \boldsymbol{x} \tag{6.1}$$

ここで $\boldsymbol{x}$ は原特徴ベクトル，$\mathbf{y}$ は変換後のベクトルで，次元はそれぞれ $d, \tilde{d}$ である．また，$\mathbf{A}$ は線形変換のための**変換行列**（transformation matrix）であり，$(d, \tilde{d})$ の大きさを持つ．

正規化の場合は，あとで述べるように，$\mathbf{A}$ は対角行列となり，$\tilde{d} = d$ である．また，$d$ 個の成分から $\tilde{d}$ 個の成分のみ抽出して新しい特徴ベクトルを作る場合は，$\mathbf{A}$ の $\tilde{d}$ 個の列ベクトルの対応する要素のみを 1 とし，あとは 0 としておけばよい．

## coffee break

### ❖ 醜いアヒルの子の定理—特徴選択とは何か—

パターン認識の問題の多くは，一般に，難解な（?）数式と計算機を駆使することによって初めて解決可能となる．しかしながら，われわれ自身の脳は日々パターン認識の問題を実際に解いているのであり，あらゆる感覚器からやってくるすべての情報は，パターン認識の過程を通じて処理されていると言うこともできる．そして，その処理能力は，先の難しい数式を理解できるかどうかとは（おそらく）なんら関係がない．では，人間が行っているこのパターン認識において，特徴選択とは

[*1] 「特徴選択」という用語と前述の「特徴抽出」という用語との使い分けは，教科書によりさまざまなので注意が必要である．例えば文献 [Fuk90] では，本書における特徴選択に対して feature extraction の用語を当てている．

いったい何を意味するのだろうか？ ここで紹介する「醜いアヒルの子の定理」は，渡辺慧の創案によるもので，二つのものの類似性をある基準で測ると，どの二つの類似性も等しいというのがその骨子である[*2]．なお，渡辺は「特徴」の代わりに「述語（predicate）」という言葉を用いている．

**醜いアヒルの子の定理**：醜いアヒルの子と普通のアヒルの子，すなわち，白鳥の子とアヒルの子とは，似通った 2 羽のアヒルの子が似ているのと同じ程度に似ている．

(証明) 1 羽の醜いアヒルの子を含む $n$ 羽のアヒルの子がいる．このアヒルの子たちを見分けるために，アヒルの子を特徴付ける $d$ 個の特徴 ($S_1$(体が白い), $S_2$(目が黒い), ..., $S_d$) を選び出したとする．ただし，ここで扱う特徴は二値である．図 6.1 に $d = 3$ の例を示す．$d$ 個の特徴によって識別できるアヒルの子の数 $n$ は $2^d$ であるから，$n$ 羽のアヒルの子の 1 羽 1 羽を識別するためには，少なくとも $\log_2 n$ 個の特徴が必要である．ここでは 1 羽のアヒルの子が一つのクラスを構成する．この $d$ 個の特徴を使って可能な "述語" は $S_1$，$S_1 \cap S_2$，$\bar{S_1} \cap \bar{S_2}$ などであり，その個数 $N$ は任意の $i$（$1 \leq i \leq n$）個のクラスを含む集合の総数であるから，

$$N = \sum_{i=1}^{n} {}_n\mathrm{C}_i = 2^n - 1$$

となる．$N$ 個の述語のうちあるアヒルの子について真であるものの個数 $N_T$ は，自分のクラス以外の任意の $i$（$0 \leq i \leq n-1$）個を含む集合の数であるから，

$$N_T = \sum_{i=0}^{n-1} {}_{n-1}\mathrm{C}_i = 2^{n-1}$$

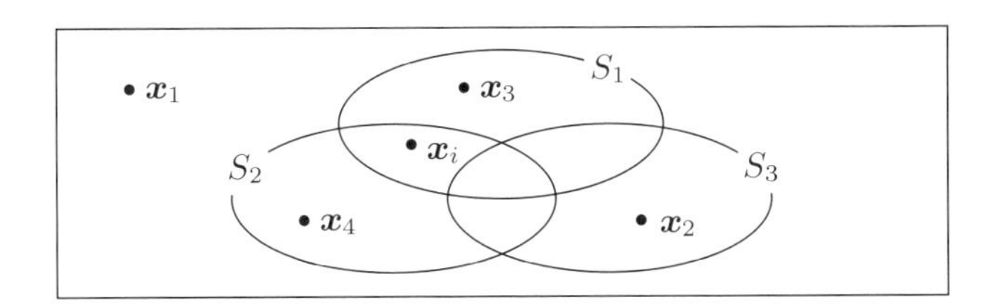


図 6.1 醜いアヒルの子の定理（特徴の数 $d$ が 3 の例）

*2 この定理の厳密な定式化と証明は文献 [Wat69] を参照．同書はパターン認識および認識哲学を学ぶ上で示唆に富む．また，同じ著者による入門書として [渡辺 78] がある．

となり，どのアヒルについても同数である．さらに，任意の2羽のアヒルの子が共有する，すなわち，ともに真である述語の個数は，その2羽が属する二つのクラス以外の任意の $i$ $(0 \leq i \leq n-2)$ 個を含む集合の数であるから $2^{n-2}$ 個であり，2羽の選び方によらない．したがって，ともに真である述語の個数によって2羽のアヒルの子の類似性を評価すると，醜いアヒルの子と普通のアヒルの子の類似性と，同一ではない2羽の普通のアヒルの子の類似性とは等しい．つまり，どんな特徴を用意しても醜いアヒルの子を他の普通のアヒルの子から識別することはできない*3．（証明終）

渡辺の表現を借りれば，この事実は「(同一次元の) あらゆる述語が同一の重要性を備えている限り，世界に同種の対象のクラスなどというものは存在しない．(中略) 逆に，同種の対象のクラスの存在を経験的に認めた場合には，それは，さまざまな述語に対し，一律でない重要性を付与している」[Wat69] ことを意味している．この引用で，「述語」を「特徴」と言い換えれば，意味はより鮮明になる．すなわち，認識対象からある特徴を選び出しただけでは，対象を複数のクラスに分けることは原理的にできない．特徴に重要性を付加することがパターン認識における特徴選択の本質なのである．これは，人間においては価値判断を行うこと，認識工学においては特徴の重み付けを行うことに相当する．渡辺は，この「醜いアヒルの子の定理」とその厳密な証明を1961年に発表した．この定理の意味するところは一見当たり前にも見えるが，渡辺によれば，「率直に驚きおもしろがってくれる人と，もうこれに類したことが真とならざるを得ないということは知っていた人とに分かれた．(中略) もっとも，後のグループに属する人たちに，それに類したことをどこで読んだのか，あるいはどこに書いたのかをたずねた限りでは，明確な答は得られなかった」[Wat69] という．

---

*3 図6.1のベン図を用いて説明すると，醜いアヒルの子 $\boldsymbol{x}_i$ を含む5羽のアヒルの子は，その特徴に応じて $2^3 = 8$ 個の区画のどれかに属する．三つの特徴を用いるとすると，述語の個数は，この8個の区画の任意の組み合わせであるから $2^8 - 1 = 255$，$N_T$ は，255個の組み合わせのうちそのアヒルが属する区画を含むものの個数であるから $2^7 = 128$，任意の2羽についてともに真である述語の数は64である．すなわち，どの2羽も同じ程度に似ていて，それは特徴の選び方にはよらない．

## 6.2　特徴量の正規化

すでに 1.2 節でも述べたように，特徴抽出を行う際に注意する必要があるのは，パターン間の類似性が特徴空間上の距離に反映されなくてはならないということである．すなわち，類似したパターン同士は特徴空間上で互いに近接した位置を占めるのが望ましい．一般に特徴ベクトルは，重さ，長さといった性質の異なる要素から構成されている．そのため，単位のとり方を変えるだけで，特徴空間上のパターンの位置関係は様相が一変する．例えば，四つの 2 次元特徴ベクトル $\boldsymbol{x}_1, \boldsymbol{x}_2, \boldsymbol{x}_3, \boldsymbol{x}_4$ が，特徴空間上で**図 6.2** (a) のような配置であったとする．いま $x_1$ が長さを表す特徴で，図 6.2 (a) では単位として mm が採用されていたとしよう．また，$x_2$ は重さを表す特徴で kg を用いていたとする．ここで，$x_1$ の単位を cm に変更したとすると，$x_1$ は 1/10 にスケーリングされ，図 6.2 (b) のようになる．図 6.2 (a) と比べてみると明らかなように，パターン相互の距離関係は大幅に変わってくる．単位のとり方によっては，その特徴をまったく無視してしまうような状況も生ずる．単位のとり方，言い換えればスケーリングは，どの特徴を重視するかという重み付けを施すことと同じ効果を持つ．単位の選び方によってその重み付けが決まってしまうという恣意性を回避するには，ある方針のもとで各特徴軸を**正規化**（normalization）しておく必要がある．

ここで，正規化の方法として，パターン相互の距離を最小化するという考え方

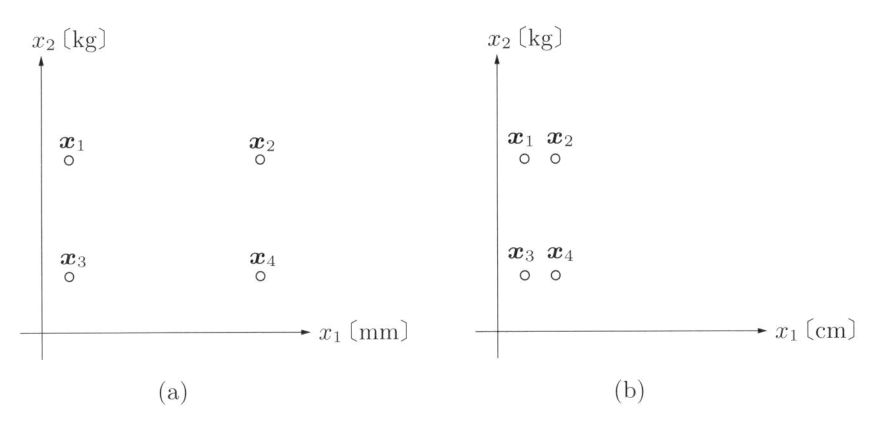


**図 6.2**　座標軸の単位設定とその効果

を適用してみよう [Seb62]．いま，$d$ 次元特徴空間上の $n$ 個のパターン集合の中で，$p$ 番目（$p = 1, 2, \ldots, n$）のパターンを $\boldsymbol{x}_p$ で表し，

$$\boldsymbol{x}_p = (x_{p1}, x_{p2}, \ldots, x_{pd})^t \tag{6.2}$$

とする．正規化のための変換行列 $\mathbf{A}$ を

$$\mathbf{A} = \begin{pmatrix} a_1 & & & 0 \\ & a_2 & & \\ & & \ddots & \\ 0 & & & a_d \end{pmatrix} \tag{6.3}$$

とし，$\boldsymbol{x}_p$ に正規化処理を施して得られたパターンを $\mathbf{y}_p$ とすると，

$$\mathbf{y}_p = (y_{p1}, y_{p2}, \ldots, y_{pd})^t \tag{6.4}$$

$$= \mathbf{A}^t \boldsymbol{x}_p \tag{6.5}$$

で表せる．要素ごとに書くと，以下のように表せる．

$$y_{pj} = a_j x_{pj} \qquad (p = 1, 2, \ldots, n, \quad j = 1, 2, \ldots, d) \tag{6.6}$$

$n$ 個のパターン集合の中の $p$ 番目のパターンと，他の $(n-1)$ 個のパターンとの平均二乗距離を $r_p^2$ とすると，正規化したあとでは，

$$r_p^2 = \frac{1}{n-1} \sum_{q=1}^{n} \sum_{j=1}^{d} (y_{pj} - y_{qj})^2 \tag{6.7}$$

となる．したがって，正規化後の各パターン間の平均二乗距離を $R^2$ とすると，

$$R^2 = \frac{1}{n} \sum_{p=1}^{n} r_p^2 \tag{6.8}$$

$$= \frac{1}{n(n-1)} \sum_{p=1}^{n} \sum_{q=1}^{n} \sum_{j=1}^{d} (y_{pj} - y_{qj})^2 \tag{6.9}$$

となる．式 (6.6) を代入すると，

$$R^2 = \frac{1}{n(n-1)} \sum_{p=1}^{n} \sum_{q=1}^{n} \sum_{j=1}^{d} a_j^2 (x_{pj} - x_{qj})^2 \tag{6.10}$$

$$= \frac{n}{n-1}\sum_{j=1}^{d} a_j^2 \frac{1}{n}\sum_{p=1}^{n}\sum_{q=1}^{n}\left(\frac{1}{n}x_{pj}^2 - \frac{2}{n}x_{pj}x_{qj} + \frac{1}{n}x_{qj}^2\right) \tag{6.11}$$

$$= \frac{n}{n-1}\sum_{j=1}^{d} a_j^2 \left(\frac{1}{n}\sum_{q=1}^{n}\frac{1}{n}\sum_{p=1}^{n}x_{pj}^2 - 2\cdot\frac{1}{n}\sum_{p=1}^{n}x_{pj}\frac{1}{n}\sum_{q=1}^{n}x_{qj} + \frac{1}{n}\sum_{p=1}^{n}\frac{1}{n}\sum_{q=1}^{n}x_{qj}^2\right) \tag{6.12}$$

$$= \frac{n}{n-1}\sum_{j=1}^{d} a_j^2 \left(\frac{1}{n}\sum_{q=1}^{n}\overline{x_j^2} - 2\overline{x_j}^2 + \frac{1}{n}\sum_{p=1}^{n}\overline{x_j^2}\right) \tag{6.13}$$

$$= \frac{2n}{n-1}\sum_{j=1}^{d} a_j^2 \left(\overline{x_j^2} - \overline{x_j}^2\right) \tag{6.14}$$

が得られる．ここで，$\overline{x}$ は $x$ の集合平均を表す．一方，$j$ 番目の特徴 $x_j$ の分散 $\sigma_j^2$ は，

$$\sigma_j^2 = \frac{1}{n-1}\sum_{p=1}^{n}(x_{pj} - \overline{x_j})^2 \tag{6.15}$$

$$= \frac{n}{n-1}\left(\overline{x_j^2} - 2\overline{x_j}^2 + \overline{x_j}^2\right) \tag{6.16}$$

$$= \frac{n}{n-1}\left(\overline{x_j^2} - \overline{x_j}^2\right) \tag{6.17}$$

である[*4]．式 (6.17) を式 (6.14) に代入することにより，

$$R^2 = 2\sum_{j=1}^{d} a_j^2 \sigma_j^2 \tag{6.18}$$

が得られる．ここで，式 (6.18) を最小化する $a_j$ を，次の制約条件のもとで求める．

$$\prod_{j=1}^{d} a_j = 1 \tag{6.19}$$

この制約は，特徴空間の単位超立方体の体積を，正規化の前後で一定に保つという条件に相当する．ラグランジュの未定乗数法を用いて，

[*4] ここでは不偏推定量としての分散を用いている．

$$L = 2\sum_{j=1}^{d} a_j^2\sigma_j^2 - \lambda\left(\prod_{j=1}^{d} a_j - 1\right) \tag{6.20}$$

の極値を求める．ただし，上式で $\lambda$ は定数である．$L$ を $a_j$ で偏微分した結果を0とおき，

$$\frac{\partial L}{\partial a_j} = 0 \tag{6.21}$$

を得る．これより

$$4a_j\sigma_j^2 - \lambda\prod_{k\neq j}^{d} a_k = 0 \tag{6.22}$$

となるので，両辺に $a_j$ を掛けて式(6.19)を用いると，

$$a_j = \frac{\sqrt{\lambda}}{2\sigma_j} \tag{6.23}$$

が得られる．再度式(6.19)に代入すると，

$$\lambda = 4\left(\prod_{j=1}^{d} \sigma_j\right)^{2/d} \tag{6.24}$$

となる．したがって，$a_j$ は

$$a_j = \frac{1}{\sigma_j}\left(\prod_{k=1}^{d} \sigma_k\right)^{1/d} \tag{6.25}$$

と書ける．式(6.25)の( )内は各特徴軸に共通であるから，$a_j$ は $1/\sigma_j$ に比例することになる．すなわち，

$$a_j \propto \frac{1}{\sigma_j} \tag{6.26}$$

である．これは各特徴軸を標準偏差で正規化し，平均の周りの分散，すなわちパターンの広がりを等しくするという，直感的にも自然な処理になっている．

本章では，特徴空間の変換法として，以後6.3節でKL展開，6.4節でフィッシャーの方法についてそれぞれ述べる．フィッシャーの方法は，本節で述べた正

規化処理に対して不変であるのに対し，KL 展開は不変でないことに注意する必要がある（157 ページ参照）．例えば，図 6.2 の図 (a) と図 (b) とでは，KL 展開の主軸は 90 度異なった方向に設定される．

# 6.3　KL 展開

## 〔1〕　次元削減のための基準

**カルーネン・レーヴェ展開**（Karhunen-Loève expansion）は，線形空間における特徴ベクトルの分布を最も良く近似する部分空間を求める方法であり，次元削減法の一つとして，パターン認識に限らず信号処理などでもよく使われる．通常 **KL 展開**（KL expansion）と略して呼ばれるので，本書ではそのように略記する．また，統計学の一分野である**多変量解析**（multivariate analysis）では，多数の多次元データから主要な成分を抽出する方法として，**主成分分析**（principal component analysis）がよく知られているが，KL 展開と主成分分析は数学的にほとんど等価である．ここでは，**分散最大基準**と**平均二乗誤差最小基準**という二つの評価基準を用いて，KL 展開による次元削減について述べる．

2 次元空間（$x_1, x_2$）から 1 次元空間 $y_1$ への次元削減の例を用いてこの二つの評価基準の意味を示したのが，**図 6.3** である．二つの評価基準を用いて，1 次元空間 $y_1$ と，それに直交する 1 次元空間 $y_2$ とを比較してみよう．分散最大基準

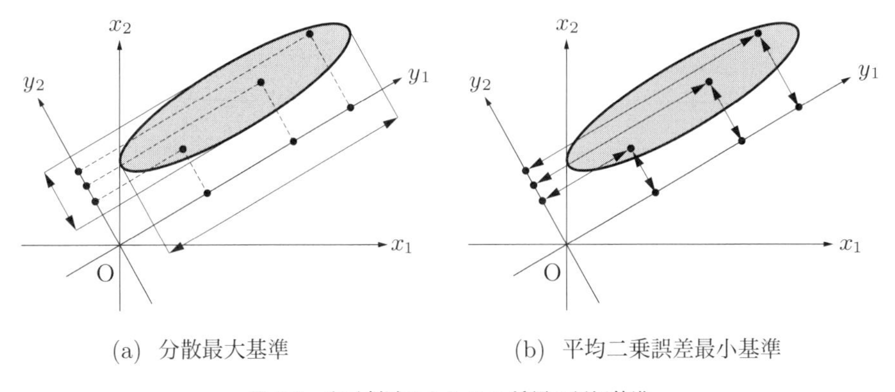


(a)　分散最大基準　　(b)　平均二乗誤差最小基準

図 6.3　次元削減のための 2 種類の評価基準

(a) は，1次元空間でのパターンの分散（矢印）が最大となる空間を最良の空間とするもので，$y_1$ は $y_2$ より良い部分空間である．一方，平均二乗誤差最小基準 (b) は，原空間におけるパターンを1次元空間へ写像したことにより生ずる誤差（矢印）の二乗平均を最小にする空間を最良の空間とするもので，同様に $y_1$ は $y_2$ より良い部分空間である*5.

6.4 節で述べる線形判別法も次元削減の手法の一つであるが，KL 展開と線形判別法はその効果が大きく異なり，用途に応じて使い分けなければならない．これについては 6.5 節で詳しく解説する.

## 〔2〕　分散最大基準

図 6.3 (a) からわかるように，変換後の $\tilde{d}$ $(< d)$ 次元部分空間においてパターンのばらつきがより大きければ，その部分空間は原空間でのパターン分布の特徴をより良く保存した空間であると見なすことができる．そこで，変換後のパターン分布の分散を最大にするという分散最大基準を用いて，$\tilde{d}$ 次元部分空間とその変換行列を求めてみよう.

$\tilde{d}$ $(< d)$ 次元部分空間を張る $\tilde{d}$ 個の $d$ 次元ベクトルからなる正規直交基底を

$$\{\mathbf{u}_1, \ldots, \mathbf{u}_{\tilde{d}}\} \tag{6.27}$$

とする．基底の正規直交性から

$$\mathbf{u}_i^t \mathbf{u}_j = \delta_{ij} \tag{6.28}$$

が成り立つ．ただし，$\delta_{ij}$ は**クロネッカーのデルタ**（Kronecker's delta）であり，

$$\delta_{ij} = \begin{cases} 1 & (i = j) \\ 0 & (i \neq j) \end{cases} \tag{6.29}$$

で定義される．元の特徴空間から部分空間への変換行列 $\mathbf{A}$ は

$$\mathbf{A} = (\mathbf{u}_1, \ldots, \mathbf{u}_{\tilde{d}}) \tag{6.30}$$

で与えられ，特徴ベクトル $\boldsymbol{x}$ は

*5 図 6.3 において，分布の主軸に平行な軸 $y_1$ は分散最大基準では最良の軸であるが，平均二乗誤差最小基準では原点の移動を考慮しない限り一般に最良の軸とはならない（本節〔3〕参照）.

$$\mathbf{y} = \mathbf{A}^t \boldsymbol{x} \tag{6.31}$$

に変換される．また，式 (6.28) より

$$\mathbf{A}^t \mathbf{A} = \mathbf{I} \tag{6.32}$$

が成立する．ただし，$\mathbf{I}$ は $\tilde{d}$ 次元単位行列である．

このとき，パターン数を $n$，原特徴空間でのパターン平均を $\mathbf{m}$，部分空間でのパターン平均を $\tilde{\mathbf{m}}$ とすると，

$$\mathbf{m} = \frac{1}{n} \sum_{\boldsymbol{x} \in \mathcal{X}} \boldsymbol{x} \tag{6.33}$$

$$\tilde{\mathbf{m}} = \frac{1}{n} \sum_{\mathbf{y} \in \mathcal{Y}} \mathbf{y} = \frac{1}{n} \sum_{\boldsymbol{x} \in \mathcal{X}} \mathbf{A}^t \boldsymbol{x} = \mathbf{A}^t \mathbf{m} \tag{6.34}$$

であるから，部分空間でのパターンの分散 $\tilde{\sigma}^2(\mathbf{A})$ は，

$$\begin{aligned}
\tilde{\sigma}^2(\mathbf{A}) &= \frac{1}{n} \sum_{\mathbf{y} \in \mathcal{Y}} (\mathbf{y} - \tilde{\mathbf{m}})^t (\mathbf{y} - \tilde{\mathbf{m}}) && (6.35)\\
&= \frac{1}{n} \sum_{\boldsymbol{x} \in \mathcal{X}} \left(\mathbf{A}^t(\boldsymbol{x} - \mathbf{m})\right)^t \left(\mathbf{A}^t(\boldsymbol{x} - \mathbf{m})\right) && (6.36)\\
&= \frac{1}{n} \sum_{\boldsymbol{x} \in \mathcal{X}} \mathrm{tr}\left(\mathbf{A}^t(\boldsymbol{x} - \mathbf{m}) \left(\mathbf{A}^t(\boldsymbol{x} - \mathbf{m})\right)^t\right) && (6.37)\\
&= \mathrm{tr}\left(\mathbf{A}^t \frac{1}{n} \sum_{\boldsymbol{x} \in \mathcal{X}} \left((\boldsymbol{x} - \mathbf{m})(\boldsymbol{x} - \mathbf{m})^t\right) \mathbf{A}\right) && (6.38)\\
&= \mathrm{tr}(\mathbf{A}^t \boldsymbol{\Sigma} \mathbf{A}) && (6.39)
\end{aligned}$$

となる．ここで，$\boldsymbol{\Sigma}$ はパターン集合の原特徴空間における共分散行列を表し，

$$\boldsymbol{\Sigma} = \frac{1}{n} \sum_{\boldsymbol{x} \in \mathcal{X}} (\boldsymbol{x} - \mathbf{m})(\boldsymbol{x} - \mathbf{m})^t \tag{6.40}$$

で定義される．また，$\mathcal{X}$ はパターン $\boldsymbol{x}$ の集合を，$\mathcal{Y}$ は $\boldsymbol{x}$ が式 (6.31) で変換されたパターン $\mathbf{y}$ の集合を，$\mathrm{tr}(\mathbf{X})$ は正方行列 $\mathbf{X}$ の対角成分の和（トレース）をそれぞれ表す．なお，式 (6.37) では任意のベクトル $\boldsymbol{x}$ に対して

$$\boldsymbol{x}^t \boldsymbol{x} = \mathrm{tr}(\boldsymbol{x}\boldsymbol{x}^t) \tag{6.41}$$

が成り立つことを用いた（**付録 A.2** の式 (A.2.11)）.

式 (6.39) より分散を最大にする $\mathbf{A}$ を求めることは，式 (6.32) の制約条件のもとで $\mathrm{tr}(\mathbf{A}^t\mathbf{\Sigma}\mathbf{A})$ を最大にする $\mathbf{A}$ を求める最適化問題に帰着する．$\mathbf{\Lambda}$ を $\tilde{d}$ 次元対角行列とし，

$$J(\mathbf{A}) \stackrel{\mathrm{def}}{=} \mathrm{tr}(\mathbf{A}^t\mathbf{\Sigma}\mathbf{A}) - \mathrm{tr}((\mathbf{A}^t\mathbf{A} - \mathbf{I})\mathbf{\Lambda}) \tag{6.42}$$

を $\mathbf{A}$ で偏微分して $\mathbf{0}$ とおくことにより，

$$\mathbf{\Sigma}\mathbf{A} = \mathbf{A}\mathbf{\Lambda} \tag{6.43}$$

となる．ただし，trace の偏微分については，**付録 A.2** の該当する式を用いた．

ここで，対角行列 $\mathbf{\Lambda}$ を

$$\mathbf{\Lambda} = \begin{pmatrix} \lambda_1 & & & 0 \\ & \lambda_2 & & \\ & & \ddots & \\ 0 & & & \lambda_{\tilde{d}} \end{pmatrix} \tag{6.44}$$

とし，式 (6.43) を式 (6.30) のベクトル $\mathbf{u}_i$ に関する関係式として表記すると，

$$\mathbf{\Sigma}\mathbf{u}_i = \lambda_i\mathbf{u}_i \qquad (i = 1, \ldots, \tilde{d}) \tag{6.45}$$

となる．上式はいわゆる**固有値問題**（eigenvalue problem）であり，$\lambda_i$, $\mathbf{u}_i$ を，それぞれ $\mathbf{\Sigma}$ の**固有値**（eigenvalue），**固有ベクトル**（eigenvector）と呼ぶ[*6].

式 (6.32), (6.43) より

$$\mathbf{A}^t\mathbf{\Sigma}\mathbf{A} = \mathbf{\Lambda} \tag{6.46}$$

となり，$\mathbf{A}$ は $\mathbf{\Sigma}$ を対角化する行列である．行列 $\mathbf{\Sigma}$ の $d$ 個の固有値を $\lambda_i$（$\lambda_1 \geq \lambda_2 \geq \cdots \geq \lambda_d$）とすれば[*7]，式 (6.39), (6.46) より

[*6] 式 (6.45) に示した固有値問題導出にあたっては，trace を導入し，さらに trace を行列で微分するという演算方法を適用した．これとは異なる導出方法については，**演習問題 6.1** を参照されたい．

[*7] 行列 $\mathbf{\Sigma}$ は $d \times d$ の大きさであり，$\mathbf{\Sigma}$ が正則であるなら，$\mathbf{\Sigma}$ は $d$ 個の固有値（$\neq 0$）と固有ベクトルを有する．式 (6.43), (6.45) は，それらのうちの $\tilde{d}$ 個の固有値と固有ベクトルについての式である．

$$\max\{\tilde{\sigma}^2(\mathbf{A})\} = \max\{\mathrm{tr}(\mathbf{A}^t\mathbf{\Sigma}\mathbf{A})\} \tag{6.47}$$
$$= \max\{\mathrm{tr}\mathbf{\Lambda}\} \tag{6.48}$$
$$= \sum_{i=1}^{\tilde{d}} \lambda_i \tag{6.49}$$

となり，$\tilde{\sigma}^2(\mathbf{A})$ を最大にする変換行列 $\mathbf{A}$ は $\mathbf{\Sigma}$ の上位 $\tilde{d}$ 個の固有値 $\lambda_1, \ldots, \lambda_{\tilde{d}}$ に対応する $\tilde{d}$ 個の**正規直交固有ベクトル**（orthonormal eigenvector）を列とする行列として求まる．**図 6.4** は，2 次元特徴空間 $(x_1, x_2)$ 上の灰色領域にパターンが分布している状況を示している．この例では，分散最大基準によって得られる最適 1 次元空間の軸は $P_a$ である．なお，実データを用いた具体的な計算例については，**演習問題 6.2** を参照されたい．

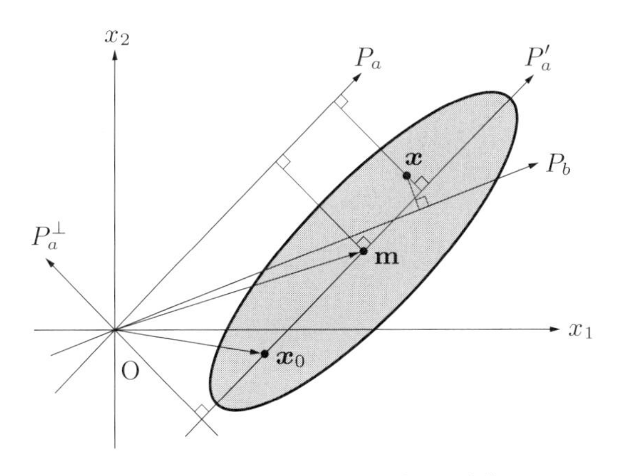


図 6.4　KL 展開による特徴空間の変換

## 〔3〕　平均二乗誤差最小基準

本項では，平均二乗誤差最小という基準を用いて，最良な部分空間を求めてみよう．変換後の空間の基底は式 (6.27) であるから，$\mathbf{A}$ によって変換したベクトル $\mathbf{y}$ $(= \mathbf{A}^t\boldsymbol{x} = (y_1, \ldots, y_{\tilde{d}})^t)$ は，元の座標系で見ると $\mathbf{Ay}$ $(= y_1\mathbf{u}_1 + \cdots + y_{\tilde{d}}\mathbf{u}_{\tilde{d}})$ で与えられる．したがって，この $\mathbf{Ay}$ と $\boldsymbol{x}$ との距離は変換 $\mathbf{A}$ によって生じた誤差であり，この誤差を最小にする $\mathbf{A}$ は，特徴ベクトルの元の分布を最も良く保存した変換であると見なすことができる（図 6.3 (b)）．そこで，**平均二乗誤差**

(mean-square error) が最小という基準によって，変換 $\mathbf{A}$ を求める．

変換 $\mathbf{A}$ によって生ずる平均二乗誤差を $\varepsilon^2(\mathbf{A})$ とすると，式 (6.32) に注意して

$$\varepsilon^2(\mathbf{A}) = \frac{1}{n}\sum(\mathbf{A}\mathbf{y} - \boldsymbol{x})^t(\mathbf{A}\mathbf{y} - \boldsymbol{x}) \tag{6.50}$$

$$= \frac{1}{n}\sum(\mathbf{A}\mathbf{A}^t\boldsymbol{x} - \boldsymbol{x})^t(\mathbf{A}\mathbf{A}^t\boldsymbol{x} - \boldsymbol{x}) \tag{6.51}$$

$$= \frac{1}{n}\sum(\boldsymbol{x}^t\boldsymbol{x} - (\mathbf{A}^t\boldsymbol{x})^t\mathbf{A}^t\boldsymbol{x}) \tag{6.52}$$

$$= \frac{1}{n}\sum(\mathrm{tr}(\boldsymbol{x}\boldsymbol{x}^t) - \mathrm{tr}(\mathbf{A}^t\boldsymbol{x}\boldsymbol{x}^t\mathbf{A})) \tag{6.53}$$

$$= \mathrm{tr}\mathbf{R} - \mathrm{tr}(\mathbf{A}^t\mathbf{R}\mathbf{A}) \tag{6.54}$$

となる．ここで，$\mathbf{R}$ は**自己相関行列** (autocorrelation matrix)

$$\mathbf{R} \stackrel{\mathrm{def}}{=} \frac{1}{n}\sum_{\boldsymbol{x}\in\mathcal{X}}\boldsymbol{x}\boldsymbol{x}^t \tag{6.55}$$

である．この自己相関行列 $\mathbf{R}$ と共分散行列 $\boldsymbol{\Sigma}$ との間には，

$$\boldsymbol{\Sigma} = \frac{1}{n}\sum_{\boldsymbol{x}\in\mathcal{X}}(\boldsymbol{x} - \mathbf{m})(\boldsymbol{x} - \mathbf{m})^t = \mathbf{R} - \mathbf{m}\mathbf{m}^t \tag{6.56}$$

という関係が成立する[*8]．なお，自己相関行列 $\mathbf{R}$ は，**相関係数行列** (correlation coefficient matrix) あるいは単に**相関行列** (correlation matrix) と呼ばれる行列とは異なるので注意を要する．

平均二乗誤差を最小にすることは，式 (6.32) の制約のもとに $\mathrm{tr}(\mathbf{A}^t\mathbf{R}\mathbf{A})$ を最大にすることと等価であり，$\mathbf{R}$ の固有値を $\lambda_i$ ($\lambda_1 \geq \lambda_2 \geq \cdots \geq \lambda_d$) とすれば，前節と同様の手続きから

$$\min\{\varepsilon^2(\mathbf{A})\} = \mathrm{tr}\mathbf{R} - \sum_{i=1}^{\tilde{d}}\lambda_i \tag{6.57}$$

[*8] 式 (6.33), (6.55) を用いると，式 (6.40) より

$$\begin{aligned}\boldsymbol{\Sigma} &= \frac{1}{n}\sum_{\boldsymbol{x}\in\mathcal{X}}(\boldsymbol{x} - \mathbf{m})(\boldsymbol{x} - \mathbf{m})^t = \frac{1}{n}\sum_{\boldsymbol{x}\in\mathcal{X}}\boldsymbol{x}\boldsymbol{x}^t - 2\mathbf{m}\frac{1}{n}\sum_{\boldsymbol{x}\in\mathcal{X}}\boldsymbol{x}^t + \mathbf{m}\mathbf{m}^t \\ &= \mathbf{R} - 2\mathbf{m}\mathbf{m}^t + \mathbf{m}\mathbf{m}^t \\ &= \mathbf{R} - \mathbf{m}\mathbf{m}^t\end{aligned}$$

が得られる．

となり，$\varepsilon^2(\mathbf{A})$ を最小にする変換行列 $\mathbf{A}$ は，$\mathbf{R}$ の上位 $\tilde{d}$ 個の固有値 $\lambda_1, \ldots, \lambda_{\tilde{d}}$ に対応する正規直交固有ベクトルを列とする行列として求まる．

ところが，こうして求められる部分空間は，前項で求めた部分空間とは異なる．例えば図 6.4 の例では，分散最大基準によって求まる軸は $P_a$ であり，平均二乗誤差最小基準によって求まる軸は $P_b$ である．この理由は，特徴ベクトルの分布を見るときの視点を，分布の重心ではなく空間の原点に置いていることによる．そこで，例えば原点を $\mathbf{m}$ だけ平行移動した後に平均二乗誤差最小基準に基づく変換を求めることを考えてみよう．このとき，平行移動後はパターン平均と原点が一致するので，式 (6.56) に $\mathbf{m} = \mathbf{0}$ を代入すると，$\mathbf{\Sigma} = \mathbf{R}$ となり，式 (6.54) から

$$\begin{aligned}\varepsilon^2(\mathbf{A}) &= \mathrm{tr}\mathbf{R} - \mathrm{tr}(\mathbf{A}^t\mathbf{R}\mathbf{A}) &\quad (6.58)\\ &= \mathrm{tr}\mathbf{\Sigma} - \mathrm{tr}(\mathbf{A}^t\mathbf{\Sigma}\mathbf{A}) &\quad (6.59)\end{aligned}$$

となる[*9]．したがって，このとき求まる $\mathbf{A}$ は，分散最大基準によって求まる $\mathbf{A}$ に等しい．

では，ここで施した平行移動 $\mathbf{m}$ は，最適な平行移動なのだろうか．平行移動を $\boldsymbol{x}_0$ として平均二乗誤差最小基準を満たす $\boldsymbol{x}_0$ と $\mathbf{A}$ を求めてみよう．$\boldsymbol{x}$ は変換によって $\mathbf{y} = \mathbf{A}^t(\boldsymbol{x} - \boldsymbol{x}_0)$ に移る．逆にこの $\mathbf{y}$ を原空間の座標系で見ると，$\mathbf{A}\mathbf{y} + \boldsymbol{x}_0$ となる．$\mathbf{I}$ を $d$ 次元単位行列とすると，

$$\begin{aligned}(\mathbf{A}\mathbf{y} + \boldsymbol{x}_0) - \boldsymbol{x} &= \mathbf{A}\mathbf{A}^t(\boldsymbol{x} - \boldsymbol{x}_0) + \boldsymbol{x}_0 - \boldsymbol{x} &\quad (6.60)\\ &= (\mathbf{A}\mathbf{A}^t - \mathbf{I})(\boldsymbol{x} - \boldsymbol{x}_0) &\quad (6.61)\end{aligned}$$

となる．ここで

$$\mathbf{Q} = \mathbf{I} - \mathbf{A}\mathbf{A}^t \quad (6.62)$$

とおくと，式 (6.32) より

$$\mathbf{Q}^t\mathbf{Q} = \mathbf{Q} \quad (6.63)$$

であるから，平均二乗誤差 $\varepsilon^2(\mathbf{A}, \boldsymbol{x}_0)$ は次式で表せる．

*9 収集したパターンをあらかじめ $\mathbf{m} = \mathbf{0}$ に正規化しておくことが多く，これは原点を $\mathbf{m}$ だけ移動したことに相当する．

$$\varepsilon^2(\mathbf{A}, \boldsymbol{x}_0) = \frac{1}{n}\sum (\mathbf{Q}(\boldsymbol{x} - \boldsymbol{x}_0))^t \mathbf{Q}(\boldsymbol{x} - \boldsymbol{x}_0) \tag{6.64}$$

$$= \frac{1}{n}\sum (\boldsymbol{x} - \boldsymbol{x}_0)^t \mathbf{Q}^t \mathbf{Q}(\boldsymbol{x} - \boldsymbol{x}_0) \tag{6.65}$$

$$= \frac{1}{n}\sum (\boldsymbol{x} - \boldsymbol{x}_0)^t \mathbf{Q}(\boldsymbol{x} - \boldsymbol{x}_0) \tag{6.66}$$

一般に，1次独立な $m$ 個の $d$ 次元ベクトルを列とする $(d, m)$ 行列を $\mathbf{A}$ とするとき，

$$\mathbf{P} \overset{\text{def}}{=} \mathbf{A}(\mathbf{A}^t\mathbf{A})^{-1}\mathbf{A}^t \tag{6.67}$$

を $\mathbf{A}$ の列ベクトルによって張られる部分空間への**直交射影行列**（orthogonal projection matrix），$\mathbf{P}\boldsymbol{x}$ を $\boldsymbol{x}$ の**正射影**（orthogonal projection）と呼ぶ．上式の導出は [石井 22] の付録 A.4 を参照されたい．ここでは式 (6.32) より

$$\mathbf{P} = \mathbf{A}\mathbf{A}^t \tag{6.68}$$

である．また，式 (6.62) の

$$\mathbf{Q} = \mathbf{I} - \mathbf{A}\mathbf{A}^t = \mathbf{I} - \mathbf{P} \tag{6.69}$$

は，$\mathbf{A}$ の列ベクトルが張る部分空間の直交補空間（図 6.4 の $P_a^{\perp}$）への直交射影行列となる[*10]．直交射影行列による変換は，第7章で述べる部分空間法においても用いる．

ここで，$\varepsilon^2$ を $\boldsymbol{x}_0$ で偏微分して $\mathbf{0}$ とおくと

$$\frac{\partial \varepsilon^2}{\partial \boldsymbol{x}_0} = \frac{1}{n}\sum (2\mathbf{Q}\boldsymbol{x}_0 - 2\mathbf{Q}\boldsymbol{x}) \tag{6.70}$$

$$= 2\mathbf{Q}(\boldsymbol{x}_0 - \mathbf{m}) \tag{6.71}$$

$$= \mathbf{0} \tag{6.72}$$

となるので，

$$\mathbf{Q}\boldsymbol{x}_0 = \mathbf{Q}\mathbf{m} \tag{6.73}$$

---

*10 ベクトル空間 $V$ とその部分空間 $S$ に対して，

$$S^{\perp} = \{\boldsymbol{x} \in V \mid \boldsymbol{x}^t\mathbf{y} = 0 \ \ (\forall \mathbf{y} \in S)\}$$

を $V$ における $S$ の直交補空間という．

が得られる．これを式 (6.64) に代入すると，

$$\varepsilon^2(\mathbf{A}) = \frac{1}{n}\sum (\mathbf{Q}(\boldsymbol{x}-\mathbf{m}))^t\,\mathbf{Q}(\boldsymbol{x}-\mathbf{m}) \tag{6.74}$$

$$= \frac{1}{n}\sum \left((\boldsymbol{x}-\mathbf{m})^t\mathbf{Q}(\boldsymbol{x}-\mathbf{m})\right) \tag{6.75}$$

$$= \frac{1}{n}\sum \left((\boldsymbol{x}-\mathbf{m})^t(\mathbf{I}-\mathbf{A}\mathbf{A}^t)(\boldsymbol{x}-\mathbf{m})\right) \tag{6.76}$$

$$= \frac{1}{n}\sum \left(\mathrm{tr}(\boldsymbol{x}-\mathbf{m})(\boldsymbol{x}-\mathbf{m})^t - \mathrm{tr}(\mathbf{A}^t(\boldsymbol{x}-\mathbf{m})(\boldsymbol{x}-\mathbf{m})^t\mathbf{A})\right) \tag{6.77}$$

$$= \mathrm{tr}\boldsymbol{\Sigma} - \mathrm{tr}(\mathbf{A}^t\boldsymbol{\Sigma}\mathbf{A}) \tag{6.78}$$

となる．したがって，本節〔2〕と同様に，原点の平行移動を許した上で $\varepsilon^2(\mathbf{A})$ を最小にする変換行列 $\mathbf{A}$ は，$\boldsymbol{\Sigma}$ の上位 $\tilde{d}$ 個の固有値 $\lambda_1,\ldots,\lambda_{\tilde{d}}$ に対応する正規直交固有ベクトルを列とする行列である．こうして得られる部分空間の軸は，図 6.4 の例では $P_a$ である．一方，$\boldsymbol{x}_0$ に対する必要条件は式 (6.73) であり，$\mathbf{m}$ は条件を満たす $\boldsymbol{x}_0$ の一つにすぎない．$\boldsymbol{x}_0$ はその補空間（図 6.4 の $P_a^{\perp}$）への射影が $\mathbf{m}$ の補空間への射影に等しい任意のベクトルである．図 6.4 では，$P'_a$ 上の $\mathbf{m}$ や $\boldsymbol{x}_0$ がその例である*11．原点の平行移動 $\boldsymbol{x}_0$ もパラメータと見なして平均二乗誤差最小基準により求まる $\mathbf{A}$ は，$\boldsymbol{x}_0 = \mathbf{m}$ として平均二乗誤差最小基準により求まる $\mathbf{A}$ に一致し，さらに本節〔2〕で述べた分散最大基準によって求まる $\mathbf{A}$ にも一致する．

パターン認識のための次元削減法として用いられる KL 展開は，分散最大基準もしくは原点移動を許した平均二乗誤差最小基準により求まる部分空間，すなわち，共分散行列 $\boldsymbol{\Sigma}$ の上位固有値に対応する固有ベクトルを基底とする部分空間を使う方法である．一方，第 7 章で述べる部分空間法と呼ばれるパターン認識法では，クラスごとの分布に対して本節前半で述べた原点移動を許さない平均二乗誤差最小基準によって求まる部分空間，すなわち，自己相関行列 $\mathbf{R}$ の上位固有値に対応する固有ベクトルを基底とする部分空間が使われる．

*11 必要となるのは部分空間を張る基底であるので，具体的な $\boldsymbol{x}_0$ の値は重要ではない．

## coffee break

**❖ KL 展開の必要性と十分性**

多くの代表的教科書の KL 展開に関する記述は不完全であるという指摘がある. 小川 [小川 90][Oga92] によれば, まず, これらの教科書において「KL 展開はパターン集合を最良に近似する展開であり, かつそれは KL 展開に限る (KL 展開の必要十分性)」という表現が直接・間接に用いられているが, 正しくは十分性だけが成立する. KL 展開によって張られる「部分空間」がパターン集合を最良に近似するのであって, その最良部分空間の展開の仕方, すなわち部分空間を張る「基底」のとり方は一意ではない. KL 展開によって得られるものは, その直交基底の一つに過ぎず, したがって上記のうち十分性のみが成り立つ. さらに, 多くの教科書で与えられている証明は, 十分性の証明が不完全であるばかりか, 驚くべきことに必要性が証明されたかのような記述が見られるものもある.

# 6.4 線形判別法

## 〔1〕 2クラスに対する線形判別法（フィッシャーの方法）

**線形判別法** (linear discriminant method) は, 特徴空間からある基準に基づいて識別に適した部分空間を決定する, すなわち, 特徴空間をより次元の小さい部分空間に変換する方法である. そして, その簡便さと高い有用性のため, パターン認識の応用例において広く使われていると同時に, 統計学の分野では**判別分析** (discriminant analysis) と呼ばれ, 多変量解析の基本技法として知られている*12.

パターン認識において最もよく利用されるのは 2 クラスに対する線形判別であり, これを**フィッシャーの線形判別法** (Fisher's linear discriminant method) あるいは単に**フィッシャーの方法** (Fisher's method) と呼ぶ. フィッシャーの方法は, $d$ 次元特徴空間上の 2 クラスのパターンの分布から, この 2 クラスを識

*12 パターン認識で使われる線形判別法と統計学における判別分析は, 使用目的は異なるが数学的な枠組みは同じであり, ともにフィッシャー (Ronald A. Fisher) の論文 [Fis36] に端を発する. しかしながら, 教科書によって基本量の定義や導出法が異なるので注意を要する. 本書では, 他の教科書と併せて読んでも混乱を招かないように配慮した.

別するのに最適な 1 次元軸（直線）を求める手法である．最適な軸とは，パターンを射影したとき，二つのクラスができるだけ分離されるような軸と言うことができる．

**図 6.5** に，2 次元特徴空間に分布する二つのクラス（●と○）に対する射影例を示す．射影すべき軸の方向をベクトルで表すことにし，図では 2 通りのベクトル $\boldsymbol{w}_1, \boldsymbol{w}_2$ を示している．図より，$\boldsymbol{w}_1$ より $\boldsymbol{w}_2$ が優れていることは明らかである．

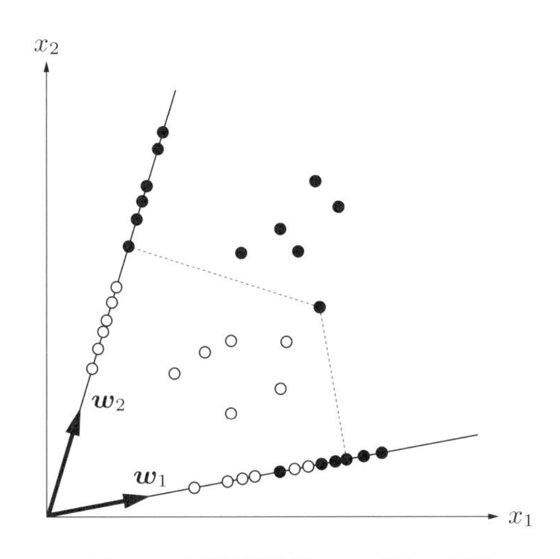


**図 6.5**　1 次元特徴空間への 2 通りの射影

本項の (a) では，クラス間変動・クラス内変動比最大基準に基づくフィッシャーの方法について述べ，(b) では，クラス間分散・クラス内分散比と事前確率を用いてフィッシャーの方法のより一般的な定式化を行う．さらに，(c) では，クラス間分散・クラス内分散比と関連の深いマハラノビス汎距離について紹介する．

### (a) クラス間変動・クラス内変動比最大基準

クラス $\omega_i$ の変動を表す行列として，**変動行列**（scatter matrix）$\mathbf{S}_i$ を

$$\mathbf{S}_i \stackrel{\text{def}}{=} \sum_{\boldsymbol{x}\in\mathcal{X}_i} (\boldsymbol{x}-\mathbf{m}_i)(\boldsymbol{x}-\mathbf{m}_i)^t \qquad (i=1,2) \tag{6.79}$$

と定義する．ここで，$\mathbf{m}_i$ はクラス $\omega_i$ のパターン平均である．変動行列 $\mathbf{S}_i$ は，クラス $\omega_i$ に属する特徴ベクトル $\boldsymbol{x}$ とクラス平均 $\mathbf{m}_i$ との差の二乗和の形で定義される．次に，2クラスの全特徴ベクトルを用いて，**クラス内変動行列**（within-class scatter matrix）$\mathbf{S}_W$ と**クラス間変動行列**（between-class scatter matrix）$\mathbf{S}_B$ を

$$\mathbf{S}_W \stackrel{\text{def}}{=} \mathbf{S}_1 + \mathbf{S}_2 \tag{6.80}$$

$$= \sum_{i=1,2} \sum_{\boldsymbol{x} \in \mathcal{X}_i} (\boldsymbol{x} - \mathbf{m}_i)(\boldsymbol{x} - \mathbf{m}_i)^t \tag{6.81}$$

$$\mathbf{S}_B \stackrel{\text{def}}{=} \sum_{i=1,2} n_i (\mathbf{m}_i - \mathbf{m})(\mathbf{m}_i - \mathbf{m})^t \tag{6.82}$$

$$= \frac{n_1 n_2}{n} (\mathbf{m}_1 - \mathbf{m}_2)(\mathbf{m}_1 - \mathbf{m}_2)^t \tag{6.83}$$

と定義する[*13]（**演習問題 6.6**）．ここで，$\mathbf{m}$ は全パターンの平均，$n_i$ はクラス $\omega_i$ のパターン数を表す．式 (6.83) から，$\mathbf{S}_B$ はクラス平均間の距離によって決まる量である．ここで，$d$ 次元特徴空間から1次元空間への変換を表すベクトルを $\boldsymbol{w}$ とする．このとき，パターン $\boldsymbol{x}$ を $\boldsymbol{w}$ により変換したパターンはスカラー量であり，これを $y$ とすると，

$$y = \boldsymbol{w}^t \boldsymbol{x} \tag{6.84}$$

と書ける．変換された空間でのクラス平均 $\tilde{m}_i$ は

$$\tilde{m}_i = \frac{1}{n_i} \sum_{y \in \mathcal{Y}_i} y = \frac{1}{n_i} \sum_{\boldsymbol{x} \in \mathcal{X}_i} \boldsymbol{w}^t \boldsymbol{x} \tag{6.85}$$

$$= \boldsymbol{w}^t \mathbf{m}_i \qquad (i = 1, 2) \tag{6.86}$$

---

*13 多くの教科書では，2クラスの線形判別法の説明において，クラス間変動行列の定義として

$$\mathbf{S}_F \stackrel{\text{def}}{=} (\mathbf{m}_1 - \mathbf{m}_2)(\mathbf{m}_1 - \mathbf{m}_2)^t$$

を与えている．これはフィッシャーの原論文の定義に準拠したものではあるが，多クラスへの拡張性に欠けるので，ここではより一般的な式 (6.82) の形で定義した．式 (6.83) より，$\mathbf{S}_F$ と $\mathbf{S}_B$ との間には下式の関係が成立する．以下の議論で求まる $\boldsymbol{w}$ は，どちらを用いても同じである．

$$\mathbf{S}_F = \frac{n}{n_1 n_2} \mathbf{S}_B$$

となる．$\mathcal{Y}_i$ は変換後の空間での $\omega_i$ に属するパターン集合を表す．変換後の空間上でのクラス内変動 $s_W$，クラス間変動 $s_B$ も同様に求めることができ，式 (6.84), (6.86) を用いて

$$
\begin{aligned}
s_W &= s_1 + s_2 && (6.87)\\
&= \sum_{i=1,2} \sum_{y \in \mathcal{Y}_i} (y - \tilde{m}_i)^2 && (6.88)\\
&= \boldsymbol{w}^t \mathbf{S}_W \boldsymbol{w} && (6.89)\\
s_B &= \sum_{i=1,2} n_i (\tilde{m}_i - \tilde{m})^2 && (6.90)\\
&= \frac{n_1 n_2}{n} (\tilde{m}_1 - \tilde{m}_2)^2 && (6.91)\\
&= \boldsymbol{w}^t \mathbf{S}_B \boldsymbol{w} && (6.92)
\end{aligned}
$$

となる．ここで，$s_i$ $(i = 1, 2)$ はクラス $\omega_i$ に属するパターンの変換後におけるクラス内変動であり，式 (6.79) の $\mathbf{S}_i$ と同様にして，

$$
s_i \stackrel{\text{def}}{=} \sum_{y \in \mathcal{Y}_i} (y - \tilde{m}_i)^2 \qquad (i = 1, 2) \tag{6.93}
$$

で定義される．ここで，$s_W$, $s_B$ はともにスカラー量であり，変換後の 1 次元空間におけるクラス平均と分散をそれぞれ $\tilde{m}_i, \tilde{\sigma}_i^2$ とおくと

$$
\begin{aligned}
s_W &= n_1 \tilde{\sigma}_1^2 + n_2 \tilde{\sigma}_2^2 && (6.94)\\
s_B &= n_1 (\tilde{m}_1 - \tilde{m})^2 + n_2 (\tilde{m}_2 - \tilde{m})^2 && (6.95)\\
&= \frac{n_1 n_2}{n} (\tilde{m}_1 - \tilde{m}_2)^2 && (6.96)
\end{aligned}
$$

となる．

フィッシャーの方法の基本的な考え方は，クラス間変動のクラス内変動に対する比，すなわち**クラス間変動・クラス内変動比** (ratio of between-class scatter to within-class scatter)[*14]を最大にする 1 次元軸を求めることにある．つまり，変換後の空間において二つのクラスが良く分離するように，$s_W$ がなるべく小さく，そして $s_B$ がなるべく大きくなるように変換 $\boldsymbol{w}$ を定めるわけである．このクラス間変動・クラス内変動比を $J_S(\boldsymbol{w})$ と表すと，

[*14] 107 ページの脚注 *2 を参照．

$$J_S(\boldsymbol{w}) \overset{\text{def}}{=} \frac{s_B}{s_W} = \frac{n_1 n_2}{n} \cdot \frac{(\tilde{m}_1 - \tilde{m}_2)^2}{n_1\tilde{\sigma}_1^2 + n_2\tilde{\sigma}_2^2} \tag{6.97}$$

$$= \frac{\boldsymbol{w}^t \mathbf{S}_B \boldsymbol{w}}{\boldsymbol{w}^t \mathbf{S}_W \boldsymbol{w}} \tag{6.98}$$

となる．この評価基準 $J_S(\boldsymbol{w})$ を**フィッシャーの評価基準**（Fisher's criterion）と呼ぶ[*15]．この $J_S$ を最大にする $\boldsymbol{w}$ を求める問題は，

$$s_W = \boldsymbol{w}^t \mathbf{S}_W \boldsymbol{w} = 1 \tag{6.99}$$

という制約条件のもとで

$$s_B = \boldsymbol{w}^t \mathbf{S}_B \boldsymbol{w} \tag{6.100}$$

を最大化する最適化問題に帰着する．$\lambda$ をラグランジュ乗数とし，

$$J(\boldsymbol{w}) \overset{\text{def}}{=} \boldsymbol{w}^t \mathbf{S}_B \boldsymbol{w} - \lambda\left(\boldsymbol{w}^t \mathbf{S}_W \boldsymbol{w} - 1\right) \tag{6.101}$$

を $\boldsymbol{w}$ で偏微分して $\mathbf{0}$ とおくと，$\mathbf{S}_B, \mathbf{S}_W$ は対称行列であるから

$$\mathbf{S}_B \boldsymbol{w} = \lambda \mathbf{S}_W \boldsymbol{w} \tag{6.102}$$

を得る．したがって，$\mathbf{S}_W$ が正則であるならば

$$\mathbf{S}_W^{-1} \mathbf{S}_B \, \boldsymbol{w} = \lambda \boldsymbol{w} \tag{6.103}$$

となるので，$\mathbf{S}_W^{-1}\mathbf{S}_B$ の最大固有値を $\lambda_1$ とすると，

$$\max\{J_S(\boldsymbol{w})\} = \lambda_1 \tag{6.104}$$

が得られる[*16]．また，$J_S$ を最大にする $\boldsymbol{w}$ は最大固有値 $\lambda_1$ に対応する固有ベクトルとして求まる．

さらに，式(6.83), (6.102) より

$$\lambda \mathbf{S}_W \boldsymbol{w} = \mathbf{S}_B \boldsymbol{w} = \frac{n_1 n_2}{n}(\mathbf{m}_1 - \mathbf{m}_2)(\mathbf{m}_1 - \mathbf{m}_2)^t \boldsymbol{w} \tag{6.105}$$

---

[*15] フィッシャーの評価基準を $J \overset{\text{def}}{=} (\tilde{m}_1 - \tilde{m}_2)^2/(\tilde{\sigma}_1^2 + \tilde{\sigma}_2^2)$ としている教科書もあるので注意が必要である．この評価式は，本項 (b) で示す共分散行列を用いたより一般的な定式化において，事前確率を $P(\omega_1) = P(\omega_2) = 1/2$ とおいたことに相当する．165 ページの coffee break および 4.3 節〔1〕も参照されたい．

[*16] $\mathbf{S}_B$ は非負定値，かつその階数はたかだか $(d-1)$ であることに注意．

となり，$(\mathbf{m}_1 - \mathbf{m}_2)^t \boldsymbol{w}$ がスカラー量であることに注意すると，

$$\boldsymbol{w} \propto \mathbf{S}_W^{-1}(\mathbf{m}_1 - \mathbf{m}_2) \tag{6.106}$$

となる[*17]．こうして求まる変換ベクトル $\boldsymbol{w}$ によって変換された特徴空間は，クラス間変動・クラス内変動比を最大にする 1 次元空間となる．

以上がフィッシャーの方法と呼ばれる手法である．線形判別法における変動比最大という基準は変換後の識別を考慮した基準であり，この点が KL 展開の場合とは異なる．

ここで，式 (6.106) について考察してみよう．2 クラスのクラス内変動が**等方的**（isotropic）であったとする．クラス内変動が等方的とは，ある点を中心に分布に偏りがないこと（**図 6.6** (a)）を意味し，このとき変動行列 $\mathbf{S}_i$ は

$$\mathbf{S}_i = \alpha_i \mathbf{I}_d \qquad (i = 1, 2) \tag{6.107}$$

と書ける．ここで，$\alpha_i$ は定数であり，$\mathbf{I}_d$ は $d$ 次元単位行列である．このとき

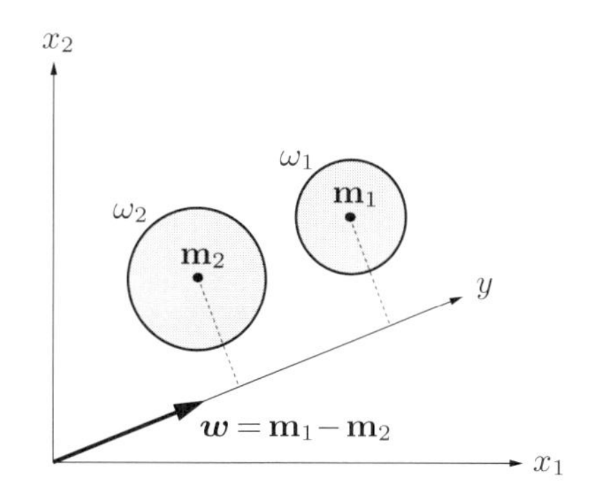


(a) クラス内変動が等方的な場合

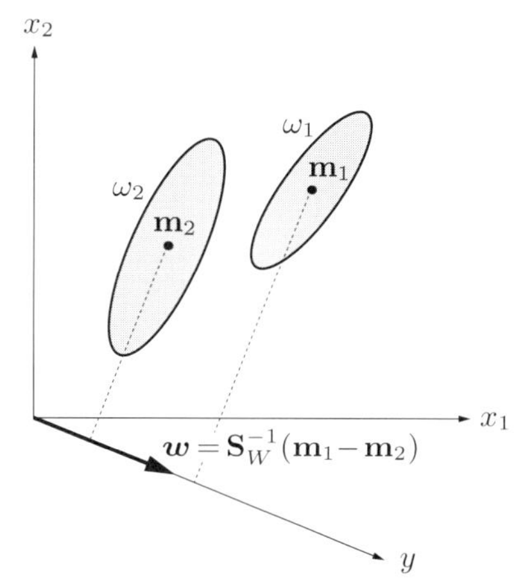


(b) クラス内変動が等方的でない場合

**図 6.6** フィッシャーの方法で得られる $\boldsymbol{w}$

---

[*17] ベクトル $\boldsymbol{w}$ はその方向にのみ意味があるので，$\boldsymbol{w} = \mathbf{S}_W^{-1}(\mathbf{m}_1 - \mathbf{m}_2)$ として差し支えない．同様に，式 (6.109) も $\boldsymbol{w} = \mathbf{m}_1 - \mathbf{m}_2$ として問題ない．実際，図 6.6 ではそのように設定している．ただし，正規化して $\|\boldsymbol{w}\| = 1$ としておくと扱いやすい．

$\mathbf{S}_W = \mathbf{S}_1 + \mathbf{S}_2$ も等方的になり，その結果，$\mathbf{S}_W^{-1}$ は定数 $\alpha$ を用いて

$$\mathbf{S}_W^{-1} = \alpha \mathbf{I}_d \tag{6.108}$$

と書けるので，式 (6.106) より

$$\boldsymbol{w} \propto \mathbf{m}_1 - \mathbf{m}_2 \tag{6.109}$$

が得られる．

以上で述べたことを簡単な例によって確かめてみよう．図 6.6 (a), (b) は，2 次元特徴空間上における二つのクラス $\omega_1, \omega_2$ の分布例を示している．各クラスのパターン平均 $\mathbf{m}_1, \mathbf{m}_2$ は (a), (b) で同一であるが，(a) はクラス内変動が等方的な場合，(b) は等方的でない場合である．

図より，(a) では最適な軸 $y$ の方向が $\mathbf{m}_1 - \mathbf{m}_2$ と一致することは明らかである．一方，(b) では，最適な軸 $y$ は $\mathbf{m}_1 - \mathbf{m}_2$ の方向とは異なっている．そのずれを補正するための項が，式 (6.106) の $\mathbf{S}_W^{-1}$ にほかならない．クラス内変動が等方的な場合の最適な軸方向 $\mathbf{m}_1 - \mathbf{m}_2$ は，KL 展開で得られる主軸である．したがって，式 (6.106) は，KL 展開の項と分布の広がりを補正する項の積となっていることがわかる．詳しくは，本節〔3〕で述べる．また，**演習問題 6.3** も参照されたい．

以上で述べたフィッシャーの方法で最適な軸 $y$ が求められたら，クラス $\omega_1, \omega_2$ のパターンを $y$ 軸上に射影し，両クラスを分離する必要がある．式 (6.106) で求めた $\boldsymbol{w}$ が $\|\boldsymbol{w}\| = 1$ と正規化されているなら，パターン $\boldsymbol{x}$ をこの軸上に射影したときの座標値 $y$ は $y = \boldsymbol{w}^t\boldsymbol{x}$ である．したがって，$y$ 軸上で両クラスを分離するためには，適切なしきい値 $-w_0$ を決定境界として $y$ 軸上に設定し，

$$\boldsymbol{w}^t\boldsymbol{x} > -w_0 \quad \text{または} \quad \boldsymbol{w}^t\boldsymbol{x} < -w_0 \tag{6.110}$$

によって両クラスを識別することになる．この処理は，線形識別関数

$$g(\boldsymbol{x}) = \boldsymbol{w}^t\boldsymbol{x} + w_0 \tag{6.111}$$

の正負により，2 クラスを識別することにほかならない．このとき，$g(\boldsymbol{x}) = 0$ によって定まる決定境界は，$d$ 次元空間中で $y$ 軸と $y = -w_0$ で交わり，$\boldsymbol{w}$ に直交する超平面となる．

これまで，最適な線形識別関数を求める手法として，パーセプトロンの学習規則やウィドロー・ホフの学習規則を紹介した．ここで述べたフィッシャーの方法

も，最適な線形識別関数を求める手法であることがわかる．この手法は，ウィドロー・ホフの学習規則と同様，学習パターンが線形分離可能であっても線形分離不可能であっても適用可能である．

フィッシャーの方法で特に注意が必要な点を挙げておく．それは，パーセプトロンの学習規則やウィドロー・ホフの学習規則では，式 (6.111) の $\boldsymbol{w}$, $w_0$ の双方を学習によって求めることができるのに対し，フィッシャーの方法で得られるのは $\boldsymbol{w}$ のみであり，$w_0$ は別途他の手法により求めなくてはならない点である*18．軸上に決定境界を設定する方法については，4.3 節〔1〕を参照されたい．パーセプトロンの学習規則とフィッシャーの方法を比較するには，**演習問題 2.2，6.3** の結果が参考になる．

特徴量の正規化が重要であることを 6.2 節で述べた．しかし，ここで述べたフィッシャーの方法で最適な軸を求める場合には，正規化の必要はない．正規化してもしなくても，得られる結果は同じである（**演習問題 6.4**）．しかし，KL 展開は正規化の影響を受けるので，注意が必要である．このことはすでに 6.2 節で述べた．

### (b) クラス間分散・クラス内分散比最大基準

本項で述べてきたフィッシャーの方法をより一般的な形で表現するため，変動行列の代わりに**共分散行列***19と**事前確率** $P(\omega_i)$ を用いた定式化を試みよう．クラス $\omega_i$ の共分散行列 $\boldsymbol{\Sigma}_i$ は，クラス $\omega_i$ に属するパターンの共分散行列であり，

$$\boldsymbol{\Sigma}_i \stackrel{\text{def}}{=} \frac{1}{n_i} \sum_{\boldsymbol{x} \in \mathcal{X}_i} (\boldsymbol{x} - \mathbf{m}_i)(\boldsymbol{x} - \mathbf{m}_i)^t = \frac{1}{n_i} \mathbf{S}_i \tag{6.112}$$

で定義される*20．さらに，**クラス内共分散行列** (within-class covariance matrix) $\boldsymbol{\Sigma}_W$ および**クラス間共分散行列**（between-class covariance matrix）$\boldsymbol{\Sigma}_B$ を

---

*18 統計学における判別分析の教科書は，各クラスの特徴ベクトルの分布が正規分布であることを仮定した上で議論を進めている場合が多い．この仮定のもとで線形判別法を適用すると，軸とともに境界も一意に定まり，識別関数を設計したことになる．これは 4.1 節で述べたパラメトリックな学習に相当する．

*19 共分散行列に対して scatter matrix という英語を当てている教科書もあるが，一般的ではない．

*20 $\boldsymbol{\Sigma}_i$ は**クラス共分散行列**（class covariance matrix）と呼ばれることもある．

$$\boldsymbol{\Sigma}_W \stackrel{\text{def}}{=} \sum_{i=1,2} P(\omega_i)\boldsymbol{\Sigma}_i \tag{6.113}$$

$$= \sum_{i=1,2} \left( P(\omega_i)\frac{1}{n_i} \sum_{\boldsymbol{x}\in\mathcal{X}_i} (\boldsymbol{x}-\mathbf{m}_i)(\boldsymbol{x}-\mathbf{m}_i)^t \right) \tag{6.114}$$

$$\boldsymbol{\Sigma}_B \stackrel{\text{def}}{=} \sum_{i=1,2} P(\omega_i)(\mathbf{m}_i-\mathbf{m})(\mathbf{m}_i-\mathbf{m})^t \tag{6.115}$$

$$= P(\omega_1)P(\omega_2)(\mathbf{m}_1-\mathbf{m}_2)(\mathbf{m}_1-\mathbf{m}_2)^t \tag{6.116}$$

と定義する．変換ベクトル $\boldsymbol{w}$ によって変換した空間上でも同様の量 $\phi_W, \phi_B$ を求めることができ，式 (6.84), (6.86) を用いて

$$\phi_W = P(\omega_1)\tilde{\sigma}_1^2 + P(\omega_2)\tilde{\sigma}_2^2 \tag{6.117}$$

$$= \sum_{i=1,2} \left( P(\omega_i)\frac{1}{n_i} \sum_{y\in\mathcal{Y}_i} (y-\tilde{m}_i)^2 \right) \tag{6.118}$$

$$= \boldsymbol{w}^t\boldsymbol{\Sigma}_W\boldsymbol{w} \tag{6.119}$$

$$\phi_B = P(\omega_1)P(\omega_2)(\tilde{m}_1-\tilde{m}_2)^2 \tag{6.120}$$

$$= P(\omega_1)P(\omega_2)\boldsymbol{w}^t(\mathbf{m}_1-\mathbf{m}_2)(\mathbf{m}_1-\mathbf{m}_2)^t\boldsymbol{w} \tag{6.121}$$

$$= \boldsymbol{w}^t\boldsymbol{\Sigma}_B\boldsymbol{w} \tag{6.122}$$

となる．式 (6.94), (6.95) の $s_W, s_B$ と同様に $\phi_W, \phi_B$ はスカラー量であり，これらはそれぞれ変換後の1次元空間上でのクラス内分散，クラス間分散と呼ばれる．定義からわかるように，クラス内分散は各クラスに属するパターンのばらつきをクラスごとに重み付けして加算したものであり，クラス間分散は二つのクラス平均間の重み付けされた距離である．したがって，変換後の空間が2クラスの識別に有効であるためには，クラス内分散がなるべく小さく，そしてクラス間分散がなるべく大きくなることが望ましい．そこで，変換後の空間上でのクラス間の分離度を表す評価関数 $J_\Sigma$ を，クラス間分散・クラス内分散比として定義する．クラス間分散・クラス内分散比という評価基準は5.2節において特徴の評価法として紹介した．$J_\Sigma$ は変換ベクトル $\boldsymbol{w}$ の関数として

$$J_\Sigma(\boldsymbol{w}) \stackrel{\text{def}}{=} \frac{\phi_B}{\phi_W} = \frac{P(\omega_1)P(\omega_2)(\tilde{m}_1-\tilde{m}_2)^2}{P(\omega_1)\tilde{\sigma}_1^2 + P(\omega_2)\tilde{\sigma}_2^2} \tag{6.123}$$

$$= \frac{\boldsymbol{w}^t\boldsymbol{\Sigma}_B\boldsymbol{w}}{\boldsymbol{w}^t\boldsymbol{\Sigma}_W\boldsymbol{w}} \tag{6.124}$$

と表現できる．上式は式 (6.98) に対応している．そこで，以下では，式 (6.99) 以降で述べた $J_S(\boldsymbol{w})$ の最大化とまったく同様の手続きが適用できる．その結果，$J_\Sigma(\boldsymbol{w})$ の最大値は

$$\boldsymbol{\Sigma}_W^{-1}\boldsymbol{\Sigma}_B \tag{6.125}$$

の最大固有値 $\lambda_1$ に等しく，$\lambda_1$ に対応する固有ベクトルが $J_\Sigma$ を最大にする $\boldsymbol{w}$ となる．すなわち

$$\max\{J_\Sigma(\boldsymbol{w})\} = \lambda_1 \tag{6.126}$$

である．さらに，式 (6.106) と同様に，式 (6.124) から

$$\boldsymbol{w} \propto \boldsymbol{\Sigma}_W^{-1}(\mathbf{m}_1 - \mathbf{m}_2) \tag{6.127}$$

となる．すでに 87 ページで述べたように，式 (4.43) において $k_1 = P(\omega_1)$, $k_2 = P(\omega_2)$ と設定した $J$ が，式 (6.123) の $J_\Sigma(\boldsymbol{w})$ に相当する．

さらに，2 クラス（$c = 2$）の場合には**全共分散行列**（total covariance matrix）$\boldsymbol{\Sigma}_T$（$= \boldsymbol{\Sigma}_W + \boldsymbol{\Sigma}_B$）（式 (6.161) 参照）を用いて

$$\boldsymbol{w} \propto \boldsymbol{\Sigma}_T^{-1}(\mathbf{m}_1 - \mathbf{m}_2) \tag{6.128}$$

が成立する[*21]．実際，$\mathbf{m}_d \stackrel{\text{def}}{=} \mathbf{m}_1 - \mathbf{m}_2$ とおくと，$\mathbf{m}_d^t\boldsymbol{\Sigma}_W^{-1}\mathbf{m}_d$ がスカラー量であることに注意して，

$$\boldsymbol{\Sigma}_T\boldsymbol{\Sigma}_W^{-1}\mathbf{m}_d = (\boldsymbol{\Sigma}_W + \boldsymbol{\Sigma}_B)\,\boldsymbol{\Sigma}_W^{-1}\mathbf{m}_d \tag{6.129}$$

$$= \left(\boldsymbol{\Sigma}_W + P(\omega_1)P(\omega_2)\mathbf{m}_d\mathbf{m}_d^t\right)\boldsymbol{\Sigma}_W^{-1}\mathbf{m}_d \tag{6.130}$$

$$= \mathbf{m}_d + P(\omega_1)P(\omega_2)\mathbf{m}_d\mathbf{m}_d^t\boldsymbol{\Sigma}_W^{-1}\mathbf{m}_d \tag{6.131}$$

$$= \mathbf{m}_d + P(\omega_1)P(\omega_2)\mathbf{m}_d^t\boldsymbol{\Sigma}_W^{-1}\mathbf{m}_d\mathbf{m}_d \tag{6.132}$$

$$= \left(1 + P(\omega_1)P(\omega_2)\mathbf{m}_d^t\boldsymbol{\Sigma}_W^{-1}\mathbf{m}_d\right)\mathbf{m}_d \tag{6.133}$$

より

$$\boldsymbol{\Sigma}_W^{-1}\mathbf{m}_d = \left(1 + P(\omega_1)P(\omega_2)\mathbf{m}_d^t\boldsymbol{\Sigma}_W^{-1}\mathbf{m}_d\right)\boldsymbol{\Sigma}_T^{-1}\mathbf{m}_d \tag{6.134}$$

となるので，式 (6.127) から式 (6.128) が導かれる．

---

[*21] $P(\omega_i) = n_i/n$ としたとき，全共分散行列 $\boldsymbol{\Sigma}_T$ はパターン全体の共分散行列 $\boldsymbol{\Sigma}$ に一致する．

### (c) $\boldsymbol{J}_S$, $\boldsymbol{J}_\Sigma$ の最大値とマハラノビス汎距離

マハラノビス汎距離 $D_M(\boldsymbol{x}_1, \boldsymbol{x}_2)$ は，本来，共分散行列 $\boldsymbol{\Sigma}$ で特徴付けられる分布中の2点 $\boldsymbol{x}_1$, $\boldsymbol{x}_2$ の間の距離を表す量であり，

$$D_M^2(\boldsymbol{x}_1, \boldsymbol{x}_2) \stackrel{\text{def}}{=} (\boldsymbol{x}_1 - \boldsymbol{x}_2)^t \boldsymbol{\Sigma}^{-1} (\boldsymbol{x}_1 - \boldsymbol{x}_2) \tag{6.135}$$

で定義される．これは，共分散行列で正規化した距離と見なすことができる．等しい共分散行列を持つ二つの分布の平均間のマハラノビス汎距離は，

$$D_M^2(\mathbf{m}_1, \mathbf{m}_2) \stackrel{\text{def}}{=} (\mathbf{m}_1 - \mathbf{m}_2)^t \boldsymbol{\Sigma}^{-1} (\mathbf{m}_1 - \mathbf{m}_2) \tag{6.136}$$

と表すことができる．このマハラノビス汎距離の $\boldsymbol{\Sigma}^{-1}$ を $\boldsymbol{\Sigma}_W^{-1}$ で置き換えることにより，共分散行列の異なる分布の平均間距離へ拡張することができる[*22]．本書では，クラス $\omega_i$，クラス $\omega_j$ の分布の平均間のマハラノビス汎距離を $D_M(\mathbf{m}_i, \mathbf{m}_j)$ で表す．**図 6.7** は，二つの分布の平均間の**ユークリッド距離** (Euclidean distance) が等しい3組の正規分布を示している．平均間ユークリッド距離はどの例でも $|m_1 - m_2|$ であるが，分布の平均間マハラノビス汎距離をそれぞれ $D_a$, $D_b$, $D_c$ とすると，

$$D_a^2 = \frac{(m_1 - m_2)^2}{\sigma_1^2} \tag{6.137}$$

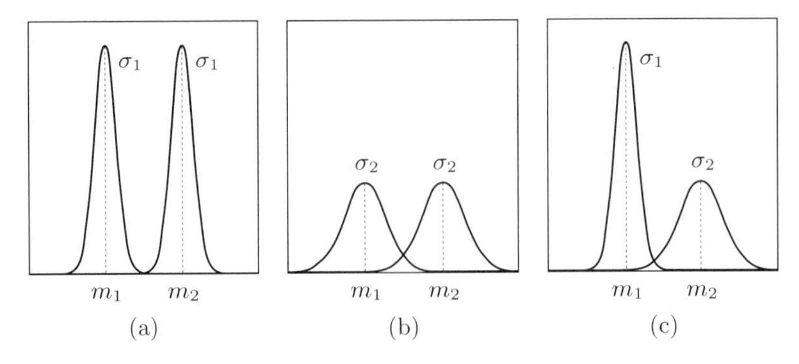


図 6.7 ユークリッド距離とマハラノビス汎距離

[*22] 異なる二つの分布全体の特徴を $\boldsymbol{\Sigma}_W$ で表現しており，$\boldsymbol{\Sigma}_W$ は式 (6.113) で示したように，それぞれの共分散行列を $P(\omega_i)$ で重み付けして足し合わせた結果として得られる．これは，一般化されたマハラノビス汎距離とも呼ばれる．

$$D_b^2 = \frac{(m_1 - m_2)^2}{\sigma_2^2} \tag{6.138}$$

$$D_c^2 = \frac{(m_1 - m_2)^2}{P(\omega_1)\sigma_1^2 + P(\omega_2)\sigma_2^2} \tag{6.139}$$

であるから，$D_a \geq D_c \geq D_b$ となる．

特徴空間上での 2 クラス平均間のマハラノビス汎距離 $D_M(\mathbf{m}_1, \mathbf{m}_2)$ については，クラス間分散・クラス内分散比 $J_\Sigma(\boldsymbol{w})$ の最大値との間に

$$\lambda_1 = \max\{J_\Sigma(\boldsymbol{w})\} \tag{6.140}$$

$$= P(\omega_1)P(\omega_2)D_M^2(\mathbf{m}_1, \mathbf{m}_2) \tag{6.141}$$

$$= P(\omega_1)D_M^2(\mathbf{m}_1, \mathbf{m}) + P(\omega_2)D_M^2(\mathbf{m}_2, \mathbf{m}) \tag{6.142}$$

が成立し，さらに次式の制約条件[*23]

$$\boldsymbol{w}^t \boldsymbol{\Sigma}_W \boldsymbol{w} = 1 \tag{6.143}$$

のもとでは

$$D_M^2(\mathbf{m}_1, \mathbf{m}_2) = (\tilde{m}_1 - \tilde{m}_2)^2 \tag{6.144}$$

が成立する（**演習問題 6.6**）．また，各クラスのパターン数がそのクラスの事前確率を反映していると仮定できる場合，すなわち

$$P(\omega_i) = \frac{n_i}{n} \qquad (i = 1, \ldots, c) \tag{6.145}$$

が成り立つ場合には（ただし，本項では $c = 2$）

$$\boldsymbol{\Sigma}_W = \frac{1}{n}\mathbf{S}_W \tag{6.146}$$

$$\boldsymbol{\Sigma}_B = \frac{1}{n}\mathbf{S}_B \tag{6.147}$$

となるので，

$$J_\Sigma(\boldsymbol{w}) = J_S(\boldsymbol{w}) \tag{6.148}$$

が成立する[*24]．

---

[*23] この制約条件は，式 (6.175) の行列 $\mathbf{A}$ を，$d \times 1$ のベクトル $\boldsymbol{w}$ と見なしたことに相当し，$\boldsymbol{\Sigma}_W = \mathbf{I}$ の場合は通常の正規化 $\|\boldsymbol{w}\| = 1$ と一致する．

[*24] 事前確率については，204 ページおよび 165 ページの coffee break も参考にされたい．

## 〔2〕 多クラスに対する線形判別法

前項では，2 クラスの特徴ベクトルからなる $d$ 次元特徴空間を 1 次元空間へ変換する方法について述べた．本項では，それを多クラス（$c > 2$）の場合に拡張した線形判別法について述べる[*25]．多クラスに対する線形判別法では，変換によって特徴空間の次元数は $d$ 次元から $\tilde{d}$（$\leq c-1$）次元へと削減される[*26]．

一般的な議論に入る前に，まず $\tilde{d} = 1$ の場合を考えてみよう．すなわち，フィッシャーの方法の 2 クラス問題を多クラスに拡張するわけである．

多クラスの場合でも，使用する評価基準は式 (6.98) と同じであるが，式 (6.81), (6.82) の $\sum_{i=1,2}$ は $\sum_{i=1}^{c}$ としなくてはならない．すなわち，

$$\mathbf{S}_W = \sum_{i=1}^{c} \mathbf{S}_i \tag{6.149}$$

$$= \sum_{i=1}^{c} \sum_{\boldsymbol{x} \in \mathcal{X}_i} (\boldsymbol{x} - \mathbf{m}_i)(\boldsymbol{x} - \mathbf{m}_i)^t \tag{6.150}$$

$$\mathbf{S}_B = \sum_{i=1}^{c} n_i (\mathbf{m}_i - \mathbf{m})(\mathbf{m}_i - \mathbf{m})^t \tag{6.151}$$

である．多クラスの場合注意しなくてはならないのは，$\mathbf{S}_B$ を式 (6.83) のように変形できないことである．多クラスの場合も，$\mathbf{S}_B, \mathbf{S}_W$ の満たすべき条件として式 (6.102) が導かれ，固有値問題となる．すでに述べたように，2 クラスを対象としたフィッシャーの方法では固有値問題を解く必要はなく，式 (6.106) により直接 $\boldsymbol{w}$ を求めることができた．しかし，多クラスの場合は，式 (6.102) の固有値問題を解かなくてはならない．

ここで，具体的な例として，2 次元（$d = 2$）特徴空間上に $\omega_1, \omega_2, \ldots, \omega_5$ の 5 クラス（$c = 5$）の学習パターンが分布する場合を取り上げよう．**図 6.8** にパターンの分布状況を示す．パターンはクラス当たり 100 パターンで，それらは 2 次元正規分布に従って分布している．各クラスの 2 次元正規分布はそれぞれ異な

[*25] 多クラスへ拡張した線形判別法は，**正準判別法**（canonical discriminant method）または**重判別法**（multiple discriminant method）と呼ばれる．

[*26] 厳密には $\tilde{d} < d$ も満たさなくてはならないが，自明であるのでこの条件は省いた．以下同様とする．

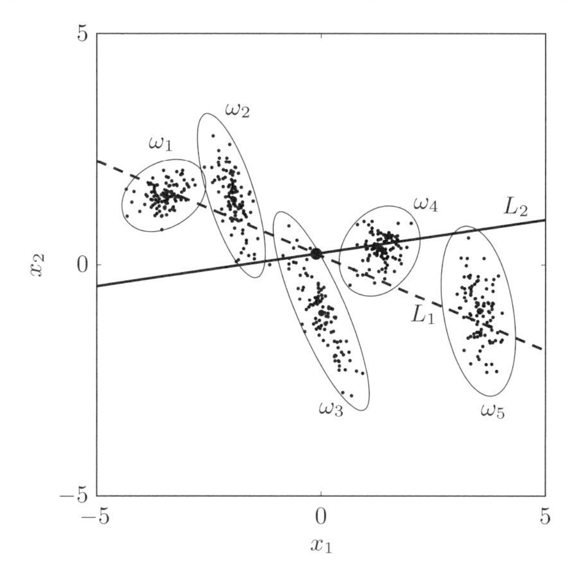


図 6.8 2 次元特徴空間上に分布する 5 クラス

る平均と共分散行列を有しており，分布の輪郭が細線で示されている．図から明らかなように，これらの分布は等方的ではない．

このデータに KL 展開を施して求めた主軸（$L_1$）が，破線で示されている．また，式 (6.102) の固有値問題を解くことによって得られる固有ベクトルのうち，最大固有値に対応する固有ベクトルによる軸（$L_2$）が，実線で示されている．両軸とも全パターンの平均（図の黒丸）を通るように設定した．求めた二つの軸 $L_1$ および $L_2$ にパターンを射影したときの分布状況を，**図 6.9** に示す．軸 $L_1$ 上ではクラス間の重なりが見られるのに対し，軸 $L_2$ 上ではクラス間が比較的良好に分離されている．したがって，クラス間の識別を行う上で線形判別法が有効であることが確かめられる．

以上，$\tilde{d}=1$ の場合について述べたので，以下では $\tilde{d} \geq 2$ の一般的な場合を扱う．次元削減のための $(d, \tilde{d})$ 行列を $\mathbf{A}$ とする[*27]．2 クラスのときと同様に，クラス内共分散行列 $\mathbf{\Sigma}_W$，クラス間共分散行列 $\mathbf{\Sigma}_B$ を，

[*27] 行列を $(d, 1)$ とすると，式 (6.84) の $\boldsymbol{w}$ と一致する．

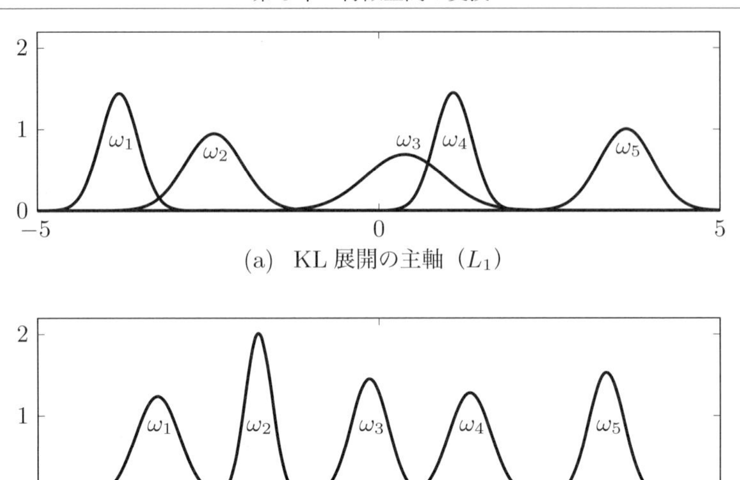


(a)　KL 展開の主軸（$L_1$）

(b)　線形判別法の軸（$L_2$）

**図 6.9**　二つの軸 $L_1$, $L_2$ への射影（図 6.8 の 5 クラスに対して）

$$\boldsymbol{\Sigma}_W \stackrel{\text{def}}{=} \sum_{i=1}^{c} P(\omega_i)\boldsymbol{\Sigma}_i \tag{6.152}$$

$$= \sum_{i=1}^{c} \left( P(\omega_i)\frac{1}{n_i} \sum_{\boldsymbol{x}\in\mathcal{X}_i} (\boldsymbol{x} - \mathbf{m}_i)(\boldsymbol{x} - \mathbf{m}_i)^t \right) \tag{6.153}$$

$$\boldsymbol{\Sigma}_B \stackrel{\text{def}}{=} \sum_{i=1}^{c} P(\omega_i)(\mathbf{m}_i - \mathbf{m})(\mathbf{m}_i - \mathbf{m})^t \tag{6.154}$$

$$= \frac{1}{2}\sum_{i=1}^{c}\sum_{j=1}^{c} P(\omega_i)P(\omega_j)(\mathbf{m}_i - \mathbf{m}_j)(\mathbf{m}_i - \mathbf{m}_j)^t \tag{6.155}$$

$$= \sum_{i=1}^{c}\sum_{j<i} P(\omega_i)P(\omega_j)(\mathbf{m}_i - \mathbf{m}_j)(\mathbf{m}_i - \mathbf{m}_j)^t \tag{6.156}$$

と定義する*28（**演習問題 6.6**）．クラス内変動行列 $\mathbf{S}_W$，クラス間変動行列 $\mathbf{S}_B$ も同様に定義できて，

*28 クラス内共分散行列 $\boldsymbol{\Sigma}_W$ は，**プールされた共分散行列**（pooled covariance matrix）と呼ばれることもある．また，$\boldsymbol{\Sigma}_W$ の代わりにその不偏推定量を用いることもあるが，通常 $n$ が十分に大きいので，実用上，大きな違いはない．

$$\mathbf{S}_W \stackrel{\text{def}}{=} \sum_{i=1}^{c} \sum_{\boldsymbol{x} \in \mathcal{X}_i} (\boldsymbol{x} - \mathbf{m}_i)(\boldsymbol{x} - \mathbf{m}_i)^t \tag{6.157}$$

$$= \sum_{i=1}^{c} \mathbf{S}_i = \sum_{i=1}^{c} n_i \boldsymbol{\Sigma}_i \tag{6.158}$$

$$\mathbf{S}_B \stackrel{\text{def}}{=} \sum_{i=1}^{c} n_i (\mathbf{m}_i - \mathbf{m})(\mathbf{m}_i - \mathbf{m})^t \tag{6.159}$$

となる．このように定義された $\boldsymbol{\Sigma}_W, \boldsymbol{\Sigma}_B, \mathbf{S}_W, \mathbf{S}_B$ は，全共分散行列 $\boldsymbol{\Sigma}_T$，**全変動行列**（total scatter matrix）$\mathbf{S}_T$ との間に

$$\boldsymbol{\Sigma}_T \stackrel{\text{def}}{=} \sum_{i=1}^{c} \left( P(\omega_i) \frac{1}{n_i} \sum_{\boldsymbol{x} \in \mathcal{X}_i} (\boldsymbol{x} - \mathbf{m})(\boldsymbol{x} - \mathbf{m})^t \right) \tag{6.160}$$

$$= \boldsymbol{\Sigma}_W + \boldsymbol{\Sigma}_B \tag{6.161}$$

$$\mathbf{S}_T \stackrel{\text{def}}{=} \sum_{\boldsymbol{x} \in \mathcal{X}} (\boldsymbol{x} - \mathbf{m})(\boldsymbol{x} - \mathbf{m})^t \tag{6.162}$$

$$= \mathbf{S}_W + \mathbf{S}_B \tag{6.163}$$

なる関係が成り立つ．前項で述べたのと同様に，事前確率について $P(\omega_i) = n_i/n$ が成立するとき，

$$\boldsymbol{\Sigma}_W = \frac{1}{n} \mathbf{S}_W \tag{6.164}$$

$$\boldsymbol{\Sigma}_B = \frac{1}{n} \mathbf{S}_B \tag{6.165}$$

の関係が成り立つ．したがって，変動行列を用いた定式化は，共分散行列を用いた定式化において式 (6.145) が成り立つ特別な場合に相当するので，以下では共分散行列による表現を用いることにする．

## coffee break

### ❖ 事前確率の決定法

クラス内共分散行列の定義（式 (6.114)）では，未知パラメータとして事前確率 $P(\omega_i)$ が存在する．そして，式 (6.145) が成り立つとき，本節〔1〕で述べたように，クラス間変動・クラス内変動比最大基準から求まる部分空間と，クラス間分散・クラス内分散比最大基準から求まる部分空間とは同じになる．したがって，前者は後者の特殊な場合と見なすことができる．

これら二つを比較したとき，フィッシャーの方法では事前確率 $P(\omega_i)$ が式に現れないが，事前確率はどのように反映されているのであろうか．式 (6.81) と式 (6.83) を見ればわかるように，$\mathbf{S}_W$, $\mathbf{S}_B$ における総和は，各項をパターン数だけ足し合わせる形になっている．したがって，パターン数 $n_i$ の多いクラスがより $\mathbf{S}_W$, $\mathbf{S}_B$ に対する寄与が大きく，これが共分散行列表現の場合に $P(\omega_i) = n_i/n$ とおいたのと同じ効果を与えるわけである．では，実用上の問題として，$P(\omega_i) = n_i/n$ とすることはどれくらいの妥当性があるのだろうか．残念ながら，この問いに関しては，問題に依存するとしか言えない．

実用上は，次のいずれかの方法によって $P(\omega_i)$ を決定することが多い．

(1) $P(\omega_i) = n_i/n$ とする方法
母集団からパターンをランダムにサンプリングした場合，$n_i/n$ は $P(\omega_i)$ に比例するのであるから，極めて自然な方法である．しかしながら，完全な**ランダムサンプリング**（random sampling）が実現できるのはむしろ稀であり，多くの場合，収集パターンにはかなりの偏りがある．

(2) $P(\omega_i) = 1/c$ とする方法
この方法は，事前確率の推定は不可能であるという前提のもとに，各クラスを対等に扱うという立場に立つものである．文字認識ではこの方法が採用されることが多い．

(3) まったく別の方法によって $P(\omega_i)$ の推定をしておく方法
特定の誤識別に伴う損失が著しく大きいなどの理由で，特定のクラスをより正しく識別したい場合，解決策として，そのクラスの学習パターンをより多く用意しておくことはよく行われる．これは，特定のクラスの $P(\omega_i)$ を大きく見積もっておくことと等価である．

事前確率をどう定めるかは識別部の設計にも関連する問題であり，115 ページ，204 ページ，221 ページの coffee break も参照されたい．

---

変換した空間上でのクラス内共分散行列 $\tilde{\mathbf{\Sigma}}_W$，クラス間共分散行列 $\tilde{\mathbf{\Sigma}}_B$ を求めると，$\mathbf{y} = \mathbf{A}^t\boldsymbol{x}$ であるので，式 (6.119), (6.122) で示した $d \times 1$ のベクトル $\boldsymbol{w}$ を $d \times \tilde{d}$ の行列 $\mathbf{A}$ に置き換えて，

$$\tilde{\mathbf{\Sigma}}_W = \mathbf{A}^t\mathbf{\Sigma}_W\mathbf{A} \tag{6.166}$$

$$\tilde{\mathbf{\Sigma}}_B = \mathbf{A}^t\mathbf{\Sigma}_B\mathbf{A} \tag{6.167}$$

$$\tilde{\mathbf{\Sigma}}_T = \mathbf{A}^t\mathbf{\Sigma}_T\mathbf{A} \tag{6.168}$$

となる．ここで，変換した空間上でのクラス間の分離度を評価する評価関数 $J(\mathbf{A})$ が必要となるが，2 クラスの場合に定義した式 (6.119), (6.122) の $\phi_W$, $\phi_B$ とは異なり，$\tilde{\mathbf{\Sigma}}_W$, $\tilde{\mathbf{\Sigma}}_B$ はスカラー量でなく $\tilde{d}$ 次正方行列である．そこで，次のような評価基準 $J(\mathbf{A})$ が候補として考えられる．

$$J_1(\mathbf{A}) \stackrel{\text{def}}{=} \frac{\mathrm{tr}\left(\tilde{\mathbf{\Sigma}}_B\right)}{\mathrm{tr}\left(\tilde{\mathbf{\Sigma}}_W\right)} \tag{6.169}$$

$$J_2(\mathbf{A}) \stackrel{\text{def}}{=} \mathrm{tr}\left(\tilde{\mathbf{\Sigma}}_W^{-1}\tilde{\mathbf{\Sigma}}_B\right) \tag{6.170}$$

$$J_3(\mathbf{A}) \stackrel{\text{def}}{=} \frac{\det\left(\tilde{\mathbf{\Sigma}}_B\right)}{\det\left(\tilde{\mathbf{\Sigma}}_W\right)} = \det\left(\tilde{\mathbf{\Sigma}}_W^{-1}\tilde{\mathbf{\Sigma}}_B\right) \tag{6.171}$$

$$J_4(\mathbf{A}) \stackrel{\text{def}}{=} \log\left(\frac{\det(\tilde{\mathbf{\Sigma}}_T)}{\det(\tilde{\mathbf{\Sigma}}_W)}\right) \tag{6.172}$$

ここで，$\det(\mathbf{A})$ は行列 $\mathbf{A}$ の行列式を表す（79 ページの脚注 $*3$ 参照）．また，$J_4$ は $\tilde{\mathbf{\Sigma}}_B$ の代わりに $\tilde{\mathbf{\Sigma}}_T$ を用いているが，これは $\det(\tilde{\mathbf{\Sigma}}_B)$ が 0 になることがあるためである．

フィッシャーの方法の場合は，$d$ 次元空間から 1 次元空間への変換であったが，ここで取り上げるのは，$d$ 次元空間から $\tilde{d}$ 次元空間への変換である．その場合も，クラス内分散がなるべく小さくなり，クラス間分散がなるべく大きくなるような変換を目指すという考え方は同じである．式 (6.169)〜(6.172) で示した評価式は，いずれも $\tilde{d}$ 次元空間上で上記の考え方を反映した形になっている．ただし，多次元空間を対象としているので，式 (6.124) のように単に 1 次元軸上でのクラス間分散・クラス内分散比を評価値とすることはできない．

ある軸上での分布の広がりは，分布をその軸上に射影したときの分散で表される．そして，その分散は，分布の共分散行列 $\mathbf{\Sigma}$ から求められる固有値にほかならない．各軸から求められる $\tilde{d}$ 個の固有値を $\lambda_1, \ldots, \lambda_{\tilde{d}}$ とすると，$\tilde{d}$ 次元空間での分布の広がりは $\sum_{i=1}^{\tilde{d}} \lambda_i$ または $\prod_{i=1}^{\tilde{d}} \lambda_i$ で評価できる．さらに

$$\sum_{i=1}^{\tilde{d}} \lambda_i = \mathrm{tr}(\tilde{\mathbf{\Sigma}}) \tag{6.173}$$

$$\prod_{i=1}^{\tilde{d}} \lambda_i = \det\left(\tilde{\mathbf{\Sigma}}\right) \tag{6.174}$$

であるので [永田 87][吉本 11]，$J_1(\mathbf{A}) \sim J_4(\mathbf{A})$ が評価式として妥当であることがわかる．ただし，$\tilde{\mathbf{\Sigma}}$ は変換した空間上でのパターン集合の共分散行列である．共分散行列の行列式 $\det(\mathbf{\Sigma})$ は，一般化分散と呼ばれている．

これらの最大化問題は

$$\tilde{\mathbf{\Sigma}}_W = \mathbf{A}^t \mathbf{\Sigma}_W \mathbf{A} = \mathbf{I} \tag{6.175}$$

という条件のもとで分子を最大にすることと等価であり，まったく同じ固有値問題

$$\mathbf{\Sigma}_B \mathbf{A} = \mathbf{\Sigma}_W \mathbf{A} \mathbf{\Lambda} \tag{6.176}$$

に帰着することが知られている[*29]．ここで，$\mathbf{\Lambda}$ は $\tilde{d}$ 次元対角行列である．したがって，$\mathbf{\Sigma}_W^{-1} \mathbf{\Sigma}_B$ の固有値のうちの大きいほうから $\tilde{d}$ 個の固有値 $\lambda_1, \ldots, \lambda_{\tilde{d}}$ に対応する固有ベクトルが，変換後の空間を張る基底となる．一般に固有値問題では，固有値は一意に定まるものの，固有ベクトルは一意に決まらない[*30]．そこで，固有ベクトルに対して何らかの制約を課し，解を一意に決定できることが望ましい[*31]．ここでは，式 (6.175) の正規化条件を制約として課すことにする．

式 (6.169) $\sim$ (6.172) で示した $J_i(\mathbf{A})$ の最大値は，$\mathbf{\Sigma}_W^{-1} \mathbf{\Sigma}_B$ の固有値を用いて，それぞれ

$$\max\{J_1(\mathbf{A})\} = \frac{1}{\tilde{d}} \sum_{i=1}^{\tilde{d}} \lambda_i \tag{6.177}$$

$$\max\{J_2(\mathbf{A})\} = \sum_{i=1}^{\tilde{d}} \lambda_i \tag{6.178}$$

---

*29 式 (6.161) が成り立つので，$J(\mathbf{A})$（式 (6.169) $\sim$ (6.172)）における $(\tilde{\mathbf{\Sigma}}_B, \tilde{\mathbf{\Sigma}}_W)$ の組み合わせを $(\tilde{\mathbf{\Sigma}}_T, \tilde{\mathbf{\Sigma}}_W)$ や $(\tilde{\mathbf{\Sigma}}_B, \tilde{\mathbf{\Sigma}}_T)$ などで置き換えても，問題の本質は変わらない．なぜなら，式 (6.176) を $\mathbf{\Sigma}_T = \mathbf{\Sigma}_W + \mathbf{\Sigma}_B$ の関係を用いて変形すると，$\mathbf{\Sigma}_B \mathbf{A}(\mathbf{I} + \mathbf{\Lambda}) = \mathbf{\Sigma}_T \mathbf{A} \mathbf{\Lambda}$ となるので，式 (6.176) は $\mathbf{\Sigma}_B \mathbf{A} = \mathbf{\Sigma}_T \mathbf{A} \mathbf{\Lambda}'$ と変形できる．したがって，式 (6.176) と上式は等価な固有値問題である．ただし，$\mathbf{\Lambda}'$ は $\tilde{d}$ 次元対角行列で，$\mathbf{\Lambda}$, $\mathbf{\Lambda}'$ の $(i, i)$ 成分を $\lambda_i$, $\lambda'_i$ とすると，$\lambda'_i = \lambda_i / (1 + \lambda_i)$ である．

*30 例えば，行列 $\mathbf{\Sigma}$ に関する固有値問題 $\mathbf{\Sigma}\boldsymbol{x} = \lambda\boldsymbol{x}$ において，$\boldsymbol{x}$ が固有ベクトルならば，それに定数 $a$ を乗じた $a\boldsymbol{x}$ も固有ベクトルである．

*31 しばしば適用されるのは，固有ベクトルのノルムを 1 とする正規化処理である．

$$\max\{J_3(\mathbf{A})\} = \prod_{i=1}^{\tilde{d}} \lambda_i \tag{6.179}$$

$$\max\{J_4(\mathbf{A})\} = \sum_{i=1}^{\tilde{d}} \log(\lambda_i + 1) \tag{6.180}$$

となる．証明は**演習問題 6.5** を参照されたい．

特徴空間の次元削減という観点に立つとき，削減された空間の次元は必ずしも $\tilde{d}$ $(= c - 1)$ である必要はなく，大きいほうから任意個（$\tilde{d}$ 以下）の固有値に対応する固有ベクトルの張る部分空間を選択することができる．6.5 節〔2〕において，KL 展開によって求まる部分空間を，累積寄与率を用いて評価する方法について述べるが，それと同様に，上で述べた評価値 $J$ は空間の判別力を評価する量として見ることができる．各軸がそれぞれ独立に扱えて，かつその評価値が**加法性**（additive property）[*32]を持つという観点からは，$J_2$ と $J_4$ が空間の判別力の評価値として望ましい．$J_1$ は部分空間の次元で除した各軸の平均評価を表している．したがって，小さな固有値に相当する固有ベクトルを新たに加えて新しい部分空間としたとき，実際の判別力はその分上昇するにもかかわらず，$J$ の値は逆に低下してしまう．また，評価値 $J_3$ は，0 に近い固有値に対応する固有ベクトルを採用していったとき，0 に近づいてしまう．$J_2$, $J_3$, $J_4$ は，座標の正則線形変換に不変であるという，空間の判別力の評価値として好ましい性質を持つ．したがって，これらの評価値は，6.2 節で述べた特徴量の正規化の影響を受けない．さらに，式 (6.174) が成り立つことから，$J_3$ は 2 クラスの場合の最も自然な一般化になっている．また，$J_2$ の最大値と，各種マハラノビス汎距離との間に下式が成り立つ（**演習問題 6.6**）．

$$\max\{J_2(\mathbf{A})\} = \sum_{i=1}^{c} P(\omega_i) D_M^2(\mathbf{m}_i, \mathbf{m}) = \sum_{i=1}^{c} \sum_{j<i} P(\omega_i) P(\omega_j) D_M^2(\mathbf{m}_i, \mathbf{m}_j) \tag{6.181}$$

ここで例として挙げたどの $J$ を選んでも，$J$ を最大化する固有ベクトルは同じ

---

[*32] 軸（1 次元空間）$a_1$ に対する評価値を $J(a_1)$，軸 $a_2$ に対する評価値を $J(a_2)$，$a_1$ と $a_2$ で張られる 2 次元部分空間に対する評価値を $J(a_1, a_2)$ とするとき，$J(a_1, a_2) = J(a_1) + J(a_2)$ が成り立つことを指す．

であるから，求まる部分空間は $J$ の選び方にはよらない．しかしながら，空間の判別力の評価，あるいは5.2節で一例を示した特徴の評価として $J$ を利用する場合には，適切な $J$ を選ぶことが必要になる．さらに，本書では割愛するが，一つのパターン群をいくつかのクラスタに分けるというクラスタリング（83ページの脚注 *7 も参照）においても，最適なクラスタを決定するために，ここで述べたような評価値が利用される．

多クラスの場合には，以上のようにして求められた部分空間が，クラス間の分離という点で必ずしも十分な判別能力を持たないことがあり，多クラスの識別に線形判別法を用いる場合には注意が必要である（これについては，すでに5.2節で述べた）．したがって，4.3節〔2〕で2クラスの識別関数を多クラスへ拡張したように，本節〔1〕で述べた2クラスの判別のためのフィッシャーの方法を組み合わせて多クラスの識別を行うのがより確実である．

## coffee break

**❖ 判別分析，相関分析，二乗誤差最小化学習**

本節の冒頭で述べたように，線形判別法は統計学の分野では判別分析と呼ばれ，多変量データの分析手法の一つとして広く使われている．フィッシャーがその原論文 [Fis36] において指摘しているように，判別分析は相関分析の特別な場合と見なすことが可能である．

すでに3.1節〔2〕で述べたように，2クラスの識別において二乗誤差最小化学習による重みベクトルの決定方法は，教師信号を目的変数とする重回帰分析に相当する．また，9.1節〔1〕で述べるように，最小二乗法による学習によって求まる重みベクトル $\boldsymbol{w}$ は，フィッシャーの方法によって求まる変換ベクトル $\boldsymbol{w}$ と等価である．それと同様に，多クラスの線形判別法は，**正準相関分析**（canonical correlation analysis）の特別な場合に相当する．正準相関分析は重回帰分析を特別な場合として含んでおり，特徴空間におけるパターンの分布と判別空間におけるパターンの分布との間の相関分析を行っていることになる．詳しくは，文献 [大津 81][柳井 18][柳井 86] などを参照されたい．

### 〔3〕 線形判別法と空間変換

これまで述べてきたように，線形判別法は空間の線形変換によりクラス間分散・クラス内分散比を最大にする $\tilde{d}\ (\leq c-1)$ 次元部分空間を求める方法であり，それは識別を考慮した特徴空間の変換法である．ここでは，クラス間分散・クラス内分散比最大基準から決まり，$(d, \tilde{d})$ 行列 $\mathbf{A}$ で表されるこの変換の持つ意味について，空間変換という観点から論じる．実は，この変換 $\mathbf{A}$ はある特別な変換 $\mathbf{A}_1, \mathbf{A}_2$ を用いて $\mathbf{A} = \mathbf{A}_1\mathbf{A}_2$ と書け，2 段階の変換に分けることができる．

$\mathbf{\Sigma}_W$ は対称行列であるから，

$$\mathbf{A}_1^t\mathbf{\Sigma}_W\mathbf{A}_1 = \mathbf{I}_d \tag{6.182}$$

を満たす $d$ 次正方行列 $\mathbf{A}_1$ が存在する（**演習問題 6.7**）．ただし，$\mathbf{I}_d$ は $d$ 次単位行列である．一方，$\mathbf{\Sigma}_B$ は階数 $\tilde{d}$ の非負定値対称行列であるから[*33]，$\mathbf{A}_1^t\mathbf{\Sigma}_B\mathbf{A}_1$ も非負定値対称行列となり，$\mathbf{A}_1^t\mathbf{\Sigma}_B\mathbf{A}_1$ の $\tilde{d}$ 個の固有ベクトルを列とする $(d, \tilde{d})$ 行列を $\mathbf{A}_2$，対応する固有値を成分とする $\tilde{d}$ 次元対角行列を $\mathbf{\Lambda}$ とすると，

$$\left(\mathbf{A}_1^t\mathbf{\Sigma}_B\mathbf{A}_1\right)\mathbf{A}_2 = \mathbf{A}_2\mathbf{\Lambda} \tag{6.183}$$

$$\mathbf{A}_2^t\mathbf{A}_2 = \mathbf{I}_{\tilde{d}} \tag{6.184}$$

が成り立つ．ここで，$\mathbf{I}_{\tilde{d}}$ は $\tilde{d}$ 次元単位行列である．こうして定義した $\mathbf{A}_1$ と $\mathbf{A}_2$ を用いて $\mathbf{A}$ を

$$\mathbf{A} \stackrel{\text{def}}{=} \mathbf{A}_1\mathbf{A}_2 \tag{6.185}$$

と定義すると，この $\mathbf{A}$ は式 (6.175), (6.176) で示した固有値問題の条件を満たす．なぜなら，式 (6.182) を用いて

$$\tilde{\mathbf{\Sigma}}_W = \mathbf{A}^t\mathbf{\Sigma}_W\mathbf{A} = \mathbf{A}_2^t(\mathbf{A}_1^t\mathbf{\Sigma}_W\mathbf{A}_1)\mathbf{A}_2 \tag{6.186}$$

$$= \mathbf{A}_2^t\mathbf{I}_d\mathbf{A}_2 = \mathbf{A}_2^t\mathbf{A}_2 = \mathbf{I}_{\tilde{d}} \tag{6.187}$$

となり，まず式 (6.175) が示された．さらに，式 (6.182) より

$$(\mathbf{A}_1^t)^{-1} = \mathbf{\Sigma}_W\mathbf{A}_1 \tag{6.188}$$

となるので，これを式 (6.183) に左から掛けると

[*33] $\mathbf{Y} = \mathbf{X}^t\mathbf{X}$ を満たす行列 $\mathbf{X}$ が存在するとき，対称行列 $\mathbf{Y}$ は非負定値である．

$$\text{左辺} = (\mathbf{A}_1^t)^{-1}\left(\mathbf{A}_1^t \mathbf{\Sigma}_B \mathbf{A}_1\right)\mathbf{A}_2 = \mathbf{\Sigma}_B \mathbf{A} \tag{6.189}$$

$$\text{右辺} = \mathbf{\Sigma}_W \mathbf{A}_1 \mathbf{A}_2 \mathbf{\Lambda} = \mathbf{\Sigma}_W \mathbf{A} \mathbf{\Lambda} \tag{6.190}$$

となり，式 (6.176) で示した

$$\mathbf{\Sigma}_B \mathbf{A} = \mathbf{\Sigma}_W \mathbf{A} \mathbf{\Lambda} \tag{6.191}$$

が成り立つ．

以上の結果から，変換 $\mathbf{A}$ は $\mathbf{A}_1$, $\mathbf{A}_2$ という 2 段階の変換に分けることができる．そして式 (6.182) の意味から第一の変換 $\mathbf{A}_1$ はクラス内分散 $\mathbf{\Sigma}_W$ の正規化を行う変換であり，この操作を**白色化**（whitening）と呼ぶ．また，式 (6.183) から第二の変換 $\mathbf{A}_2$ は $\mathbf{A}_1$ で正規化された空間でのクラス平均 $\mathbf{A}_1^t \mathbf{\Sigma}_B \mathbf{A}_1$ に対する KL 展開を行う変換であると見なすことができる．すなわち，広がりを無視して各クラス平均の位置に代表パターンが 1 個存在すると見なし，合計 $c$ 個のパターンに対して KL 展開を行うことに相当する．詳しくは，**演習問題 6.8** を参照されたい．

さらに，式 (6.187) と

$$\tilde{\mathbf{\Sigma}}_B = \mathbf{A}^t \mathbf{\Sigma}_B \mathbf{A} = \mathbf{A}_2^t (\mathbf{A}_1^t \mathbf{\Sigma}_B \mathbf{A}_1) \mathbf{A}_2 = \mathbf{A}_2^t \mathbf{A}_2 \mathbf{\Lambda} = \mathbf{\Lambda} \tag{6.192}$$

から，$\mathbf{A}$ は $\mathbf{\Sigma}_W$ と $\mathbf{\Sigma}_B$ を同時に対角化する変換であることがわかる．この操作は**同時対角化**（simultaneous diagonalization）と呼ばれ，一般に次元の等しい任意の二つの対称行列に対して行うことができる[*34]．

上で述べた $\mathbf{A}_1$, $\mathbf{A}_2$ の変換を具体例で図解したのが，**図 6.10** である．(a) は，2 次元特徴空間上での 2 クラスの特徴ベクトルの分布を表す．(a) で与えられた分布から線形判別法によって部分空間が決定される過程を以下に示す．

まず，(a) の特徴空間上での $\omega_1, \omega_2$ の分布を，(a-1) に示すように，その重心が一致するように重ね，これを分布 $\omega_{1+2}$ とする．分布 $\omega_{1+2}$ が (a-2) に示すように各軸に対して等方的になるような，すなわち分布の共分散行列が単位行列の定数倍になるような変換 $\mathbf{A}_1$ を求める．この例では，$x_1 = x_2$，$x_1 = -x_2$ 方向に定数倍する変換に相当する．

---

*34 同時対角化はパターン認識において有用な道具の一つである．文献 [Fuk90] に良い解説がある．

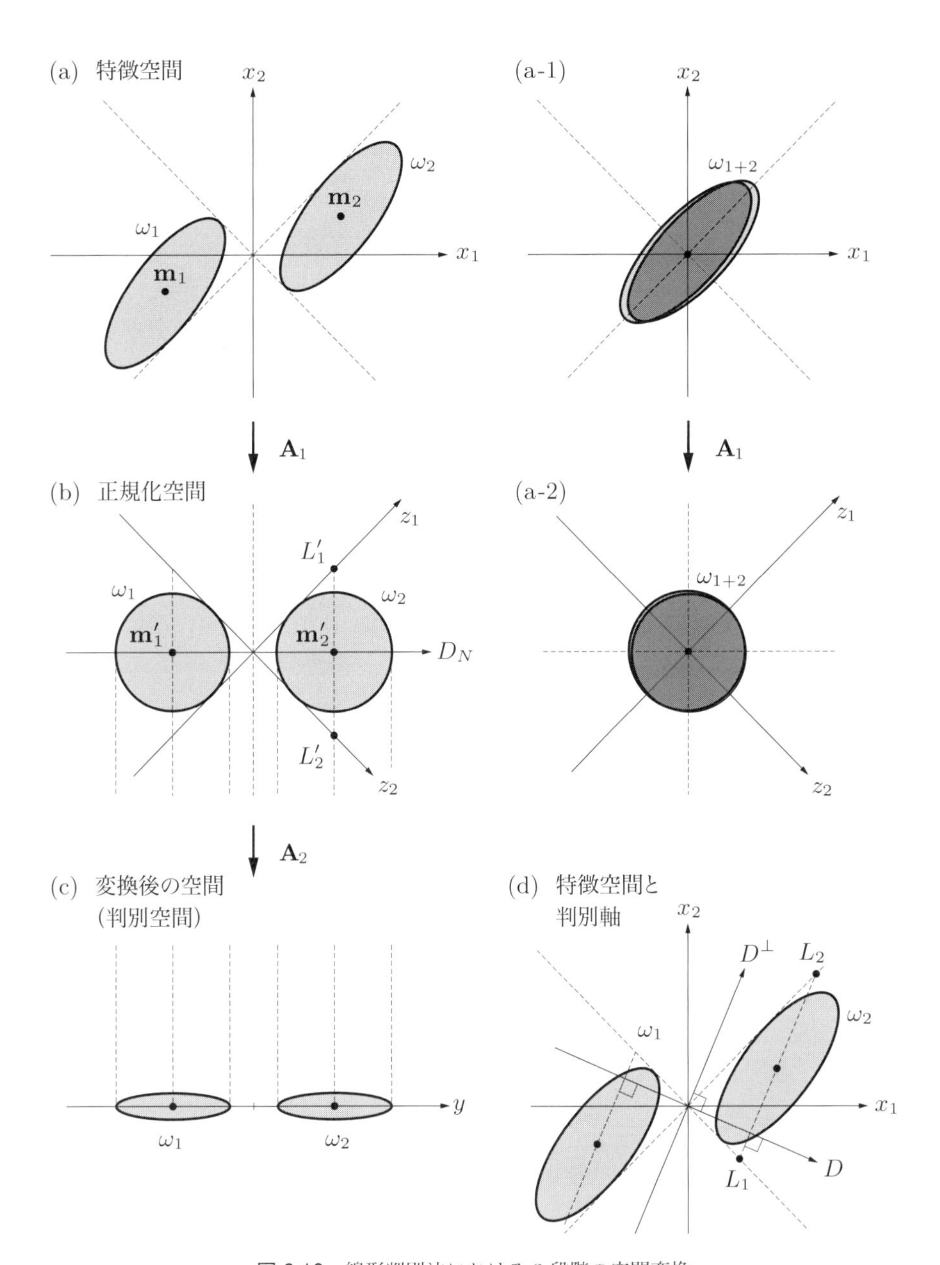


図 6.10 線形判別法における 2 段階の空間変換

次に，原空間 (a) に対して変換 $\mathbf{A}_1$ を施すことにより，空間 (b) を得る．この空間を**正規化空間**（normalized space）と呼ぶ．この変換によって得られる正規化空間の軸は，$z_1$, $z_2$ となる．そして，この正規化空間における各クラスの平均，すなわち正規化空間上の2点 $\mathbf{m}'_1$, $\mathbf{m}'_2$ に対して KL 展開を施す．この場合2点しかないので，求められる部分空間は2点を結ぶ軸 $D_N$ である．これにより判別空間 (c) が得られ，そこでは空間の軸は $y$ となる．この変換が第二の変換 $\mathbf{A}_2$ に相当する．

最後に，$y$ 上の同じ点へ射影する正規化空間上の点列からなる線分 $L'_1L'_2$ を正規化空間上で考え，これを原空間へ移すと，(d) における $L_1L_2$ となる．線分 $L_1L_2$ は，判別空間上では同じ点に写像されるので，求める判別軸はこれに垂直な軸であり，$D$ が得られる．二つの分布の共分散行列と事前確率が等しければ，二つのクラス平均の中点を通り $D$ に垂直な平面が，二つのクラスを分ける最適な決定境界 $D^{\perp}$ として定まる．

## coffee break

### ❖ 特徴空間の非線形変換—多層ニューラルネットワーク—

ここまで述べてきた特徴空間の変換方法は，線形変換を基本とした変換方法であり，線形という制約を外せば，当然のことながら多種多様な変換が期待できる．しかしながら，数学的に見通し良く扱い得たのは線形という制約ゆえであり，カーネル法が一般的になるまで，ほとんどすべての研究と実際に使われた技術は，この枠の中で行われたといっても過言ではない．

数少ない非線形的な手法による特徴空間の変換手法として，3.3 節で述べた多層ニューラルネットワークを用いる方法が知られている．**図 6.11** (a) に示すような，それぞれ $d$ 個のユニットを持つ入力層と出力層，$\tilde{d}$ $(< d)$ 個のユニットを持つ中間層（図では第3層）からなる**砂時計型ニューラルネットワーク**を用意し，入力と同じ値を出力する恒等写像を学習によって実現させる．すると，学習後の中間層のユニット出力は $\tilde{d}$ 次元のベクトルとして表現され，元の $d$ 次元特徴ベクトルの次元圧縮された表現であると見なすことができる．

この場合，3層ニューラルネットワークで入力と同じパターンを出力するという恒等写像を実現したとき，中間層で得られる部分空間の近似能力は KL 展開と比較して劣ることが証明されているので [船橋 90]，通常5層以上の多層ニューラルネットワークを用いて実験がなされている．この非線形手法を使えば，図 6.11

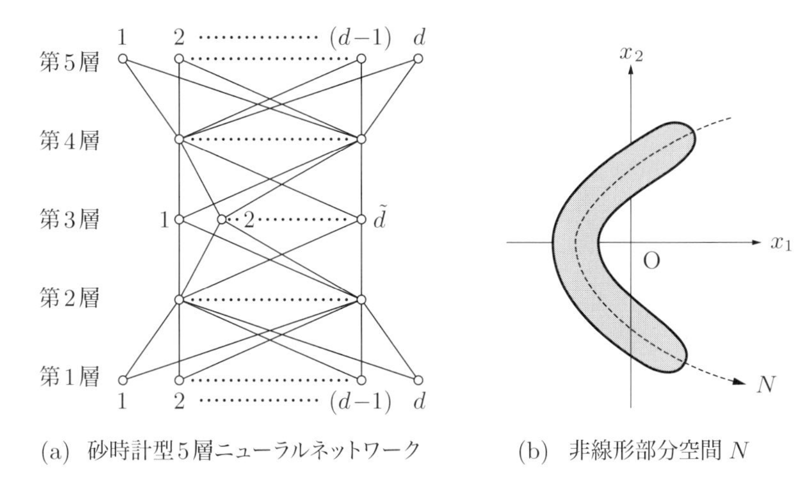


(a)　砂時計型5層ニューラルネットワーク　　(b)　非線形部分空間 $N$

図 6.11　非線形空間変換の例

(b) のような歪んだ分布を持つ特徴ベクトルに対し，歪んだ軸 $N$ を決めることが可能となる．しかしながら，この方法は本質的に以下のような問題をはらんでおり，その能力について不明な点が多い．

第一に，多層ニューラルネットワークを使う際の最大の問題は，一般に任意の写像を任意の精度で実現するためには，無限個のパラメータ（中間ユニットの数など）が必要になるという点である．このとき，写像をある有限の精度で実現するための必要条件が知られていない．また，最適解を見つけるための手段も知られておらず，得られているのは局所最適解を見つけるための学習アルゴリズム（3.3 節参照）である．

第二に，この方法によって変換された特徴空間の特性には不明な点が多い．この方法を使って特徴空間の変換を行い，変換された特徴ベクトルを用いて顔画像に対して人物認識を行った研究があるが，KL 展開が識別に有効であるとは限らないのとまったく同じ理由から，砂時計型多層ニューラルネットワークによって変換された空間が識別に有効であることは保証されていない．

# 6.5　KL 展開の適用法

## 〔1〕　KL 展開と線形判別法

6.3 節で述べた KL 展開と 6.4 節で述べた線形判別法は，ともにパターン認識のための次元削減の手法であるが，その及ぼす効果は実はまったく異なる．すでに述べたように，KL 展開は「パターン全体の分布を最良近似」する部分空間を求める方法であるのに対し，線形判別は「各クラスのパターン分布の分離度を最大にする」部分空間を求める方法である．したがって，この二つは目的に応じて正しく使い分けなければならない．

KL 展開は特徴ベクトルの分布全体が持つ情報をなるべく最大限に反映できるように特徴空間の次元数を削減する方法であるから，複数のクラスが特徴空間上に存在するとき，KL 展開によって変換した空間が必ずしもこれらのクラスを識別するために有効な空間であるとは限らない．一例を**図 6.12** に示す．図の灰色で示した二つの領域は，それぞれクラス $\omega_1$ と $\omega_2$ に属するパターンの 2 次元特徴ベクトルの分布を表す．KL 展開によって決定される主軸は $P$ であり，この軸上で二つの分布の分離度は良くない．二つの分布を最も良く分離する軸は $D$ であり，$P$ とはまったく異なる．これは，KL 展開がクラスの識別をまったく考慮に入れていないことに起因する．一方，線形判別は異なるクラスの分布の**分離度** (separability) を考慮した空間の変換の方法の一つとなっている．この KL 展開による次元削減と線形判別による次元削減の性質の違いは，前者が**表現**

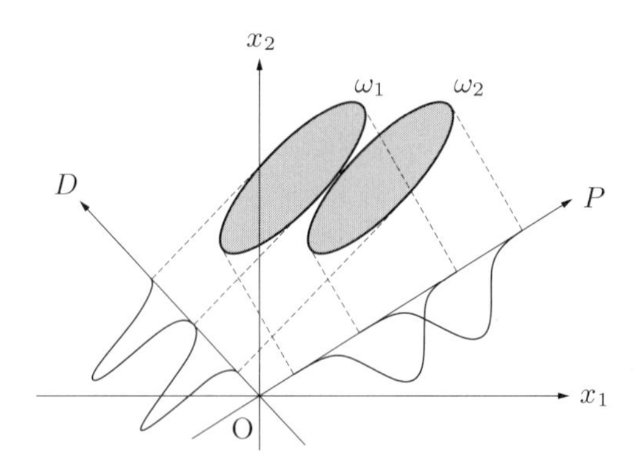


図 6.12　表現のための次元削減と判別のための次元削減

(representation) もしくは**圧縮** (compression) のための次元削減であるのに対して，後者は**判別** (discrimination) のための次元削減であると言える．同様のことについて 220 ページの coffee break でも述べている (**演習問題 6.2, 6.3** も参照).

しかしながら，KL 展開は，識別のことが考慮されていない次元削減法であるにもかかわらず，パターン認識の処理において広く用いられている．それは以下の理由による.

第一に，例えば，文字認識や音声認識に代表される高度な認識を行うためには，通常高次元の特徴ベクトルが必要になる．したがって，次元の呪いから逃れる手段として，次元削減が不可欠となる.

第二に，初めに選ばれた特徴には，相関を持つ特徴の組が含まれている可能性がある．特に，高次元の特徴ベクトルには，われわれが気がつかないうちに相関の高い特徴の組が含まれる危険性が極めて高い．相関の非常に高い二つの特徴が存在するとき，共分散行列は 0 に近い固有値を持つので，KL 展開によって特徴空間の次元を減らすことは冗長な情報を減らすことを意味する．また，相関の強い特徴の組があるとき，逆行列の計算誤差が大きくなることが多く，KL 展開による次元削減はこれを防ぐことにもなる.

しかしながら，図 6.12 でも示したように，KL 展開によって特徴空間の次元数を減らすことは，識別に重要な情報を落としてしまう危険性を常にはらんでいることに注意しなければならない.

### 〔2〕 KL 展開と学習パターン数

KL 展開と学習パターン数との関係で注意すべき点を簡単にまとめておこう.

特徴空間の次元数に対して十分な数の学習パターンを用意しなくてはならないことは，すでに 4.4 節で述べた．これは KL 展開についても当てはまる．KL 展開を実行するには，まず学習パターンから共分散行列を求め，その固有値と固有ベクトルを求める必要がある．もし学習パターン数 $n$ が次元数 $d$ 以下 $(n \leq d)$ であると，$(d-n+1)$ 個の固有値は 0 になる[*35]．すなわち，見掛けは $d$ 次元で

[*35] パターン数が次元数より少ないと，共分散行列は必ず正則でなくなり，その固有値には 0 となるものを含むようになる．標準的なライブラリとして固有値，固有ベクトルを求めるプログラムが種々用意されているが，行列が正則でないと処理を打ち切ってしまうものもあるので，注意が必要である.

あっても，実際はそれより小さい $(n-1)$ 次元の部分空間にパターンが分布していることになる．

ここで，KL 展開の計算に学習パターン数がどのような影響を及ぼすかを，次の二つの実験で調べてみよう．

**実験 1** 最初に 16 次元の特徴空間上に多次元正規分布をするパターンを人工的に発生させる．KL 展開によって求まる主軸と正しい主軸とのずれが，パターン数の増加とともにどのように変化するかを調べる．二つの軸のなす角を $\theta$ とし，ずれを $\cos\theta$ で評価することにする．主軸の方向が正しい方向と一致したとき，最大値 1 をとる．

結果を**図 6.13** (a) に示す．横軸はパターン数 $n$，縦軸は $\cos\theta$ を示している．この例では，パターン数が次元数に等しい（$n=16$）とき，$\cos\theta=0.285$ で，求められた主軸は正しい方向と $\theta=73.4$ 度のずれがある．パターン数が次元数の約 6 倍（$n=100$）に達したときでも $\cos\theta=0.581$ であり，$\theta=54.5$ 度と誤差は依然大きい．いずれにしても，上で述べたように次元数に比して十分なパターン数を用意する必要があることが，この例でもわかる．

現実には，特徴の次元数が数百から時には数千といった規模であるのに対し，パターン数はせいぜい次元数とほぼ同程度か，時にはそれより少ない数で済ませ

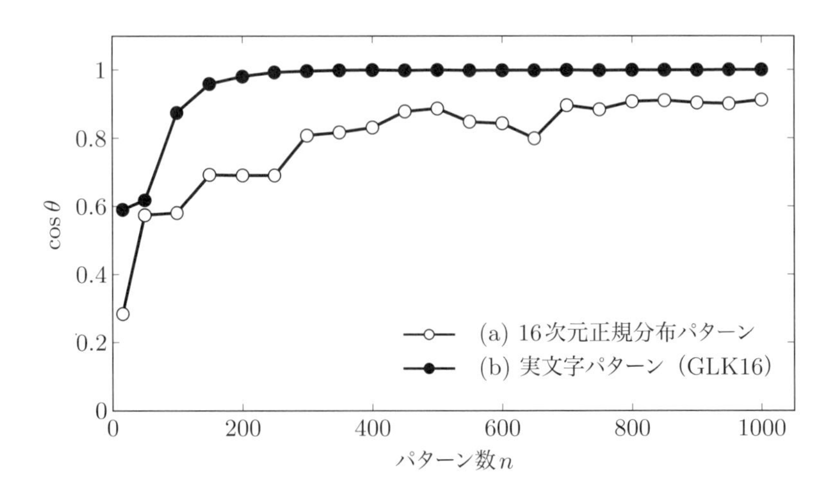


**図 6.13** パターン数と主軸方向の精度の関係

ている例をよく見掛ける．にもかかわらず，上で述べたようなことがあまり深刻な問題にならないのはなぜだろうか．このことを調べるため，次のような実験を行った．

**実験 2** ここでは人工的な特徴ベクトルではなく，実際の文字パターンから得られた特徴ベクトルを用いて上と同様の実験を行う．使用するのは，GLK16 である（**付録 A.4**）．パターン数はクラス当たり 1000 パターンであり，その中から文字 "5" を選んで使用する．ここで，1000 パターンすべてを用いて求めた主軸を正しい主軸と見なす．

結果を図 6.13 (b) に示す．この場合は先の例とは異なり，パターン数が比較的少なくても，求められた主軸は正しい方向にほぼ一致している．この差が生じたのは，次のような理由による．

すなわち，現実の問題では，互いに独立な特徴を用意することは難しく，必ず相関を持ってしまうという事情がある（本節〔1〕参照）．新しい特徴を追加したつもりでも，実はそれはすでに用意されている特徴の線形結合でほぼ記述できるといったことが，しばしば起こるのである．この例でも，グラックスマンの特徴の性質上，特徴間で相関を持つものがかなりの部分を占めていると考えられる．**図 6.14** は，特徴数と**累積寄与率**（cumulative contribution ratio）[*36]の関係を示したものである．図の (b) は GLK16 のグラフであり，これを見ると，最初の 10 個の特徴で累積寄与率はほぼ 99% に達しているから，16 次元の特徴空間ではあっても，実際には 10 次元程度の部分空間にパターンが分布していることがわかる．したがって，少数のパターンでも比較的正確な主軸が求められたわけである．このように，見掛け上の次元数は大きくても，実際はより小さな次元の空間にパターンが分布しているとき，この実際上の次元数を**固有次元数**（intrinsic dimensionality）と呼ぶ．

一方，多次元正規分布のパターンについて同様な累積寄与率のカーブを，図 6.14 の (a) に示している．この場合は (b) とは異なり，累積寄与率が途中で急激に大きくなって飽和するということはない．なぜなら，(a) で用いたのは人工的

---

[*36] 固有値を大きい順にある個数まで加算した値が，固有値の総和に対して占める割合を指す．ある限られた主成分だけで元の分布をどの程度忠実に記述できるかという目安になる．100% との差は元の分布との誤差に相当する．

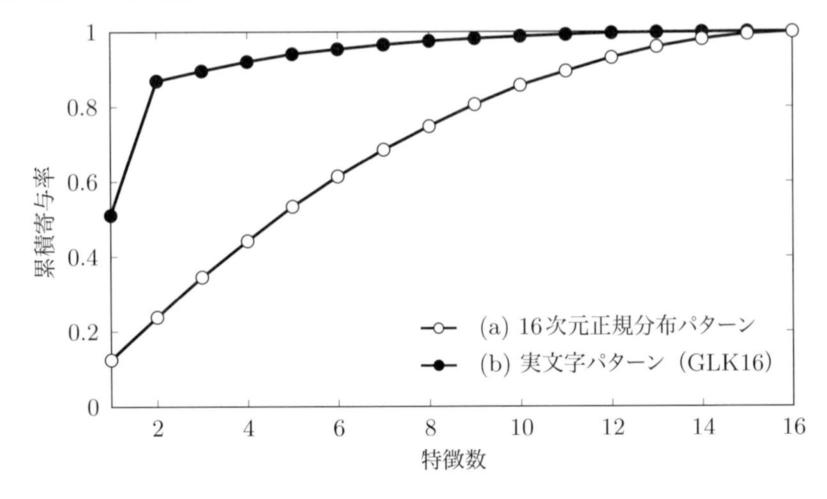


図 6.14 特徴数と累積寄与率の関係

なパターンであり，16 個の特徴間の独立性が高く，固有次元数も 16 に近いと考えられるからである．そのため，同じ精度で主軸を求めようとすると，必要とされるパターン数は (b) よりも (a) のほうがはるかに多くなる．

結果的にパターンがより低次元の部分空間にしか分布していないとしても，その事実を確認するには，次元数に比べて大量のパターンが必要であることに注意しなくてはならない．

## coffee break

**❖ 統計解析用ライブラリ—その有用性と危険性—**

統計計算のためのライブラリは非常に多くのものが市販されており，それらを使えば，データを与えるだけで，もっともらしい解析結果を出力してくれる．しかしながら，こうしたパッケージをただやみくもに使うのは極めて危険である．データの入力ミス，計算誤差の蓄積，データの信頼性の問題など，誤った結果を導く危険要素は少なくない．解析の結果得られた結果が妥当なものかどうかを確認する作業が必要になる．そのためには，個々のステップにおける地道な検証，分析手法に対する正しい理解，データに対する優れた直感力が要求される．

## 演習問題

**6.1*** 式 (6.35) の $\tilde{\sigma}^2(\mathbf{A})$ を最大にする $\mathbf{A} = (\mathbf{u}_1, \ldots, \mathbf{u}_{\tilde{d}})$ は，式 (6.45) の固有値問題の解であることを，trace 演算を用いずに示せ．

**6.2** 2 次元特徴空間上に 6 個の学習パターン $\boldsymbol{x}_1, \boldsymbol{x}_2, \ldots, \boldsymbol{x}_6$ が，以下のように与えられているとする（**演習問題 2.2** と同じデータ）．

$$\begin{aligned}&\boldsymbol{x}_1 = (11, 8)^t, \quad \boldsymbol{x}_2 = (10, 10)^t, \quad \boldsymbol{x}_3 = (6, 3)^t,\\ &\boldsymbol{x}_4 = (6, 5)^t, \quad \boldsymbol{x}_5 = (2, 8)^t, \quad \boldsymbol{x}_6 = (1, 2)^t\end{aligned}$$

いま，ベクトル $\mathbf{u}$ を用いて

$$y = \mathbf{u}^t \boldsymbol{x} \qquad (\boldsymbol{x} = \boldsymbol{x}_1, \ldots, \boldsymbol{x}_6)$$

なる変換を施し，学習パターンを 2 次元特徴空間から，1 次元特徴空間に変換する．

(1) 元の空間での分布状況をなるべく保存するような $\mathbf{u}$ を，KL 展開によって求めよ．ただし，$\mathbf{u}$ は $\|\mathbf{u}\| = 1$ に正規化されているものとする．

(2) 上で求めた $\mathbf{u}$ によって定まる射影軸（主軸）をグラフ上にプロットせよ．ただし，射影軸は全パターンの平均 $\mathbf{m}$ を通るものとする．

**6.3** 2 次元特徴空間上に，**演習問題 6.2** に示した 6 個の学習パターンが与えられているとする．このうち，$\boldsymbol{x}_1$, $\boldsymbol{x}_2$, $\boldsymbol{x}_3$ はクラス $\omega_1$ に，$\boldsymbol{x}_4$, $\boldsymbol{x}_5$, $\boldsymbol{x}_6$ はクラス $\omega_2$ にそれぞれ属しているものとする．いま，ベクトル $\boldsymbol{w}$ を用いて

$$y = \boldsymbol{w}^t \boldsymbol{x} \qquad (\boldsymbol{x} = \boldsymbol{x}_1, \ldots, \boldsymbol{x}_6)$$

なる変換を施し，上記 2 クラスの学習パターンを，$y$ の値によってできるだけ効率良く分離することを考える．

(1) ベクトル $\boldsymbol{w}$ を，フィッシャーの方法によって求めよ．ただし，$\boldsymbol{w}$ は $\|\boldsymbol{w}\| = 1$ に正規化されているものとする．求めた射影軸 $y$ をグラフ上にプロットするとともに，パターン $\boldsymbol{x}_1, \boldsymbol{x}_2, \ldots, \boldsymbol{x}_6$ を $y$ 軸上に射影せよ．ただし，射影軸 $y$ は原点を通るものとする．

(2) 上記の射影軸 $y$ を，**演習問題 6.2** で求めた KL 展開の主軸と比較せよ．

(3) 射影軸 $y$ 上に式 (6.110) で示したしきい値 $-w_0$ を設定し，両クラスを識別するための決定境界を求めて，グラフ上にプロットせよ．

(4) 射影軸 $y$ を $\mathbf{m}_1 - \mathbf{m}_2$ の方向に定め，2 クラスの学習パターンを $y$ 軸上に射影して (1) の結果と比較せよ．

**6.4** クラス $\omega_1$，クラス $\omega_2$ のパターンが $d$ 次元空間上に分布している．これらのパターンに対してフィッシャーの方法を適用し，得られた軸をベクトル $\boldsymbol{w}$ で表す．ここで，式 (6.3) で示した正規化のための変換行列 $\mathbf{A}$ を用いて，全パターンを新しい空間上に写像する．

(1) この変換後の空間でフィッシャーの方法を適用し，得られた軸をベクトル $\boldsymbol{v}$ で表すと，$\boldsymbol{v} \propto \mathbf{A}^{-1}\boldsymbol{w}$ の関係が成り立つことを示せ．

(2) 式 (6.98) で示したフィッシャーの評価基準値は，$\boldsymbol{w}$ と $\boldsymbol{v}$ に対して同値となり，フィッシャーの方法を適用する際には，式 (6.3) の $\mathbf{A}$ による正規化処理は不要であることを示せ．

**6.5** 式 (6.177)〜(6.180) を証明せよ．

**6.6** 以下の (1)〜(4) に答えよ[*37]．

(1) 式 (6.82) と式 (6.83) が等しいことを証明せよ．

(2) 式 (6.140)〜(6.142)，および式 (6.144) が成り立つことを証明せよ．

(3) 式 (6.154)〜(6.156) が成り立つことを証明せよ．

(4) 式 (6.181) が成り立つことを証明せよ．

**6.7** 大きさ $d \times d$ の実対称行列 $\mathbf{S}$ は，$d$ 次正方行列 $\mathbf{A}$ を用いて下式のように表せることを示せ．ただし，$\mathbf{I}$ は $d$ 次単位行列である．

$$\mathbf{A}^t\mathbf{S}\mathbf{A} = \mathbf{I}$$

同様に，$\mathbf{S}$ は $d$ 次正方行列 $\mathbf{B}$ を用いて下式のように表せることを示せ．

$$\mathbf{S} = \mathbf{B}^t\mathbf{B}$$

**6.8** 2 次元特徴空間上に 10 個の学習パターン $\boldsymbol{x}_1, \boldsymbol{x}_2, \ldots, \boldsymbol{x}_{10}$ が以下のように与えられており，$\boldsymbol{x}_1 \sim \boldsymbol{x}_5$ はクラス $\omega_1$ に，$\boldsymbol{x}_6 \sim \boldsymbol{x}_{10}$ はクラス $\omega_2$ にそれぞれ属しているものとする．したがって，$n_1 = n_2 = 5$，$n = n_1 + n_2 = 10$ である．以下では，$P(\omega_i) = n_i/n$　$(i = 1, 2)$ を仮定する．

---

[*37] これらの問いは相互に関連するので，設問としてここにまとめた．

$$\boldsymbol{x}_1=(1,0)^t,\quad \boldsymbol{x}_2=(3,2)^t,\quad \boldsymbol{x}_3=(2,-1)^t,\quad \boldsymbol{x}_4=(-1,-2)^t,$$
$$\boldsymbol{x}_5=(0,1)^t,\quad \boldsymbol{x}_6=(-1,0)^t,\quad \boldsymbol{x}_7=(1,2)^t,\quad \boldsymbol{x}_8=(0,-1)^t,$$
$$\boldsymbol{x}_9=(-3,-2)^t,\quad \boldsymbol{x}_{10}=(-2,1)^t$$

(1) 上記のパターンを 2 次元特徴空間上にプロットするとともに，定義に従って，変動行列 $\mathbf{S}_1$, $\mathbf{S}_2$, $\mathbf{S}_B$, $\mathbf{S}_W$, $\mathbf{S}_T$ および共分散行列 $\boldsymbol{\Sigma}_1$, $\boldsymbol{\Sigma}_2$, $\boldsymbol{\Sigma}_B$, $\boldsymbol{\Sigma}_W$, $\boldsymbol{\Sigma}_T$ をそれぞれ求めよ．

(2) 上記のパターンに KL 展開を適用して主軸を求め，2 次元特徴空間上にプロットせよ．

(3) 線形判別法を適用し，上記の 2 クラスを識別するために最適な判別軸を求め，2 次元特徴空間上にプロットせよ．

(4) 各クラスの平均と全平均とのマハラノビス汎距離の 2 乗値を平均し，式 (6.142) が成り立つことを確かめよ．また，クラス $\omega_1$, $\omega_2$ の平均間マハラノビス汎距離を求めよ．

(5) 線形判別法によって定まる変換行列 $\mathbf{A}$ を，式 (6.185) のように $\mathbf{A}=\mathbf{A}_1\mathbf{A}_2$ と分解し，$\mathbf{A}_1$ および $\mathbf{A}_2$ を求めよ．また，変換行列 $\mathbf{A}_1$ によって定まる正規化空間上に，元のパターンをプロットせよ．さらに，式 (6.192) が成り立つことを確認せよ．

(6) 線形判別法によって求められる決定境界を示せ．

# 第7章
# 部分空間法

## 7.1 部分空間法の基本

前章では，特徴空間を線形変換することにより特徴選択を行う方法について述べた．この後段に識別機を設けることにより，認識系が構成される．一方，本章で述べる**部分空間法**（subspace method）は，特徴選択と識別を分離することなく，特徴空間の線形変換そのものを利用して識別するという興味深い手法である．

この手法の歴史は，1960年代に渡辺（Satoshi Watanabe）らが多数の特徴ベクトルを多次元の特徴空間の中にプロットしてみたところ，多くの場合，特徴ベクトルは特徴空間の中の非常に次元の小さい部分空間の中に偏って分布していることに着目したことに始まる[*1]．この特徴ベクトルが偏って分布する性質を利用すれば，識別を行う際に，実際にデータが分布している部分空間だけに着目すればよいことになる．

渡辺は，まず，全クラスの特徴ベクトルを利用して部分空間を作り，この部分空間だけに着目して識別を行う手法を提案し，これをSELFIC法と呼んだ．この部分空間を利用することにより，データ量を削減できることになる．この手法はKL展開とは独立に提案されたものであるが，実は，前章で述べたKL展開と関係が深い．

それでは，全クラスの分布ではなく一つのクラスの分布だけに着目してみると，どのようになるのであろうか．この場合，一般に，さらに低次元の空間で分布を表現することができる．部分空間法は，クラスごとにそのクラスを表現する低次元の部分空間を用意し，未知パターンがどの部分空間で最も良く近似表現で

[*1] 文献[渡辺78]に部分空間法の開発経緯が詳しく述べられている．

きるかを比較することにより，未知パターンを識別する手法である．ここで，部分空間は，学習パターンから，KL展開などによりクラスごとに独立に求める．部分空間法は**部分空間類別法**と呼ばれることもあるが，ここでは単に部分空間法と呼ぶことにする．

代表的な部分空間法では，着目したクラスの学習パターンだけでそのクラスの部分空間を作成する．そのため，そのクラスを表現するのには最適であっても，他のクラスの分布を考慮していないため，必ずしもクラス間を判別するのには最適な空間ではない．そこで，この手法を発展させたものとして，他のクラスの分布を考慮しながらそのクラスの部分空間を作成する手法も提案されている．本章の後半では，その手法についても説明する．

## 7.2 CLAFIC法

部分空間法には，さまざまに改良された手法が提案されている [Oja83]．しかし，その基本となる手法は渡辺が1969年に提案した**CLAFIC法**（CLAss-Featuring Information Compression）である．CLAFIC法では，まず，クラスごとに自己相関行列の固有値と固有ベクトルを求める．次に，その中から大きな固有値に対応する固有ベクトルのみを選び出す．最後に，これらの固有ベクトルにより部分空間を作成し，この部分空間を用いて未知パターンを識別する．特徴ベクトルがクラスごとに異なる低次元部分空間で近似できるとすれば，この手法により入力パターンが識別できるわけである．

ここで，$c$個のクラス$\omega_1, \omega_2, \ldots, \omega_c$のそれぞれの部分空間を$\mathbf{L}_1, \mathbf{L}_2, \ldots, \mathbf{L}_c$，その次元を$d_1, d_2, \ldots, d_c$とする．各クラス$\omega_i$について，部分空間$\mathbf{L}_i$を張る$d_i$個の$d$次元正規直交ベクトルを$\mathbf{u}_{i1}, \ldots, \mathbf{u}_{id_i}$とする．$\mathbf{u}_{ik}$の正規直交性により，

$$\mathbf{u}_{ik}^t \mathbf{u}_{il} = \delta_{kl} \tag{7.1}$$

となるような部分空間を構成することになる．$\delta_{kl}$はクロネッカーのデルタ

$$\delta_{kl} = \begin{cases} 1 & (k = l) \\ 0 & (k \neq l) \end{cases} \tag{7.2}$$

を表す．

ここでクラス $\omega_i$ に着目し，$d$ 次元特徴空間から $d_i$ 次元部分空間への変換を表す行列を $\mathbf{A}_i$ とすると，

$$\mathbf{A}_i = (\mathbf{u}_{i1}, \ldots, \mathbf{u}_{id_i}) \tag{7.3}$$

と書ける．式 (7.1) より

$$\mathbf{A}_i^t \mathbf{A}_i = \mathbf{I} \tag{7.4}$$

が成り立つ．$\mathbf{I}$ は単位行列である．部分空間に射影された $d_i$ 次元特徴ベクトル $\mathbf{A}_i^t \boldsymbol{x}$ を元の $d$ 次元空間で見ると，$\mathbf{A}_i \mathbf{A}_i^t \boldsymbol{x}$ となる．すなわち，元の空間から部分空間 $\mathbf{L}_i$ への変換は，直交射影行列

$$\mathbf{P}_i = \mathbf{A}_i \mathbf{A}_i^t = \sum_{j=1}^{d_i} \mathbf{u}_{ij} \mathbf{u}_{ij}^t \tag{7.5}$$

によって表すことができる（式 (6.68) を参照）．**図 7.1** は 3 次元空間から 2 次元部分空間 $\mathbf{L}_i$ への射影を示している．

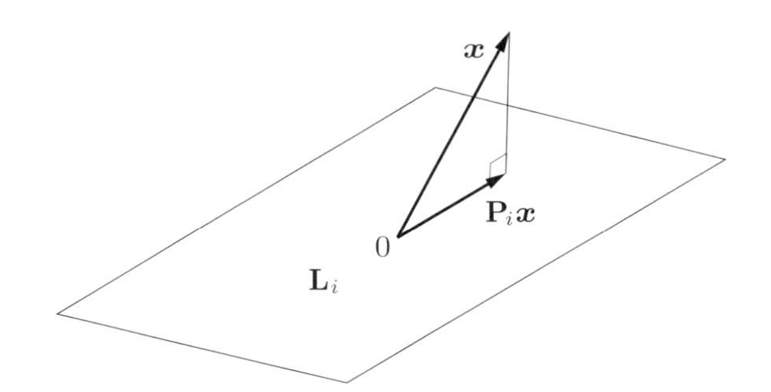


図 7.1　ベクトル $\boldsymbol{x}$ の部分空間 $\mathbf{L}_i$ への射影

さらに，式 (7.4) および式 (7.5) より

$$\mathbf{P}_i \mathbf{P}_i = \mathbf{P}_i \tag{7.6}$$

$$\mathbf{P}_i^t = \mathbf{P}_i \tag{7.7}$$

が成り立つ．そして，$\boldsymbol{x}$ の部分空間 $\mathbf{L}_i$ への正射影は $\mathbf{P}_i \boldsymbol{x}$ であり，その長さの 2 乗 $\|\mathbf{P}_i \boldsymbol{x}\|^2$ は，

$$\|\mathbf{P}_i \boldsymbol{x}\|^2 = \boldsymbol{x}^t \mathbf{P}_i \mathbf{P}_i \boldsymbol{x} \tag{7.8}$$
$$= \boldsymbol{x}^t \mathbf{P}_i \boldsymbol{x} \tag{7.9}$$

となる．この長さは未知ベクトル $\boldsymbol{x}$ とクラス $\omega_i$ との類似度と見なすことができる．すなわち，類似度を $S_i(\boldsymbol{x})$ とすると，

$$S_i(\boldsymbol{x}) = \boldsymbol{x}^t \mathbf{P}_i \boldsymbol{x} \tag{7.10}$$

と表現できる．

この類似度を用いると，識別規則は次式のように表される．

$$\max_{i=1,\ldots,c} \{S_i(\boldsymbol{x})\} = S_k(\boldsymbol{x}) \quad \Longrightarrow \quad \boldsymbol{x} \in \omega_k \tag{7.11}$$

これにより，特徴ベクトルは最大の射影成分を持つ部分空間のクラスに識別されることになる．式 (7.11) を式 (2.3) と比較することにより，$S_i(\boldsymbol{x})$ が識別関数として使えることがわかる．

射影行列は手法を説明する上では便利であるが，実際の部分空間法の計算は，射影行列を使うより正規直交ベクトル $\mathbf{u}_{ij}$ を利用するほうが効率的に行える．式 (7.8) は

$$\|\mathbf{P}_i \boldsymbol{x}\|^2 = \boldsymbol{x}^t \mathbf{P}_i \boldsymbol{x} \tag{7.12}$$
$$= \boldsymbol{x}^t \left( \sum_{j=1}^{d_i} \mathbf{u}_{ij} \mathbf{u}_{ij}^t \right) \boldsymbol{x} \tag{7.13}$$
$$= \sum_{j=1}^{d_i} (\boldsymbol{x}^t \mathbf{u}_{ij})^2 \tag{7.14}$$

のように書き換えられる．すなわち，類似度として $\sum_{j=1}^{d_i} (\boldsymbol{x}^t \mathbf{u}_{ij})^2$ を計算すればよく，この値が最大となるクラスに識別することになる．

正規直交ベクトル $\mathbf{u}_{ij}$（$j = 1, \ldots, d_i$）は次のように求められる．まず，クラス $\omega_i$ に属するパターン $\boldsymbol{x}$（パターン数 $n_i$）のクラス自己相関行列

$$\mathbf{R}_i = \frac{1}{n_i} \sum_{\boldsymbol{x} \in \mathcal{X}_i} \boldsymbol{x} \boldsymbol{x}^t \tag{7.15}$$

を計算する．このクラス自己相関行列の，固有値を大きい順に並べたときの $j$ 番目の固有値を $\lambda_{ij}$（$j = 1, \ldots, d$）とし，$\lambda_{ij}$ に対応する固有ベクトルを $\mathbf{u}_{ij}$ とす

る（**演習問題 7.4**）．この定式化は，6.3 節で述べた KL 展開と関係が深い．具体的には，着目したクラスに属するパターンに対し，原点移動をしないで，平均二乗誤差最小基準によって求められる部分空間である．すなわち，クラス $\omega_i$ に属するパターン $\boldsymbol{x}$ を $d_i$ 次元の部分空間に射影したときに，元のパターンの分布との平均二乗誤差を最小にする空間は，上で求めた $\mathbf{u}_{i1}$ から $\mathbf{u}_{id_i}$ までの正規直交ベクトルによって構成される部分空間である．パターン $\boldsymbol{x}$ の次元数を $d_i$ とすると，式 (7.15) の自己相関行列の大きさは $d_i \times d_i$ となり，$d_i$ が大きい場合には演算に要する計算量も増大する．パターン数 $n_i$ が $d_i$ に比べて小さい場合には，この問題を回避し，計算を効率化できる．詳細は**演習問題 7.1** を参照されたい．

部分空間法において，クラスごとの次元をどのように設定するかは，重要な問題である．実際のデータを用いて $\mathbf{R}_i$ の固有値を計算してみると，固有値 $\lambda_{ij}$ ($\lambda_{i1} \geq \cdots \lambda_{ij} \geq \cdots \geq \lambda_{id} \geq 0$) は，$j$ が大きくなるに従って徐々にゼロに近づくので，部分空間の次元を適当な値で打ち切ってもよい．しかし，次元数をあまり小さくすると，各クラスを表現できる近似精度は低下する．一方，次元数をあまり大きくすると，クラス間で部分空間同士の重なりが増加し，識別力が低下する．最適な次元数を見出すには，実験に頼るしかない．その場合，ある固定した次元 $d_0$ で打ち切る場合や，クラス $\omega_i$ ごとに異なる次元数 $d_i$ で打ち切る場合などが考えられる．$d_i$ を決定する一つの方法に累積寄与率

$$a(d_i) = \frac{\sum_{j=1}^{d_i} \lambda_{ij}}{\sum_{j=1}^{d} \lambda_{ij}} \tag{7.16}$$

を用いる方法がある．すなわち，すべてのクラスに対して共通なパラメータ $\kappa$ を選んで

$$a(d_i) \leq \kappa \leq a(d_i + 1) \tag{7.17}$$

となる次元数 $d_i$ を，クラスごとに選択する手法 [Oja83] である．

一方，応用によっては，未知ベクトルがどのクラスにも属さないと判定しなくてはならない場合もある．この判定をリジェクト*2 と呼ぶが，識別規則の式 (7.11) ではリジェクトという判定がない．リジェクトを導入するには，次のよう

*2 6 ページの脚注 *2 で述べた 2 種のリジェクトのうちの前者を指す．

な方法が考えられる．すなわち，ノルムで正規化したベクトル $\boldsymbol{x}$ をすべての部分空間へ射影し，その長さの最大値

$$\max_i \left\{ \frac{\boldsymbol{x}^t \mathbf{P}_i \boldsymbol{x}}{\boldsymbol{x}^t \boldsymbol{x}} \right\} \tag{7.18}$$

があるしきい値よりも小さいときにリジェクトと判定する方法である．

別のリジェクト法として，渡辺は次の方法を用いた．例えば2クラス問題の場合では，もし

$$\frac{\boldsymbol{x}^t \mathbf{P}_1 \boldsymbol{x}}{\boldsymbol{x}^t \mathbf{P}_2 \boldsymbol{x}} > \tau \tag{7.19}$$

ならば $\boldsymbol{x}$ は $\omega_1$ に属すると判定し，

$$\frac{\boldsymbol{x}^t \mathbf{P}_1 \boldsymbol{x}}{\boldsymbol{x}^t \mathbf{P}_2 \boldsymbol{x}} < \frac{1}{\tau} \tag{7.20}$$

ならば $\boldsymbol{x}$ は $\omega_2$ に属すると判定し，それ以外ならばリジェクトする，という方法である．この $\tau$ のことを渡辺は**忠実度**（fidelity value）と呼んでいる．

## 7.3 部分空間法と類似度法

### 〔1〕 複合類似度法

文字認識 [橋本 82] の一手法として飯島らにより提案された手法に，**複合類似度法**（multiple similarity method）がある [飯島 89]．この手法は，現在では部分空間法の一つの変形として位置付けられているが，飯島らにより部分空間法とは独立に開発されたものである．

複合類似度の定義は，次式で与えられる．

$$S_i(\boldsymbol{x}) = \sum_{j=1}^{d} \frac{\lambda_{ij} (\boldsymbol{x}^t \mathbf{u}_{ij})^2}{\lambda_{i1} \boldsymbol{x}^t \boldsymbol{x}} \tag{7.21}$$

ここで，各記号の意味は，前節の部分空間法で用いられたものと同じである．また，この式の分母の $\boldsymbol{x}^t \boldsymbol{x}$ はクラスに依存しないので省くことができるが，値を正規化するために導入されている．部分空間法と複合類似度の違いは，両者の

式を比較すればわかるように，複合類似度では各固有ベクトルに $\lambda_{ij}/\lambda_{i1}$ の係数が掛けられていることである．すなわち，固有値により重みが付けられていることになる（**演習問題 7.2**，**演習問題 7.3**）．

複合類似度法では，この類似度を最大とするクラス $\omega_i$ を識別結果とする．複合類似度では基本的には $j$ を $d$ まで変化させるが，一般的に自己相関行列の固有値 $\lambda_{ij}$ は $j$ が大きくなるに従って急激に小さな値になるため，$d$ の代わりに適当な値 $d_i$ $(< d)$ で打ち切った式

$$S_i(\boldsymbol{x}) \simeq \sum_{j=1}^{d_i} \frac{\lambda_{ij}(\boldsymbol{x}^t \mathbf{u}_{ij})^2}{\lambda_{i1}\boldsymbol{x}^t\boldsymbol{x}} \tag{7.22}$$

で類似度を計算しても，その値はほとんど変わらない．そのため，実用上は累積寄与率

$$a = \frac{\sum_{j=1}^{d_i} \lambda_{ij}}{\sum_{j=1}^{d} \lambda_{ij}} \tag{7.23}$$

が十分大きくなる次元数 $d_i$ で計算を打ち切っても十分である．実際，累積寄与率が十分大きくなる $d_i$ を利用すれば，結果は次元数 $d$ まで計算した場合とほとんど変わらない．これは，$d_i$ の値の選び方が CLAFIC 法ほど識別結果に影響を与えないことを意味している．また，適当な次元 $d_i$ で打ち切ることにより，計算効率は向上する．複合類似度は音声認識などにも応用されている．

ここで，実際の固有ベクトルのパターンを見てみよう．**図 7.2** に，フォントの違いや雑音によりさまざまに変形した，$32 \times 32$ 画素で表現されたパターンの例を示す．ただし，この例はパターンをスキャナで取り込み，二値化して表示したものである．この文字パターンを，各画素を要素とする 1024 次元の特徴ベクトルで表現する．**図 7.3** に，“本” の活字文字 40 パターンに対して自己相関行列の固有値と固有ベクトルを計算し，固有値の大きいほうから 4 個を取り出し，それに対応した固有ベクトルを濃淡表示した結果を示す．定性的には，第 1 固有ベクトル $\boldsymbol{u}_1$ にはさまざまな文字の平均パターンに近い構造が，第 2 固有ベクトル $\boldsymbol{u}_2$ 以降には文字の輪郭部分における位置ずれやかすれなどの変動成分が現れていることがわかる．

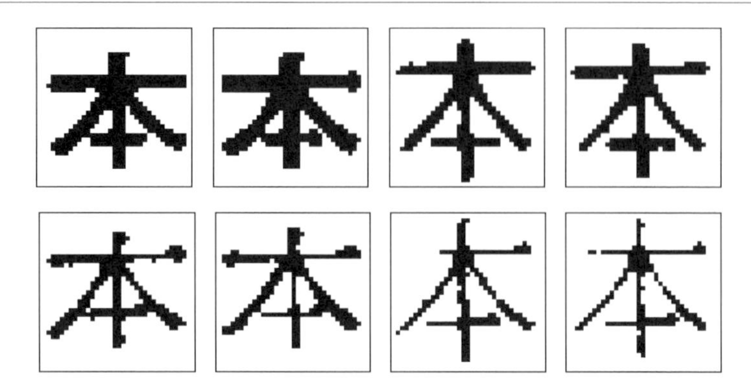

図 7.2　スキャナ入力されたさまざまなフォントの活字文字“本”の例

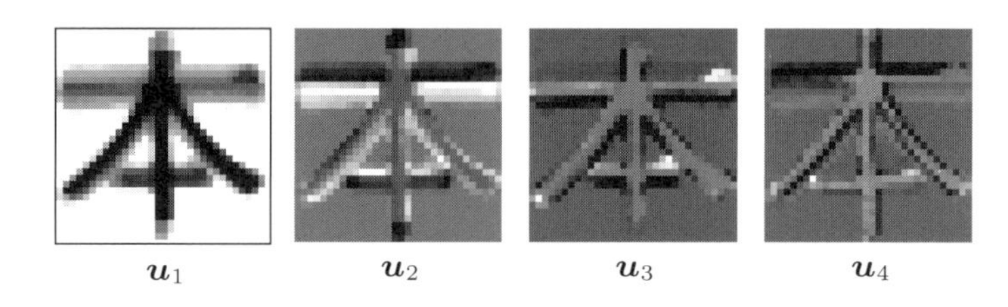


図 7.3　“本”の活字文字 40 パターンから作成した固有ベクトル

### 〔2〕 混合類似度法

複合類似度法や CLAFIC 法では，あるクラスのパターンのみからそのクラスの部分空間を作成する．そのため，そのクラスを精度良く表現するためには最適な部分空間になっているが，クラス間の判別のために最適な部分空間になっているとは限らない．すなわち，6.5 節でも述べたように，元のデータを表現するのに良い空間と，複数のクラスのデータを分離するのに適した空間とは異なる．飯島らによって提案された**混合類似度法** (compound similarity method) [飯島 89] は，複合類似度法にクラス間の分離機能を導入したものである．

例えば，形状が類似したクラス“木”と“本”を考えてみよう．両者の全体的な形状は極めて類似している．そのため，画像全体を均等に観測するような複合類似度法では，“木”の“木”に対する類似度は“木”の“本”に対する類似度に近い値をとることになる．これは，複合類似度法では両者の間で誤識別が生ずる可能性が高いことを意味している．ここで，“木”と“本”の違いは横棒の有無である．すなわち，この画像中で，この横棒のある箇所に着目したような類似度を定義すれば，両者の間の分離が改善されることが予想される．そこで，飯島らは複合類似度を拡張して，次のような混合類似度を提案した．混合類似度は

$$S_i(\boldsymbol{x}) = \sum_{j=1}^{d} \frac{\dfrac{\lambda_{ij}}{\lambda_{i1}}(\boldsymbol{x}^t \mathbf{u}_{ij})^2 - \mu(\boldsymbol{x}^t \mathbf{v}_i)^2}{\boldsymbol{x}^t \boldsymbol{x}} \tag{7.24}$$

によって表される．ここで，$\mathbf{v}_i$ は類似クラス $\omega_k$ の平均パターン $\mathbf{m}_k$ とクラス $\omega_i$ の学習パターン集合との差分を表していて，

$$\mathbf{v}_i = \frac{\mathbf{m}_k - \sum_{j=1}^{d} \mathbf{m}_k^t \mathbf{u}_{ij} \mathbf{u}_{ij}}{\sqrt{\mathbf{m}_k^t \mathbf{m}_k - \sum_{j=1}^{d} (\mathbf{m}_k^t \mathbf{u}_{ij})^2}} \tag{7.25}$$

によって定義される．

また，$\mu$ はパラメータである．混合類似度の式は，複合類似度と同様に，ある適当な次元 $d_i$ で加算を打ち切ることにより，計算効率を高めることができる．$\mathbf{v}_i$ は，類似したクラスの平均パターン $\mathbf{m}_k$ をクラス $\omega_i$ の部分空間に射影したベクトルと，元のベクトルとの差分ベクトルであり，大きさは 1 に正規化されている．図 7.4 に $\mathbf{v}_i$ を示す．ここで，$\mathbf{L}_i$ はクラス $\omega_i$ の学習パターン集合が作る部分空間を，$\mathbf{L}_i^{\perp}$ はその直交補空間を表している．

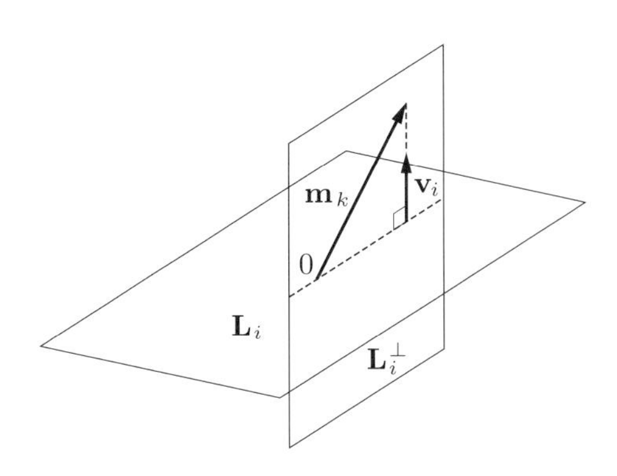


図 7.4　混合類似度中のベクトル $\mathbf{v}_i$ の意味

混合類似度は，形状が類似したクラス間の差領域を強調するものであると考えられる．図 7.5 に“本”の“木”に対する $\mathbf{v}_i$ の例を示す．この例では，その差分部分の箇所が強調されていることがわかる．すなわち，混合類似度は，形状が類似したクラスの多い漢字などの認識対象に対して有効であると考えられる．

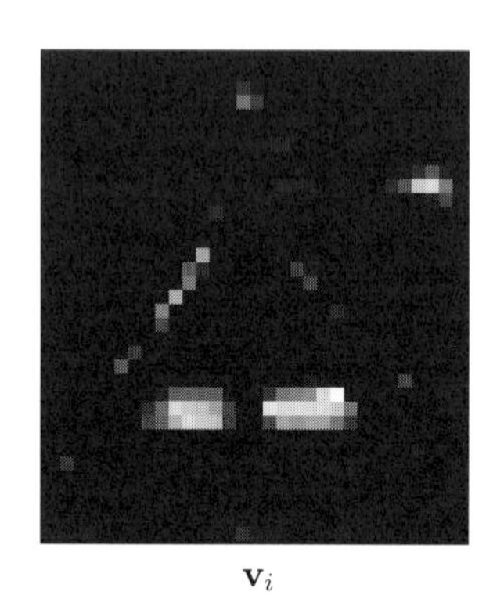

$\mathbf{v}_i$

図 7.5 “本”の“木”に対する混合類似度の $\mathbf{v}_i$ の例

## 7.4 直交部分空間法

部分空間法を改良したものとして，上記で述べた手法以外にもいくつかの手法が提案されている．ここでは**直交部分空間法**（orthogonal subspace method）の概略を述べる．これは混合類似度法と同様に，カテゴリー間の関係を考慮している手法 [Oja83] である．

部分空間法において，すべてのクラスの部分空間が互いに直交している場合を直交部分空間法と呼ぶ．これは，あるクラスの部分空間に属する特徴ベクトルは他のクラスの部分空間と直交すること，すなわち，最も低い類似度を与えることを意味する．ここで，二つの部分空間 $\mathbf{L}_i$ と $\mathbf{L}_j$ の $d$ 次元正規直交ベクトルをそれぞれ $\mathbf{u}_{i1},\ldots,\mathbf{u}_{id_i}$ と $\mathbf{u}_{j1},\ldots,\mathbf{u}_{jd_j}$ とすれば，

$$\mathbf{u}_{ik}^t\mathbf{u}_{jl} = \delta_{kl}\delta_{ij} \qquad (\forall k,l,\ \forall i,j) \tag{7.26}$$

となるような部分空間を構成することになる．ここで，$\delta_{kl}$ は式 (7.2) と同じクロネッカーのデルタを表す．

すなわち，直交部分空間法では，各クラスの部分空間を作成する際に，各基底が正規直交ベクトルの集合であるという条件のほかに，クラス間の各基底が直交するという条件式 (7.26) を課すことになる．しかしながら，この条件はかなり厳しいため，複数のクラスが存在する場合に一般的にこの基底を作り出すことは不可能である．しかし，二つのクラスの場合には可能である．

まず，$c$ クラスの場合を考えてみる．各クラスの自己相関行列を $\mathbf{R}_1,\ldots,\mathbf{R}_c$ とし，また，それぞれの事前確率を $P(\omega_1),\ldots,P(\omega_c)$ とする．このとき，行列

$$\mathbf{R}_0 = P(\omega_1)\mathbf{R}_1 + \cdots + P(\omega_c)\mathbf{R}_c \tag{7.27}$$

は全分布の自己相関行列となる．行列 $\mathbf{R}_0$ は実対称行列であるから，$n$ 次正方行列 $\mathbf{A}$ を用いて

$$\mathbf{A}\mathbf{R}_0\mathbf{A}^t = \mathbf{I} \tag{7.28}$$

と表すことができる（**演習問題 6.7** を参照）．すなわち，

$$P(\omega_1)\mathbf{A}\mathbf{R}_1\mathbf{A}^t + \cdots + P(\omega_c)\mathbf{A}\mathbf{R}_c\mathbf{A}^t = \mathbf{I} \tag{7.29}$$

となる．

ここで，例えば 2 クラスの場合に限れば，$P(\omega_1)\mathbf{A}\mathbf{R}_1\mathbf{A}^t$ と $P(\omega_2)\mathbf{A}\mathbf{R}_2\mathbf{A}^t$ は同じ固有ベクトルを持つ．また，$\mathbf{A}\mathbf{R}_1\mathbf{A}^t$ と $\mathbf{A}\mathbf{R}_2\mathbf{A}^t$ の固有値 $\lambda_1$ と $\lambda_2$ には

$$\lambda_1 + \lambda_2 = 1 \tag{7.30}$$

の関係がある．すなわち，これは，$\mathbf{A}\mathbf{R}_1\mathbf{A}^t$ の最大固有値に対する固有ベクトルは，一方のクラスにとっては最も重要な基底ベクトルになるが，もう一方のクラスにとっては最も重要度の低い基底ベクトルとなることを意味する．

上記の方法で作成した基底を用いることにより，各クラスの部分空間を構成する．識別段階では，CLAFIC 法と同様に，入力パターンと各クラスの部分空間との類似度を計算し，その値が最大となるクラスを識別結果とする．

## 7.5 学習部分空間法

これまでに述べた部分空間法は，自己相関行列から固有ベクトルを計算する手法であった．すなわち，個々のパターンを見るのではなく，パターン全体の平均二乗誤差を最小とする部分空間を決定している．しかし，この部分空間がクラス間を分離するのに最適であるとは限らない．誤識別は通常クラス間の境界付近で発生するため，パターン全体の平均二乗誤差を最小にしても，この判別の境界が最適になっているわけではない．そこで，コホーネン（Teuvo Kohonen）らは，学習パターンに対する誤り確率を最小にするように，部分空間を逐次的に求める手法を提案し，これを**学習部分空間法**（learning subspace method）[Oja83] と呼んだ．

ここでクラス $\omega_i$ の学習パターン $\boldsymbol{x}$ が，$\omega_i$ とは異なるクラス $\omega_j$ に誤って識別された場合を考えよう．このとき，この誤識別を避けるために，クラス $\omega_j$ の部分空間を $\mathbf{Z}$ とすると，$\mathbf{Z}$ を少し回転させ

$$\mathbf{Z}' = (\mathbf{I} + \gamma \boldsymbol{x}\boldsymbol{x}^t)\mathbf{Z} \tag{7.31}$$

とする．ここで，$\gamma$ はパラメータであり，$\boldsymbol{x}$ の誤識別の影響をどの程度部分空間の回転に反映させるかを表している．例えば

$$\gamma = -(\boldsymbol{x}^t\boldsymbol{x})^{-1} \tag{7.32}$$

のときには

$$\mathbf{I} + \gamma \boldsymbol{x}\boldsymbol{x}^t = \mathbf{I} - \frac{\boldsymbol{x}\boldsymbol{x}^t}{\boldsymbol{x}^t\boldsymbol{x}} \tag{7.33}$$

となり，

$$\left(\mathbf{I} - \frac{\boldsymbol{x}\boldsymbol{x}^t}{\boldsymbol{x}^t\boldsymbol{x}}\right)\boldsymbol{x} = 0 \tag{7.34}$$

となるため，$\boldsymbol{x}$ と回転後の部分空間とは直交することになる．しかし，ただ1個の学習パターンに対してあまりにも大きい修正を施すことになるので，実際にはこれよりも修正量が小さくなるように $\gamma$ の値を決定する．

次に，回転後の部分空間 $\mathbf{Z}'$ の正規直交化を行う．ここでは，例えばグラムシュミットの直交化法などが実際には利用できる．この処理を学習パターンがな

くなるまで反復的に繰り返すことにより，学習部分空間の作成は終了する．この反復計算には非線形の処理が入っているため計算量が多いが，効率の良い計算方法も提案されている．識別段階では，CLAFIC 法と同様に，入力パターンと部分空間との間の類似度を計算し，類似度の値が最も大きいクラスを識別結果として出力する．この手法は音素の識別などに応用され，その効果は実証されている．

本章では部分空間法について説明した．部分空間法は基本的にクラスごとに部分空間を作成し，未知パターンがどの部分空間で精度良く近似できるかにより識別を行う手法である．式 (7.14) からもわかるように，部分空間法は**テンプレートマッチング**（template matching）のテンプレートを部分空間に拡張した手法と考えられ，テンプレートマッチングに適した多くの応用に対して適用可能である．部分空間法には，上記で説明した手法を含めて，さまざまに改良された手法が提案されている．しかし，一般的にそれらの間で優劣をつけることは難しい．単純な CLAFIC 法が，他の改良された複雑な手法より高い認識精度をもたらす場合も珍しくない．すなわち，実際のパターンでは，認識対象によってクラス内の分布やクラス間の分布が複雑に異なるため，どの手法が高い認識精度を持つかは一概には言えない．

また，この部分空間法の一つの発展形として，パターンの変形を部分空間の中での多様体で表現するパラメトリック固有空間法 [MN95] が提案されている．この手法は，未知パターンを部分空間へ単純に射影して識別するだけでなく，パターンの変形をより精度良く表現できると同時に，変形の程度も評価することができる．パラメトリック固有空間法は，物体認識や動画像認識などに応用されている．さらに，部分空間法にカーネル法を組み合わせたカーネル非線形部分空間法 [前田 99] も提案されている．

## 演習問題

7.1　ここに $d \times n$ の行列 $\mathbf{X}$ がある．ただし，$d \geq n$ とする．行列 $\mathbf{X}^t\mathbf{X}$ の固有値と固有ベクトルをそれぞれ $\lambda_i$, $\mathbf{e}_i$（$i = 1, 2, \ldots, n$）とすると，行列 $\mathbf{X}\mathbf{X}^t$ のゼロでない固有値と，それに対応する固有ベクトルは，それぞれ $\lambda_i$, $\mathbf{X}\mathbf{e}_i \big/ \sqrt{\lambda_i}$ となることを示せ．

7.2　複合類似度法や CLAFIC 法において，クラス $\omega$ の部分空間を計算するの

に用いた $n$ 個の $d$ 次元パターンを $\mathbf{y}_k$ $(k = 1, \ldots, n)$ とする．この部分空間を張る $d'$ 個 (ただし $d' < d$) の $d$ 次元正規直交ベクトルを $\mathbf{u}_j$ $(j = 1, \ldots, d')$ としたときに，$\mathbf{y}_k$ と $\mathbf{u}_j$ の関係を示せ（7.2 節参照）．

**7.3**　複合類似度は 7.3 節〔1〕で説明したように，入力ベクトル $\boldsymbol{x}$ と，固有値 $\lambda_i$ の重みを付けた正規直交ベクトル $\mathbf{u}_j$ との類似度であり，単純化して

$$S(\boldsymbol{x}) = \sum_{j=1}^{d} \lambda_j (\boldsymbol{x}^t \mathbf{u}_j)^2$$

と書ける．この類似度 $S(\boldsymbol{x})$ は $\boldsymbol{x}$ と $\mathbf{y}_k$ $(k = 1, \ldots, n)$ を使ってどのような類似度と等価であるのかを，**演習問題 7.2** の結果を用いて説明せよ．

**7.4**　クラス $\omega$ に属する $n$ 個の $d$ 次元パターンを $\mathbf{y}_k$ $(k = 1, \ldots, n)$ とする．複合類似度法や CLAFIC 法で，クラス $\omega$ の部分空間を張るベクトル $\mathbf{u}_j$ $(j = 1, \ldots, d')$ は，$\mathbf{y}_k$ の自己相関行列の固有値問題を解くことによって得られる（7.2 節参照）．一方，これらの $\mathbf{u}_j$ は，$n$ 個のパターンをその部分空間へ正射影したとき，ベクトルの長さの二乗平均が最大となる正規直交ベクトルとなることが知られている．ここで部分空間の次元数が 1（$d' = 1$）という単純な場合を例に，ラグランジュの未定乗数法を使ってこのことを確認せよ．

第 8 章

# 学習アルゴリズムの一般化

## 8.1　期待損失最小化学習

これまで，パターン識別のための代表的学習アルゴリズムを個別に述べてきたが，本章では損失関数を導入し，期待損失最小化の枠組みで学習アルゴリズムをより高い視点で統一的に考察する．本章での議論は，これまで述べてきた学習アルゴリズムの相互関係，およびベイズ決定則との関係を次章で明らかにするための準備でもある．

いま，クラス総数 $c$ 個 $(\omega_1, \omega_2, \ldots, \omega_c)$ のパターン識別問題を考える．クラス $\omega_i$ の入力パターンをクラス $\omega_j$ と判定したときの損失を $l(\omega_j|\omega_i)$ とする[*1]と，ある $\boldsymbol{x}$ が与えられて，その $\boldsymbol{x}$ が $\omega_j$ と判定されたときの平均損失は，$l(\omega_j|\omega_i)$ をその所属クラスの事後確率で重み付き平均した

$$L(\omega_j|\boldsymbol{x}) = \mathop{\mathrm{E}}_{\omega_i|\boldsymbol{x}}\{l(\omega_j|\omega_i)|\boldsymbol{x}\} \tag{8.1}$$

$$= \sum_{i=1}^{c} l(\omega_j|\omega_i)P(\omega_i|\boldsymbol{x}) \tag{8.2}$$

で与えられる．ただし，$\mathop{\mathrm{E}}_{\omega_i|\boldsymbol{x}}\{l|\boldsymbol{x}\}$ は，$\boldsymbol{x}$ が与えられたもとで，その $\boldsymbol{x}$ のクラス $\omega_i$ に関する条件付き期待値を表す．

入力 $\boldsymbol{x}$ に対して，あるクラスを出力することを定めた**決定規則** (decision rule) を $\Psi(\boldsymbol{x})$ で表すことにすると，式 (8.2) は次式のように書き換えられる．

$$L(\Psi(\boldsymbol{x})|\boldsymbol{x}) = \mathop{\mathrm{E}}_{\omega_i|\boldsymbol{x}}\{l(\Psi(\boldsymbol{x})|\omega_i)|\boldsymbol{x}\} \tag{8.3}$$

---

*1 損失 $l(\omega_j|\omega_i)$ を用いることにより，例えば文字 1 を誤るのと文字 5 を誤るのとで損失を変えたり，あるいは $l(\omega_j|\omega_i) \neq l(\omega_i|\omega_j)$ という非対称性を導入したりすることができる．しかしながら，実際の応用では，簡単のため損失は皆等しいとする場合がほとんどである．損失については，204 ページの coffee break を参照されたい．

$$= \sum_{i=1}^{c} l(\Psi(\boldsymbol{x})|\omega_i)P(\omega_i|\boldsymbol{x}) \tag{8.4}$$

したがって，すべての可能な入力 $\boldsymbol{x}$ に対する損失 $L(\Psi)$ は，

$$L(\Psi) = \underset{\boldsymbol{x}}{\mathrm{E}}\{L(\Psi(\boldsymbol{x})|\boldsymbol{x})\} = \underset{\boldsymbol{x},\omega_i}{\mathrm{E}}\{l(\Psi(\boldsymbol{x})|\omega_i)\} \tag{8.5}$$

$$= \int L(\Psi(\boldsymbol{x})|\boldsymbol{x})p(\boldsymbol{x})d\boldsymbol{x} \tag{8.6}$$

$$= \sum_{i=1}^{c} \int l(\Psi(\boldsymbol{x})|\omega_i)P(\omega_i|\boldsymbol{x})p(\boldsymbol{x})d\boldsymbol{x} \tag{8.7}$$

$$= \sum_{i=1}^{c} P(\omega_i) \int l(\Psi(\boldsymbol{x})|\omega_i)p(\boldsymbol{x}|\omega_i)d\boldsymbol{x} \tag{8.8}$$

となる．式 (8.5) の $\underset{\boldsymbol{x},\omega_i}{\mathrm{E}}$ は，$\boldsymbol{x}$ と $\omega_i$ に関する期待値を表す．また，式 (8.7) から式 (8.8) への変形の際，ベイズの定理を用いている．上式の $L(\Psi)$ は**期待損失**(expected loss) と呼ばれ，$L(\Psi)$ を最小化する決定規則を学習パターンから求める手続きを，**期待損失最小化学習** (minimum expected loss learning) と呼ぶ．次の 8.2 節では，損失の具体例について，次いで 8.3 節では学習パターンを用いて実際に決定規則を求める算法について詳しく述べる．

## 8.2 種々の損失

### 〔1〕 二乗誤差

決定規則 $\Psi$ が $\boldsymbol{x}$ に対して $c$ 次元ベクトル

$$\mathbf{y} = \Psi(\boldsymbol{x}) = (y_1, \ldots, y_i, \ldots, y_c)^t \tag{8.9}$$

を出力し[*2]，

$$y_k > y_j \qquad (\forall j \neq k) \tag{8.10}$$

[*2] ここでは，決定規則 $\Psi(\boldsymbol{x})$ をベクトルと考え，式 (8.10) によって出力クラスを間接的に示す．一方，式 (8.4) の $\Psi(\boldsymbol{x})$ は，出力クラスそのものを直接的に示している．以後，場合に応じてこれらを使い分ける．ただし，混乱を招きそうな場合は，式 (8.9) の $\Psi(\boldsymbol{x})$ を**決定関数** (decision function) と呼んで区別することにする．

であれば，パターン $\boldsymbol{x}$ をクラス $\omega_k$ と識別することとする．したがって，入力パターン $\boldsymbol{x}$ と，その所属クラス $\omega_i$ を示す $c$ 次元の教師ベクトル $\mathbf{t}_i$（3.1 節〔1〕参照）とがペアで与えられる教師付き学習では，$\boldsymbol{x}$ に対して識別結果である $\mathbf{y}$ $(=\Psi(\boldsymbol{x}))$ ができるだけ $\mathbf{t}_i$ に一致するように $\Psi$ を決定することになる．すなわち，損失関数として二乗誤差

$$l(\Psi(\boldsymbol{x})|\omega_i) = \|\Psi(\boldsymbol{x}) - \mathbf{t}_i\|^2 \tag{8.11}$$

を用いると，式 (8.8) は次式のようになる．

$$L(\Psi) = \sum_{i=1}^{c} P(\omega_i) \int \|\Psi(\boldsymbol{x}) - \mathbf{t}_i\|^2 p(\boldsymbol{x}|\omega_i) d\boldsymbol{x} \tag{8.12}$$

上式は二乗誤差の期待値，すなわち平均二乗誤差を表している．したがって，式 (8.12) を最小化する決定関数 $\Psi$ を，**平均二乗誤差最小基準** (least mean-square error criterion) に基づく決定，あるいは単に**最小二乗法** (least squares method) に基づく決定と呼ぶ．以後，後者の呼称を用いることにする．決定関数 $\Psi$ を任意の非線形関数とすると，最小二乗法に基づく決定は，ベイズ決定と密接な関係がある．これについては，次章で詳しく述べる．式 (8.11) を満たす，クラス $\omega_i$ に対する教師ベクトルとして，例えば式 (3.2) で示したような第 $i$ 番目の要素のみが 1 で他は 0 となる $c$ 次元座標単位ベクトル $\mathbf{t}_i = (0, \ldots, 0, 1, 0, \ldots, 0)^t$ が通常用いられる．

### 〔2〕 0-1 損失

最も単純かつ自然な損失関数として，次式に示すような $l(\omega_j|\omega_i)$ を考える．

$$l(\omega_j|\omega_i) = \begin{cases} 0 & (j = i) \\ 1 & (j \neq i) \end{cases} \tag{8.13}$$

すなわち，クラス $\omega_i$ のパターンを誤識別したときに損失 1 を与え，それ以外では損失 0 を与えることになる[*3]．このとき，式 (8.2) は次式のようになる．

$$L(\omega_j|\boldsymbol{x}) = \sum_{i \neq j} P(\omega_i|\boldsymbol{x}) = 1 - P(\omega_j|\boldsymbol{x}) \tag{8.14}$$

---

[*3] 3.2 節〔1〕で述べた二値の誤差評価は，0-1 損失基準による学習と見なせる．

$L(\Psi)$ の最小化は $L(\Psi(\boldsymbol{x})|\boldsymbol{x})$ の最小化と等価であるから，次式が導かれる．

$$P(\omega_k|\boldsymbol{x}) = \max_i\{P(\omega_i|\boldsymbol{x})\} \text{ のとき，} \Psi(\boldsymbol{x}) = \omega_k \tag{8.15}$$

これは**0-1 損失基準**（zero-one loss criterion）による決定規則と呼ばれ，式(5.17) で述べた誤り確率の最小値（ベイズ誤り確率）を達成するための決定規則，すなわちベイズ決定則にほかならない．つまり，0-1 損失基準を用いたとき，「期待損失最小化 ≡ 事後確率最大化」の関係が成立することが確認できる．そして，このとき得られる損失を**ベイズリスク**（Bayes risk）と呼ぶ．

0-1 損失基準がベイズ決定則を導くのは，あくまで $\Psi$ が期待損失最小化の観点で最適な識別をしたときのことであって，学習パターンに付与されたクラスラベルどおりに識別できたとしても，その識別機は必ずしもベイズ決定則を実現しているとは限らないことに注意する必要がある．なぜなら，各クラスの分布が重なり合っている場合，ベイズ決定則によって得られるクラスと，クラス境界付近の学習パターンのクラスラベルとは必ずしも一致していないからである．この問題を緩和するより実用的な損失関数として，次項で述べる連続損失基準がある．

## coffee break

**❖ 過ぎたるは猶及ばざるがごとし—過学習—**

与えられた学習パターンで識別機を学習する際，学習パターンのクラスラベルどおりになるように徹底的に学習すると，学習を早期に打ち切った場合に比べ，テストパターンに対してはかえって識別性能が悪化することがある．この識別性能の劣化は，徹底的な学習により，ベイズ決定則で求めたクラス境界よりもかなり複雑なクラス境界が作られることに起因する．この問題は過学習と呼ばれ，一般に，ニューラルネットワークのように識別機のモデルの自由度が高いほど，また，学習パターン数が少ないほど，そして，特徴ベクトルの次元数が大きいほど，顕著となる．

過学習の解決法として，学習パターンの一部をテストパターンとして取り除き，テストパターンの識別結果を学習の途中で評価して，識別性能が悪化し始めた時点で学習を停止する，**早期終了**（early stopping）と呼ばれる簡便法がある．学習の本質はデータの背後にある確率構造の推定である．手もとの学習パターンだけでなく，未知パターンも何らかの形で考慮した学習法が実用上極めて重要である．

### 〔3〕 連続損失

0-1 損失基準では，識別結果が「正しい」か「誤り」かの二値で判断されていたが，甘利 [Ama67][甘利 67] は，識別関数法の枠組みで，識別結果だけでなく誤りの度合いを示す**誤分類尺度**（misclassification measure）を考慮した**連続損失基準**（continuous loss criterion）を提案している．

クラス $\omega_i$ に対する識別関数を $g_i(\boldsymbol{x};\boldsymbol{\theta})$ とする．ここで，$\boldsymbol{\theta}$ は識別関数を規定するパラメータである．識別関数法による決定規則は，$c$ 次元ベクトル

$$\Psi(\boldsymbol{x};\boldsymbol{\theta}) = (g_1(\boldsymbol{x};\boldsymbol{\theta}), g_2(\boldsymbol{x};\boldsymbol{\theta}), \ldots, g_c(\boldsymbol{x};\boldsymbol{\theta})) \tag{8.16}$$

を用いて次式で表される．

$$\max_i\{g_i(\boldsymbol{x};\boldsymbol{\theta})\} = g_k(\boldsymbol{x};\boldsymbol{\theta}) \quad \Longrightarrow \quad \boldsymbol{x} \in \omega_k \tag{8.17}$$

甘利は $g \geq 0$ を前提に，$\boldsymbol{x} \in \omega_i$ のパターンに対する誤分類尺度として

$$d_i(\boldsymbol{x}) = \sum_{j \in S_i} \frac{1}{m_i}(g_j(\boldsymbol{x};\boldsymbol{\theta}) - g_i(\boldsymbol{x};\boldsymbol{\theta})) \tag{8.18}$$

を提案している．$S_i$ はクラス $\omega_i$ の識別関数の値より大きい識別関数のクラス番号の集合，すなわち

$$S_i = \{j |\ g_j(\boldsymbol{x};\boldsymbol{\theta}) > g_i(\boldsymbol{x};\boldsymbol{\theta})\} \tag{8.19}$$

とし，$m_i$ は $S_i$ の要素数を表すものとする．$\boldsymbol{x}$（$\in \omega_i$）が正しく識別されるためには，$g_i(\boldsymbol{x};\boldsymbol{\theta}) > g_j(\boldsymbol{x};\boldsymbol{\theta})$（$\forall j \neq i$）でなければならない．したがって，式 (8.18) は，$d_i(\boldsymbol{x}) \leq 0$ のとき，$\boldsymbol{x}$ が $|d_i(\boldsymbol{x})|$ の度合いで正しく識別されていることを示し，$d_i(\boldsymbol{x}) > 0$ のとき，$\boldsymbol{x}$ が $d_i(\boldsymbol{x})$ の度合いで誤識別されていることを示す．

式 (8.18) はパラメータ $\boldsymbol{\theta}$ に対して連続である保証がないため，最小化の手法として勾配型のアルゴリズムとの親和性が良くない．これに対して，次式に示すような，$\boldsymbol{\theta}$ に関する連続な誤分類尺度が提案されており，$g < 0$ に対する対処法も示されている [JK92]．

$$d_i(\boldsymbol{x}) = -g_i(\boldsymbol{x};\boldsymbol{\theta}) + \left[\frac{1}{c-1}\sum_{j \neq i} g_j(\boldsymbol{x};\boldsymbol{\theta})^\eta\right]^{1/\eta} \tag{8.20}$$

ここで，$\eta$ は正定数であり，この値が大きくなるにつれて，式 (8.20) の右辺第2項は，$g_j(\boldsymbol{x};\boldsymbol{\theta})$ $(\forall j \neq i)$ の中で最も値の大きいものが支配的となる．その極限として，$\eta \to \infty$ のとき，式 (8.20) は

$$d_i(\boldsymbol{x};\boldsymbol{\theta}) = -g_i(\boldsymbol{x};\boldsymbol{\theta}) + g_k(\boldsymbol{x};\boldsymbol{\theta}) \tag{8.21}$$

となる．ここで，$g_k(\boldsymbol{x};\boldsymbol{\theta}) = \max_{j \neq i}\{g_j(\boldsymbol{x};\boldsymbol{\theta})\}$ である．

誤分類尺度を導入することにより，前述したように $\boldsymbol{x}$ の識別の良さあるいは悪さの度合いが得られるので，その度合いを損失に反映させることができる．例えば，損失として，次式に示す関数が提案されている [JK92].

$$l(\Psi(\boldsymbol{x})|\omega_i) = \frac{1}{1+\exp(-\xi d_i)} \tag{8.22}$$

ここで，$\xi$ は正定数である．

上記の損失関数を用いると，$d_i(\boldsymbol{x})$ が小さくなるにつれて損失が 0 に漸近し，逆に $d_i(\boldsymbol{x})$ が大きくなるにつれて損失が 1 に漸近し，$d_i(\boldsymbol{x}) = 0$ 付近では分類結果の正解・不正解にかかわらず同程度の損失が付与されることになる．これにより，クラス境界付近に位置し，クラスラベルがベイズ決定と異なる学習パターンに対しても適切な損失が与えられ，0-1 損失に比べてより滑らかな識別境界が得られることになる．滑らかさの度合いは，パラメータ $\xi$ や $\eta$ に依存する．言うまでもなく，識別境界の滑らかさの度合いは，問題に応じて適切に設定する必要がある．この設定問題は，4.5 節ですでに述べたように，ハイパーパラメータの決定問題に通じ，未知パターンに対する識別性能に関係する実用上極めて重要な問題である．

## coffee break

### ❖ 毒りんごに当たらない方法

白雪姫はお后の使者から送られた毒りんごを食べて一度は死んでしまった．白雪姫がパターン認識を学んでいれば，事情は違っていたかもしれない．ここに二つの判定法があるとしよう．

**判定法 A**：すべてのりんごを普通のりんごと判定する．

**判定法 B**：りんごの特徴を抽出し，それに基づいて毒りんごであるかないかを識別するパターン認識法により，りんごの判定を行う．このパター

ン認識法は，普通のりんごの 99% を普通のりんごと正しく識別し，毒りんごの 99% を毒りんごと正しく識別できる能力を有しているとする．

いま，10000 個のりんごの山の中に毒りんごが 1% すなわち 100 個含まれていたと仮定する．この場合，どちらの判定法をとるべきであろうか．

まず，両者を判定に伴う誤り率で評価してみよう．判定法 A では 100 個の毒りんごを普通のりんごと誤判定してしまうが，残りの 9900 個を普通のりんごと正しく判定するので，誤り率は 1% である．一方，判定法 B を用いると，100 個の毒りんごのうちの 1 個が普通のりんごと誤判定され，残りの 9900 個の普通のりんごのうちの 1% すなわち 99 個が毒りんごと誤判定される．したがって，判定法 B で誤判定されるりんごは $1 + 99 = 100$ 個であり，やはり誤り率は 1% である．すなわち，このりんごの山に対する誤り率という観点からは，判定法 A と判定法 B は優劣がつかないことになる．

では，次に毒死率という観点で優劣を評価してみよう．10000 人の人に 1 個ずつりんごを配り，判定の結果普通のりんごと判定されたらそのりんごを食べてもらい，毒りんごと判定されたら，もちろんそのりんごは食べずに捨ててもらう．判定法 A, B を採用することにより，それぞれ何人の人が毒りんごに当たって死んでしまうだろうか？ 死んでしまうのは，毒りんごを受け取り，かつ判定の結果普通のりんごと誤って判定されたりんごを食べた人であるから，判定法 A では毒りんごを受け取った人全員，すなわち 100 人が犠牲となる．一方，判定法 B を採用すると，毒に当たって死んでしまう人は，毒りんごを受け取った 100 人のうち 1 人だけである．その代わり，99 人の人は，普通のりんごを受け取っていたにもかかわらず，そのりんごを食べられないことになる．言うまでもなく，判定法 B のほうが優れている．なぜなら，毒に当たることによる損失は，普通のりんごを捨ててしまうことによる損失に比べて限りなく大きいからである．

誤り率による評価は，誤判定に伴う損失を誤判定の種類に無関係に同一としていると解釈できる．上記の例では，毒りんごを普通のりんごと判定する場合も，普通のりんごを毒りんごと判定する場合も，同一の損失 1 を与えていると解釈できる．すなわち，誤り率とは 0-1 損失基準（式 (8.13)）を採用したときの期待損失である．なお，二乗誤差基準（式 (8.11)）や連続損失基準（式 (8.22)）は，クラスごとに異なる損失を与えている．しかし，これらが主観を考慮した損失関数となっていない点は，0-1 損失基準と同様である．すなわち，二乗誤差基準や連続損失基準は，識別関数の出力値に基づいて誤判定の度合いを考慮しているという点で，0-1

損失基準を高度化したものと解釈できる．

ここではおとぎ話を引き合いに出したが，損失をどのように設定すべきかは，実際にもしばしば直面する現実的な問題である．例えば，X線画像による医療診断では，異常があるのに正常と判断するほうが，その逆よりも患者にとって損失が大きいことは明らかである．また，文字認識において，数字が金銭を表す場合には，1を2と誤るのと1を9と誤るのとでは，損失の度合いが異なることは自明であろう．さらに面倒なことに，損失の度合いは誰の立場から測るかによっても異なる．例えば上に挙げた医療診断では，患者にとっても医師にとっても誤診断は少ないほうが望ましいという点は同じであるが，誤診断が発生したことによる損失についての考え方は両者で大きく異なるであろう．このように，損失関数を一般的に定義することは困難である．そのため，実用上は，本節で述べた客観的な損失基準でとりあえず識別機を構成し，そのあとで主観的な損失を反映して修正を施すという方法が通常とられる．医療診断を例にとると，少しでも疑わしいものはすべて異常ありと判定するように識別境界をずらすといった処理がこれに相当する．

さて，これらのことを学んだ白雪姫は，身の安全を守るため，すべてのりんごは毒りんごと判定するという新たな判定法Cをとり，りんごは食べないことにした．つまり，毒りんごを普通のりんごと誤判定する損失を無限大としたのである．しかしながら，白雪姫は数多くの食物の中からいかにしてりんごを見分けるかという，パターン認識の新たなる問題に直面することになった．となると，最後にとれる手段は，いっさいの食物を口にしないという決断になる．しかし，この決断が果たして正しいかどうかの評価は難しい．なぜなら，食物を食べないことによって餓死する期待損失と，食物を食べることによって毒りんごに当たり毒死する期待損失との比較は，それほど簡単ではないからである．

---

## 8.3 確率的降下法

これまで期待損失最小化学習について詳しく述べてきた．本節では $\Psi$ がパラメータ $\boldsymbol{\theta}$ を用いて $\Psi(\boldsymbol{x};\boldsymbol{\theta})$ として表されているとき，期待損失最小化を実現するための $\Psi$ の設計法，すなわち $\boldsymbol{\theta}$ の推定法について述べる．

これまでの表記に従うと，損失は $l(\Psi(\boldsymbol{x};\boldsymbol{\theta})|\omega_i)$ と記すべきであるが，簡単のため，以下では $l_i(\boldsymbol{x};\boldsymbol{\theta})$ と記すこととする．このとき，式 (8.5)〜(8.8) の $L$ は，

$\boldsymbol{\theta}$ の関数として

$$L(\boldsymbol{\theta}) = \mathop{\mathrm{E}}_{\boldsymbol{x},\omega_i} \{l_i(\boldsymbol{x};\boldsymbol{\theta})\} \tag{8.23}$$

$$= \sum_{i=1}^{c} \int l_i(\boldsymbol{x};\boldsymbol{\theta}) P(\omega_i|\boldsymbol{x}) p(\boldsymbol{x}) d\boldsymbol{x} \tag{8.24}$$

と書ける．したがって，最適な $\boldsymbol{\theta}$ は $\partial L/\partial\boldsymbol{\theta} = 0$ の解として得られる．しかしながら，$n$ 個のパターンのみが与えられる実際の応用では，$p(\boldsymbol{x})$ や $P(\omega_i|\boldsymbol{x})$ が未知ゆえ，$\partial L/\partial\boldsymbol{\theta}$ を直接計算することはできない．そこで，以下に示すように，$L$ の代わりに与えられた $n$ 個のパターン $\boldsymbol{x}_1, \ldots, \boldsymbol{x}_n$ で定義される**経験損失** (empirical loss) の最小化を考える．

具体的には，まず式 (8.24) の $p(\boldsymbol{x})$ を，$n$ 個のパターンの分布を表す次式の**経験分布関数** (empirical distribution function)[*4]で近似する．

$$p(\boldsymbol{x}) = \frac{1}{n} \sum_{p=1}^{n} \delta(\boldsymbol{x} - \boldsymbol{x}_p) \tag{8.25}$$

次に式 (8.24) 中の $P(\omega_i|\boldsymbol{x})$ を，与えられたクラスラベルに基づき

$$P(\omega_i|\boldsymbol{x}) = \begin{cases} 1 & (\boldsymbol{x} \in \omega_i) \\ 0 & (\boldsymbol{x} \notin \omega_i) \end{cases} \tag{8.26}$$

とおくと，経験損失 $L_e(\boldsymbol{\theta})$ は，式 (8.24) より

$$L_e(\boldsymbol{\theta}) = \frac{1}{n} \sum_{i=1}^{c} \sum_{p=1}^{n} \int l_i(\boldsymbol{x};\boldsymbol{\theta}) v(\boldsymbol{x} \in \omega_i) \delta(\boldsymbol{x} - \boldsymbol{x}_p) d\boldsymbol{x}$$

$$= \frac{1}{n} \sum_{p=1}^{n} \sum_{i=1}^{c} l_i(\boldsymbol{x}_p;\boldsymbol{\theta}) v(\boldsymbol{x}_p \in \omega_i) \tag{8.27}$$

となる．ここで，$v(\boldsymbol{x} \in \omega_i)$ は

$$v(\boldsymbol{x} \in \omega_i) = \begin{cases} 1 & (\boldsymbol{x} \in \omega_i) \\ 0 & (\boldsymbol{x} \notin \omega_i) \end{cases} \tag{8.28}$$

---

[*4] これは $n$ 個のパターン位置にデルタ関数を立てたもので，総和が 1 となるように $n$ で割っている．

なる関数とする．

ここで，$l_i$ が微分可能と仮定すると，$L_e$ の $\boldsymbol{\theta}$ に関する微分は

$$\frac{\partial L_e}{\partial \boldsymbol{\theta}} = \frac{1}{n}\sum_{p=1}^{n}\sum_{i=1}^{c}\frac{\partial l_i(\boldsymbol{x}_p;\boldsymbol{\theta})}{\partial \boldsymbol{\theta}} \cdot v(\boldsymbol{x}_p \in \omega_i) \tag{8.29}$$

となるので，$L_e(\boldsymbol{\theta})$ を最小にする $\boldsymbol{\theta}$ は，$\partial L_e/\partial\boldsymbol{\theta} = 0$ が解析的に解けない場合でも，最急降下法により

$$\begin{aligned}\boldsymbol{\theta}(t+1) &= \boldsymbol{\theta}(t) - \rho(t)\frac{\partial L_e}{\partial \boldsymbol{\theta}} \\ &= \boldsymbol{\theta}(t) - \rho(t)\frac{1}{n}\sum_{p=1}^{n}\sum_{i=1}^{c}\nabla l_i(\boldsymbol{x}_p;\boldsymbol{\theta}(t))v(\boldsymbol{x}_p \in \omega_i)\end{aligned} \tag{8.30}$$

として逐次推定できる．ここで，$t$ は第 $t$ 回目の反復を示す指標，$\rho(t)$ は学習係数で，正の値である．また

$$\nabla l_i(\boldsymbol{x}_p;\boldsymbol{\theta}(t)) \stackrel{\text{def}}{=} \left.\frac{\partial l_i(\boldsymbol{x}_p;\boldsymbol{\theta})}{\partial \boldsymbol{\theta}}\right|_{\boldsymbol{\theta}=\boldsymbol{\theta}(t)} \tag{8.31}$$

とする．

式 (8.30) を注意深く見ると，$\boldsymbol{\theta}$ の修正においてすべての学習パターンを同時に使っており，この式はバッチ学習を表していることがわかる．これに対し，ある時点では一つのパターンのみが提示され，そのたびごとに $\boldsymbol{\theta}$ を修正するオンライン学習，すなわち，パターンが逐次的に与えられるもとでの適応的学習も考えられる．その具体的なアルゴリズムとして，以下に述べる**確率的降下法** (probabilistic descent method) [Ama67][甘利 67] がある．

確率的降下法では，パラメータ $\boldsymbol{\theta}$ の修正 $\delta\boldsymbol{\theta}$ が $L_e$ の減少方向へ修正されるのではなく，$L_e$ に関する期待値 $\mathrm{E}\{L_e\}$ の減少方向に修正される．つまり，ある $\boldsymbol{x}$ に対しては $L_e$ が増加する方向に $\boldsymbol{\theta}$ が修正されることがあるが，$\mathrm{E}\{\delta L_e\} < 0$ より，ある時間に提示された $\boldsymbol{x}$ 全体で見れば，$L_e$ の減少方向に $\boldsymbol{\theta}$ が修正される．まさに確率的に降下するわけである．これはちょうど，酔っ払いが坂道を下る動作と類似している．すなわち，ある時点で見ると坂道を上ることもあるが，ある時間幅で見ると坂道を下っている．

いま，$t$ 回目の反復における $\boldsymbol{\theta}$ の推定値を $\boldsymbol{\theta}(t)$ とし，$\boldsymbol{x}(t)$ が提示されたときに，$(t+1)$ 回目で $\delta\boldsymbol{\theta}$ だけ修正したとする．すなわち，

$$\boldsymbol{\theta}(t+1) = \boldsymbol{\theta}(t) + \delta\boldsymbol{\theta}(t) \tag{8.32}$$

とする．ここで $\delta\boldsymbol{\theta}(t)$ が微小とすると，$\delta\boldsymbol{\theta}(t)$ に伴う $L_e$ の変化分は，テイラー展開により

$$\begin{aligned}\delta L_e(t) &= L_e(\boldsymbol{\theta}(t) + \delta\boldsymbol{\theta}(t)) - L_e(\boldsymbol{\theta}(t)) \\ &\approx L_e(\boldsymbol{\theta}(t)) + \delta\boldsymbol{\theta}(t)^t\ \nabla L_e(\boldsymbol{\theta}(t)) + \mathcal{O}(|\delta\boldsymbol{\theta}(t)|^2) - L_e(\boldsymbol{\theta}(t)) \\ &\approx \delta\boldsymbol{\theta}(t)^t\ \nabla L_e(\boldsymbol{\theta}(t))\end{aligned} \tag{8.33}$$

となる．上式で $\delta\boldsymbol{\theta}(t)^t$ はベクトル $\delta\boldsymbol{\theta}(t)$ の転置を表し，$\mathcal{O}$ は計算のオーダーを表す．また，

$$\nabla L_e(\boldsymbol{\theta}(t)) \stackrel{\mathrm{def}}{=} \left.\frac{\partial L_e}{\partial \boldsymbol{\theta}}\right|_{\boldsymbol{\theta}=\boldsymbol{\theta}(t)} \tag{8.34}$$

とする．

ここで，$\nabla L_e(\boldsymbol{\theta}(t))$ は $\boldsymbol{x}$ によらないことに注意し，式 (8.33) に対し $\boldsymbol{x}$ と $\omega_i$ に関する期待値をとると，

$$\mathop{\mathrm{E}}_{\boldsymbol{x},\omega_i}\{\delta L_e(t)\} = \mathop{\mathrm{E}}_{\boldsymbol{x},\omega_i}\{\delta\boldsymbol{\theta}(t)\}^t\ \nabla L_e(\boldsymbol{\theta}(t)) \tag{8.35}$$

を得る．以下，煩雑なので添字 $\boldsymbol{x}, \omega_i$ は省略する．確率的な降下を実現するためには，$\mathrm{E}\{\delta L_e(t)\} < 0$ であればよい．そのためには，式 (8.35) から $\mathrm{E}\{\delta\boldsymbol{\theta}(t)\}$ が，任意の正定値行列（ただし実対称行列とする）[*5] $\mathbf{C}$ を用いて，

$$\mathrm{E}\{\delta\boldsymbol{\theta}(t)\} = -\rho(t)\ \mathbf{C}\ \nabla L_e(\boldsymbol{\theta}(t)) \tag{8.36}$$

と書ければよい．実際，このとき

$$\begin{aligned}\mathrm{E}\{\delta L_e(t)\} &= \mathrm{E}\{\delta\boldsymbol{\theta}(t)\}^t\ \nabla L_e(\boldsymbol{\theta}(t)) \\ &= -\rho(t)\ \nabla L_e(\boldsymbol{\theta}(t))^t\ \mathbf{C}\ \nabla L_e(\boldsymbol{\theta}(t)) < 0\end{aligned} \tag{8.37}$$

となっていることがわかる．式 (8.37) の最後の不等式は，明らかに正定値行列の定義による．また，式 (8.23) から

$$\nabla L_e(\boldsymbol{\theta}(t)) = \mathrm{E}\{\nabla l_i(\boldsymbol{x}(t); \boldsymbol{\theta}(t))\} \tag{8.38}$$

---

[*5] 行列 $\mathbf{A}$ が正定値（positive definite）であるとは，任意の $\boldsymbol{x}$ に対して 2 次形式が正，すなわち $\boldsymbol{x}^t\mathbf{A}\boldsymbol{x} > 0$ を意味する．ここでは，最も簡単な正定値行列として単位行列とすればよい．

の関係があるので，これを式 (8.36) に代入すると，

$$\mathrm{E}\left\{\delta\boldsymbol{\theta}(t)\right\} = -\rho(t)\ \mathbf{C}\ \mathrm{E}\left\{\nabla l_i(\boldsymbol{x}(t);\boldsymbol{\theta}(t))\right\} \tag{8.39}$$

を得る．したがって，$\boldsymbol{x}(t) \in \omega_i$ に対しては

$$\delta\boldsymbol{\theta}(t) = -\rho(t)\ \mathbf{C}\ \nabla l_i(\boldsymbol{x}(t);\boldsymbol{\theta}(t)) \tag{8.40}$$

と修正する．この修正の妥当性は，後述する**確率的近似法**（stochastic approximation）に基づいている．式 (8.32), (8.40) より，確率的降下法による $\boldsymbol{\theta}$ の逐次推定アルゴリズムは，以下のステップのようになる．

Step 1. $\boldsymbol{\theta}(0)$ を適当に定める．$t \leftarrow 0$（初期化）とする．
Step 2. 適当な収束条件[*6]を満たすまで，以下を反復する．

$$\begin{aligned} &\boldsymbol{\theta}(t+1) = \boldsymbol{\theta}(t) - \rho(t)\ \mathbf{C}\sum_{i=1}^{c}\nabla l_i(\boldsymbol{x}(t);\boldsymbol{\theta}(t))\ v(\boldsymbol{x}(t) \in \omega_i) \\ &t \leftarrow t+1 \end{aligned} \tag{8.41}$$

$\rho(t)$ が以下の条件を満たすとき，$\boldsymbol{\theta}$ は $L_e$ の局所最小値を与える $\boldsymbol{\theta}$ に収束することが理論的に保証される．

$$\sum_{t=0}^{\infty}\rho(t) = \infty \quad \text{かつ} \quad \sum_{t=0}^{\infty}\rho(t)^2 < \infty \tag{8.42}$$

上式を満たす $\rho(t)$ の候補の一つとして，

$$\rho(t) = \frac{1}{t} \tag{8.43}$$

を考えることができる．

式 (8.41) から，確率的降下法では，一つのパターンが提示されるごとに $\boldsymbol{\theta}$ の修正がなされていることがわかる．そして，式 (8.30) と式 (8.41) とを比較すれば，両者の差はバッチ型か逐次型かの違いにすぎないことがわかる．実際，式 (8.41) をバッチ型に適用すべく，式 (8.41) において $\boldsymbol{x}(t)$ を $\boldsymbol{x}_p$ と書き直して，$\frac{1}{n}\sum_{p=1}^{n}$ を付与し，さらに $\mathbf{C}$ を単位行列とすれば，まさに式 (8.30) となる．

---

[*6] 例えば，$||\boldsymbol{\theta}(t+1) - \boldsymbol{\theta}(t)||/||\boldsymbol{\theta}(t)|| < \mathrm{Thd}$（Thd はしきい値）．

また，確率的降下法は，確率的近似法[*7]を期待損失最小化学習の枠組みで定式化したものと解釈できる．以下，これについて簡単に説明する[*8]．

確率的近似法の基本的な考え方は，以下の**ロビンス・モンローアルゴリズム**（Robbins-Monro algorithm）に集約される．いま，$w$ の関数 $f(w), h(w)$ があったとし，$f(w)=0$ の根を求める場合を考えよう．ここで，$(w, h(w))$ の対の集合が与えられ，

$$\mathrm{E}\left\{h(w)\right\} = f(w) \tag{8.44}$$

が成り立つと仮定する．また，$h(w)$ の値は求まるが，$f(w)$ の値は未知とする．もし $(w, h(w))$ の対の集合が一度に大量に与えられるなら，$f(w)$ をモデル化して $f(w)=0$ の根を推定することができる．しかし，ここではパターンが逐次的に与えられる場合に対応すべく，$(w, h(w))$ のデータが一度に一対ずつ観測される場合を扱う．式 (8.44) は $\xi$ をノイズとして

$$\left.\begin{aligned} &h(w) = f(w) + \xi \\ &\mathrm{E}\left\{\xi\right\} = 0 \end{aligned}\right\} \tag{8.45}$$

と等価であり，$f(w)$ は $h(w)$ の**回帰関数**（regression function）と呼ばれる．

ここで，$f(w)=0$ の根を $\hat{w}$ とし，$f(w)$ に対して下式を仮定する．

$$\begin{cases} f(w) > 0 & (w > \hat{w}) \\ f(w) < 0 & (w < \hat{w}) \end{cases} \tag{8.46}$$

このように仮定しても一般性を失わない．なぜなら，これと逆の傾向を示す $f(w)$ に対しては，$-f(w)$ を改めて $f(w)$ とおけば，上式を満たすからである．

ロビンス・モンローアルゴリズムに従えば，$f(w)=0$ の根は

$$w(t+1) = w(t) - \rho(t)\cdot h(w(t)) \tag{8.47}$$

なる反復により推定され，式 (8.42) を満たせばアルゴリズムの収束性が保証される．収束の証明については文献 [Fuk90] を参照されたい．ロビンス・モンロー

[*7] 名前から何か確率分布でも推定する手法を連想するが，本文の説明からわかるように，実は確率分布の推定とはまったく関係がない．実に紛らわしい命名である．

[*8] 確率的近似法の基礎および線形識別関数の設計への応用については，[TG74] の第 6 章に詳しく書かれている．

アルゴリズムでは，たとえ $f(w)$ の値がわからなくても，式 (8.44) の関係にある $h(w)$ の値さえわかれば，$f(w)=0$ の根を式 (8.47) を用いて求めることができるというわけである．

一方，確率的降下法では，$\nabla L_e$ の値は計算できないが，式 (8.38) の関係にある $\nabla l_i$ の値は計算できる．すなわち，式 (8.38) は，式 (8.44) において $h$ を $\nabla l_i$，$f$ を $\nabla L_e$ と見なしたことに相当するので，ロビンス・モンローアルゴリズムを適用できる．その結果得られたのが，式 (8.41) である．ただし，$h, f$ は単変数の関数であるのに対し，$\nabla l_i, \nabla L_e$ はベクトル $\boldsymbol{\theta}$ の各要素を変数とする多変数関数である．そのため，式 (8.41) を得るには，式 (8.47) を多変数用に拡張したロビンス・モンローアルゴリズムを用いる必要がある[*9]．

いずれにしても，確率的降下法の基本的な考え方が，確率的近似法のそれと共通していることがわかる．

ロビンス・モンローアルゴリズムの実験については，**演習問題 8.1** を参照されたい．また，3.1 節〔3〕で述べたウィドロー・ホフの学習規則もロビンス・モンローアルゴリズムを適用した結果として導出できる（**演習問題 8.2**）．

## 演習問題

**8.1** 式 (8.45) で定義される関数 $h(w)$ とその回帰関数 $f(w)$ を考える．ただし，$w$ はスカラーであり，$f(w)=\cos(w)$ $(\pi \le w \le 2\pi)$ とする．また，式 (8.45) のノイズ $\xi$ は，$-0.1 \le \xi \le 0.1$ の値をとる一様乱数で表されるとする．ロビンス・モンローアルゴリズムの式 (8.47) を繰り返し適用したとき，$w(t)$ は $f(w)=0$ の根 $w=3\pi/2$ に限りなく近づくことを実験によって確かめよ．ただし，初期値を $w(1)=3.5$ に設定し，学習係数 $\rho(t)$ は式 (8.43) を用いるものとする．

**8.2*** ベイズ識別関数を線形識別関数によって最小二乗近似することを考える．ウィドロー・ホフの学習規則は，この過程でロビンス・モンローアルゴリズムを適用した結果として導出できることを示せ．

---

*9 詳しくは，文献 [Fuk90] の 382 ページを参照されたい．

# 第 9 章
# 学習アルゴリズムとベイズ決定則

## 9.1　最小二乗法による学習

### 〔1〕 最小二乗解

本章では，最小二乗法による学習と判別法との関係，さらにベイズ決定則との関係を明らかにする．

最小二乗法による学習とは，8.2 節〔1〕で示したように，

$$L(\Psi) = \underset{\boldsymbol{x}|\omega_i}{\mathrm{E}}\{||\Psi(\boldsymbol{x}) - \mathbf{t}_i||^2\} \tag{9.1}$$

$$= \sum_{i=1}^{c} P(\omega_i) \int \|\Psi(\boldsymbol{x}) - \mathbf{t}_i\|^2 p(\boldsymbol{x}|\omega_i) d\boldsymbol{x} \tag{9.2}$$

を最小化する決定関数 $\Psi$ を求める学習法である．学習パターンから $\Psi$ を求める具体的なアルゴリズムとして，8.3 節で確率的降下法を説明したが，実は，式 (9.2) を最小化する $\Psi$ の解析解はすでに明らかにされている [大津 81][*1]．本項では，$\Psi$ として線形モデル，非線形モデルのおのおのについてその解析解を導出する．

#### (a) 線形モデル

簡単のため，2 クラスの線形モデルについて考える[*2]．本来，識別関数はクラスごとに定義されるが，2.3 節〔1〕で述べたように，2 クラスの場合には一つの

---

[*1] 非線形の場合には，解析解が真の分布といった未知量を含んでいるため，実際に計算することはできない．解析解がわかっているなら確率的降下法といったアルゴリズムなど使う必要がないのでは，と早合点されてはいけないので，ここであえて注意しておく．つまり，解析解の導出は，あくまで最小二乗法とベイズ決定則，判別分析との関係などの数理的性質を考察するための準備である．

[*2] 多クラスの場合，$\mathbf{A} = [\mathbf{w}_1, \mathbf{w}_2, \ldots, \mathbf{w}_{\tilde{d}}]$ により規定される線形写像は，

$$\Psi(\boldsymbol{x}) = \mathbf{A}^t\mathbf{x} = (\Psi_1, \Psi_2, \ldots, \Psi_{\tilde{d}})^t \qquad (\Psi_i = \mathbf{w}_i^t\mathbf{x},\ i = 1, 2, \ldots, \tilde{d})$$

となる．この場合の最適解も 2 クラスの場合と同じように導出できる．詳細は文献 [大津 81] を参照されたい．

識別関数 $g(\boldsymbol{x})$ を

$$g(\boldsymbol{x}) = g_1(\boldsymbol{x}) - g_2(\boldsymbol{x}) = \mathbf{w}^t\mathbf{x} \tag{9.3}$$

と定義すればよい．上式は，式 (8.9) において

$$\Psi(\boldsymbol{x}) = \mathbf{w}^t\mathbf{x} \tag{9.4}$$

としたことに相当する*3．したがって，式 (9.2) は次のように書ける．

$$L(\Psi) = L(\mathbf{w}) \tag{9.5}$$

$$= P(\omega_1) \mathop{\mathrm{E}}_{\boldsymbol{x}\in\omega_1}\{(\mathbf{w}^t\mathbf{x} - b_1)^2|\omega_1\} + P(\omega_2) \mathop{\mathrm{E}}_{\boldsymbol{x}\in\omega_2}\{(\mathbf{w}^t\mathbf{x} - b_2)^2|\omega_2\} \tag{9.6}$$

ここで, $b_1, b_2$ はそれぞれクラス $\omega_1, \omega_2$ の教師信号であり，$\mathop{\mathrm{E}}_{\boldsymbol{x}\in\omega_1}\{(\mathbf{w}^t\mathbf{x}-b_1)^2|\omega_1\}$ は，$\boldsymbol{x} \in \omega_1$ を知ったもとでの $(\mathbf{w}^t\mathbf{x} - b_1)^2$ の $\boldsymbol{x}$ に関する期待値を表す．

さらに計算を進めていくと，

$$\begin{aligned} L(\mathbf{w}) &= P(\omega_1) \mathop{\mathrm{E}}_{\boldsymbol{x}\in\omega_1}\{\mathbf{w}^t\mathbf{x}\mathbf{x}^t\mathbf{w} - 2\mathbf{w}^t\mathbf{x}b_1 + b_1^2|\omega_1\} \\ &\qquad + P(\omega_2) \mathop{\mathrm{E}}_{\boldsymbol{x}\in\omega_2}\{\mathbf{w}^t\mathbf{x}\mathbf{x}^t\mathbf{w} - 2\mathbf{w}^t\mathbf{x}b_2 + b_2^2|\omega_2\} \\ &= \mathbf{w}^t\mathbf{R}_0\mathbf{w} - 2\mathbf{w}^t\mathbf{r} + \text{const.} \end{aligned} \tag{9.7}$$

となる．ただし，const. は $\mathbf{w}$ に依存しない項を表す．また，$\mathbf{R}_0$ は，

$$\mathbf{R}_0 \stackrel{\text{def}}{=} \mathop{\mathrm{E}}_{\boldsymbol{x}}\{\mathbf{x}\mathbf{x}^t\} \tag{9.8}$$

$$= \mathop{\mathrm{E}}_{\boldsymbol{x}}\left\{\begin{pmatrix} 1 & \boldsymbol{x}^t \\ \boldsymbol{x} & \boldsymbol{x}\boldsymbol{x}^t \end{pmatrix}\right\} = \begin{pmatrix} 1 & \mathbf{m}^t \\ \mathbf{m} & \mathbf{R} \end{pmatrix} = \begin{pmatrix} 1 & \mathbf{m}^t \\ \mathbf{m} & \boldsymbol{\Sigma}_T + \mathbf{m}\mathbf{m}^t \end{pmatrix} \tag{9.9}$$

である．上式で，$\mathbf{R} = \mathrm{E}\{\boldsymbol{x}\boldsymbol{x}^t\}$ は自己相関行列であり，式 (6.56) を用いた．また，$\mathbf{r}$ は，

$$\begin{aligned} \mathbf{r} &= P(\omega_1)\, b_1 \mathop{\mathrm{E}}_{\boldsymbol{x}\in\omega_1}\{\mathbf{x}|\omega_1\} + P(\omega_2)\, b_2 \mathop{\mathrm{E}}_{\boldsymbol{x}\in\omega_2}\{\mathbf{x}|\omega_2\} \\ &= P(\omega_1)\, b_1 \mathop{\mathrm{E}}_{\boldsymbol{x}\in\omega_1}\left\{\begin{pmatrix} 1 \\ \boldsymbol{x} \end{pmatrix}\middle|\,\omega_1\right\} + P(\omega_2)\, b_2 \mathop{\mathrm{E}}_{\boldsymbol{x}\in\omega_2}\left\{\begin{pmatrix} 1 \\ \boldsymbol{x} \end{pmatrix}\middle|\,\omega_2\right\} \end{aligned}$$

---

*3 200 ページの脚注 *2 を参照．もし $\Psi(\boldsymbol{x})$ を決定規則と捉えるなら，下式となる．

$$\Psi(\boldsymbol{x}) = \begin{cases} \omega_1 & (g(\boldsymbol{x}) > 0) \\ \omega_2 & (g(\boldsymbol{x}) < 0) \end{cases}$$

$$= \begin{pmatrix} P(\omega_1)b_1 + P(\omega_2)b_2 \\ P(\omega_1)b_1\mathbf{m}_1 + P(\omega_2)b_2\mathbf{m}_2 \end{pmatrix} \tag{9.10}$$

である．ここで，$\mathbf{w}$ による偏微分を $\mathbf{0}$ とおくことにより，

$$\frac{\partial L(\mathbf{w})}{\partial \mathbf{w}} = 2\mathbf{R}_0\mathbf{w} - 2\mathbf{r} = \mathbf{0} \tag{9.11}$$

すなわち

$$\mathbf{R}_0\mathbf{w} = \mathbf{R}_0 \begin{pmatrix} w_0 \\ \boldsymbol{w} \end{pmatrix} = \mathbf{r} \tag{9.12}$$

を得る．式 (9.9), (9.10) を式 (9.12) に代入すると，

$$\begin{pmatrix} \mathbf{m}^t\boldsymbol{w} + w_0 \\ \boldsymbol{\Sigma}_T\boldsymbol{w} + \mathbf{m}(\mathbf{m}^t\boldsymbol{w} + w_0) \end{pmatrix} = \begin{pmatrix} P(\omega_1)b_1 + P(\omega_2)b_2 \\ P(\omega_1)b_1\mathbf{m}_1 + P(\omega_2)b_2\mathbf{m}_2 \end{pmatrix} \tag{9.13}$$

を得る．式 (9.13) および $\mathbf{m} = P(\omega_1)\mathbf{m}_1 + P(\omega_2)\mathbf{m}_2$ の関係を用いると，$\boldsymbol{w}$ に対して

$$\begin{aligned} \boldsymbol{\Sigma}_T\boldsymbol{w} &= -(\mathbf{m}^t\boldsymbol{w} + w_0)\mathbf{m} + P(\omega_1)b_1\mathbf{m}_1 + P(\omega_2)b_2\mathbf{m}_2 \\ &= -(P(\omega_1)b_1 + P(\omega_2)b_2)\mathbf{m} + P(\omega_1)b_1\mathbf{m}_1 + P(\omega_2)b_2\mathbf{m}_2 \\ &= k_1\mathbf{m}_1 + k_2\mathbf{m}_2 \end{aligned} \tag{9.14}$$

が導かれる．ただし，

$$\left.\begin{aligned} k_1 &= -P(\omega_1)^2b_1 - P(\omega_1)P(\omega_2)b_2 + P(\omega_1)b_1 \\ k_2 &= -P(\omega_2)^2b_2 - P(\omega_1)P(\omega_2)b_1 + P(\omega_2)b_2 \end{aligned}\right\} \tag{9.15}$$

とする．ここで，$P(\omega_1) + P(\omega_2) = 1$ を用いることにより，

$$\left.\begin{aligned} k_1 &= \quad P(\omega_1)P(\omega_2)(b_1 - b_2) \\ k_2 &= -P(\omega_1)P(\omega_2)(b_1 - b_2) \end{aligned}\right\} \tag{9.16}$$

を得る．これらを式 (9.14) に代入し，$\boldsymbol{w}$ について解くことにより，

$$\boldsymbol{w} = P(\omega_1)P(\omega_2)(b_1 - b_2)\boldsymbol{\Sigma}_T^{-1}(\mathbf{m}_1 - \mathbf{m}_2) \tag{9.17}$$

が得られる．また，式 (9.13) より

$$w_0 = -\mathbf{m}^t\boldsymbol{w} + P(\omega_1)b_1 + P(\omega_2)b_2$$

$$= -P(\omega_1)P(\omega_2)(b_1 - b_2)\mathbf{m}^t\mathbf{\Sigma}_T^{-1}(\mathbf{m}_1 - \mathbf{m}_2) + P(\omega_1)b_1 + P(\omega_2)b_2 \tag{9.18}$$

を得る．

以上から，決定関数 $\Psi(\boldsymbol{x})$ は

$$\Psi(\boldsymbol{x}) = \boldsymbol{w}^t\boldsymbol{x} + w_0 \tag{9.19}$$

として得られる[*4]．

ここで，

$$\boldsymbol{w} \propto \mathbf{\Sigma}_T^{-1}(\mathbf{m}_1 - \mathbf{m}_2) \tag{9.20}$$

なので，$\boldsymbol{w}$ の向きは $b_1, b_2$ のとり方によらないが，$w_0$ は $b_1, b_2$ に依存するという点に注意が必要である．すなわち，教師ベクトルのとり方によって決定境界の位置が変化する．8.2節〔1〕でも述べたように，教師ベクトルは単位ベクトルとするのが通常である．ここでは2クラスを対象としているので，式 (3.35) に従って各クラスの教師信号を $b_1 = +1$，$b_2 = -1$ とすると，上記の結果から

$$\boldsymbol{w} = 2P(\omega_1)P(\omega_2)\mathbf{\Sigma}_T^{-1}(\mathbf{m}_1 - \mathbf{m}_2) \tag{9.21}$$

$$w_0 = -2P(\omega_1)P(\omega_2)\mathbf{m}^t\mathbf{\Sigma}_T^{-1}(\mathbf{m}_1 - \mathbf{m}_2) + P(\omega_1) - P(\omega_2) \tag{9.22}$$

となる．

ここで取り上げた2クラスを対象とした線形モデルの最適化は，式 (9.6) で定義された期待損失 $L(\mathbf{w})$ の最小化を実現するための処理である．最終的に式 (9.21), (9.22) が得られたわけだが，同様の結果は，これまで他章でも導出している．

例えば，3.1節の式 (3.37) で定義された二乗誤差 $J(\mathbf{w})$ の最小化は，本項で述べた試みとまったく同じであり，その解は二乗誤差最小化学習の最適解として式 (3.40) に示されている．式 (3.40) が式 (9.21), (9.22) と一致することは，式変形によって簡単に確かめることができる（**演習問題 9.1**）．

---

[*4] 式 (9.4) と同様，200ページの脚注 *2 を参照．

また，4.3 節では，式 (4.28) で定義された評価関数 $J = J\left(\tilde{m}_1, \tilde{m}_2, \tilde{\sigma}_1^2, \tilde{\sigma}_2^2\right)$ を用いて最適な線形識別関数を求める方法を紹介した．評価関数 $J$ の具体例として，**演習問題 4.3** では二乗誤差を取り上げた．その最適解も，式 (9.21), (9.22) と一致することが確認できる（**演習問題 9.2**）．

さらに，6.4 節で紹介したフィッシャーの方法で求められる $\boldsymbol{w}$ も，式 (9.21) と同じ形であることがわかる．

このように，式 (9.21), (9.22) は，2 クラスを対象とした最適な線形識別関数を表す包括的な式となっていることがわかる．

### (b) 非線形モデル

決定関数 $\Psi$ を非線形モデルにまで拡大すると，式 (9.2) を最小化する最適解 $\Psi$ を**変分法**（calculus of variations）を用いて容易に導出することができる [大津 81]．すなわち，式 (9.2) の最小化は，$\Psi$ を変関数とする汎関数[*5] $L(\Psi)$ の極値問題となる．いま，

$$F(\boldsymbol{x}, \Psi(\boldsymbol{x})) \stackrel{\text{def}}{=} \sum_{i=1}^{c} P(\omega_i) \|\Psi(\boldsymbol{x}) - \mathbf{t}_i\|^2 p(\boldsymbol{x}|\omega_i) \tag{9.23}$$

とおくと，

$$L(\Psi) = \int F(\boldsymbol{x}, \Psi(\boldsymbol{x})) d\boldsymbol{x} \tag{9.24}$$

は，その最も基本的な形の汎関数であることがわかる．ゆえに，その停留解は，次のオイラー方程式

$$\frac{\partial}{\partial \Psi} F(\boldsymbol{x}, \Psi(\boldsymbol{x})) = \mathbf{0} \tag{9.25}$$

を満足しなければならない[*6]．具体的に計算すると，

$$2 \sum_{i=1}^{c} P(\omega_i)(\Psi(\boldsymbol{x}) - \mathbf{t}_i) p(\boldsymbol{x}|\omega_i) = \mathbf{0} \tag{9.26}$$

---

[*5] ある領域内の $\boldsymbol{x}$ にある数 $y$ が対応するとき，$y$ は変数 $\boldsymbol{x}$ の関数と呼ばれるのに対し，ある関数族の中の一つの関数 $u(\boldsymbol{x})$ にある数 $v$ が対応するとき，$u(\boldsymbol{x})$ は変関数，$v$ は変関数 $u(\boldsymbol{x})$ に依存する汎関数と呼ばれ，$v = v[u(\boldsymbol{x})]$ と表される．

[*6] 変分法の教科書を参照．

を得る．これを $\Psi$ について解くことにより，次の最適解 $\Psi^*(\boldsymbol{x})$ を得る．

$$\Psi^*(\boldsymbol{x}) = \sum_{i=1}^{c} \frac{P(\omega_i)p(\boldsymbol{x}|\omega_i)}{p(\boldsymbol{x})}\ \mathbf{t}_i$$
$$= \sum_{i=1}^{c} P(\omega_i|\boldsymbol{x})\ \mathbf{t}_i \tag{9.27}$$

ただし，ベイズの定理

$$\frac{P(\omega_i)\ p(\boldsymbol{x}|\omega_i)}{p(\boldsymbol{x})} = P(\omega_i|\boldsymbol{x}) \tag{9.28}$$

を用いた．したがって，最小二乗法による学習のもとでの非線形モデルの最適解は，教師ベクトル $\mathbf{t}_i$ の，ベイズ事後確率 $P(\omega_i|\boldsymbol{x})$ を重み係数とする線形結合で表されることがわかる．

### 〔2〕　最小二乗法と判別法

$L(\Psi)$ の最小化は，直感的には**図 9.1** に示すように，**判別空間**（discriminant space）$\mathcal{D}$ 上に配置された教師ベクトル $\mathbf{t}_i$ の周りに，各クラスのパターン $\boldsymbol{x}$ を $\mathbf{y} = \Psi(\boldsymbol{x})$ によりおのおの移したときの平均二乗誤差の最小化を意味する．つまり，識別しやすいように，$\mathbf{t}_i$ の周りに $\mathbf{y}$ をおのおの集中させることを意味する．

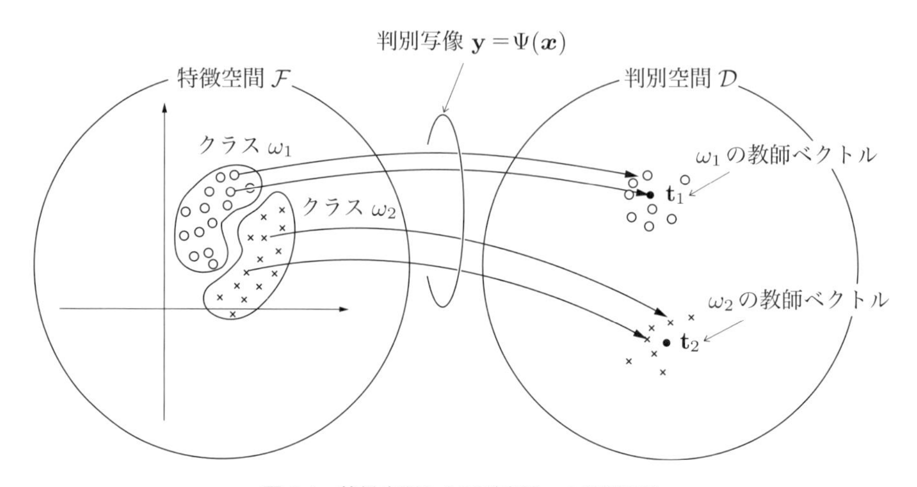


図 9.1　特徴空間から判別空間への判別写像

特徴空間 $\mathcal{F}$ ($\subset \mathcal{R}^d$) から識別に有効なより低次元の新たな判別空間への写像は，**判別写像** (discriminant mapping) と呼ばれる．$\Psi$ はまさに特徴空間から判別空間への写像 $\Psi$

$$\Psi : \mathcal{F} \to \mathcal{D}$$

にほかならない．そして，$\Psi$ を線形モデルに限定したとき，それは**線形判別写像** (linear discriminant mapping) を意味し，$\Psi$ を非線形モデルに拡大すると，それは**非線形判別写像** (nonlinear discriminant mapping) を意味する．前項で求めた最小二乗解と，この判別法との間には密接な関係がある．以下，これについて詳しく述べる．

### (a) 最小二乗法と線形判別法

すでに述べたように，教師信号として $b_1 = +1$，$b_2 = -1$ としたときの線形モデルでの最適解は，式 (9.21) の $\boldsymbol{w}$ と式 (9.22) の $w_0$ を用いて，式 (9.19) で表される．ここで，式 (6.127) を用いると，

$$\boldsymbol{w} \propto \boldsymbol{\Sigma}_W^{-1}(\mathbf{m}_1 - \mathbf{m}_2) \tag{9.29}$$

が成り立つことがわかる．これは，2 クラスの場合，最小二乗法による学習から求まる $\boldsymbol{w}$ が，フィッシャーの方法によって求まる射影軸と同一であることを示している．ただし，ここでは $\boldsymbol{w}^t\boldsymbol{x} + w_0 > 0$ のときクラス $\omega_1$，$\boldsymbol{w}^t\boldsymbol{x} + w_0 < 0$ のときクラス $\omega_2$ と，識別規則（判別境界）まで得られるという点でフィッシャーの方法と異なる．

### (b) 最小二乗法と非線形判別法

**非線形判別法** (nonlinear discriminant method) では，クラス間分散の最大化とクラス内分散の最小化の同時追求が要請され，その最適解は次式に示すように，実は最小二乗法の場合と同様な形となる*7.

$$\Psi^*(\boldsymbol{x}) = \sum_{i=1}^{c} P(\omega_i|\boldsymbol{x})\, \hat{\mathbf{t}}_i \tag{9.30}$$

---

*7 非線形判別分析それ自身は，本章の本筋である期待損失最小化学習と直接関係がないので，最適解の導出については省略する．詳細は文献 [大津 81] を参照されたい．

ただし，ベクトル $\hat{\mathbf{t}}_i$ は，次式で定義される交差行列 $\boldsymbol{S} = [s_{ij}]$

$$s_{ij} = \int P(\omega_j|\boldsymbol{x})\ p(\boldsymbol{x}|\omega_i)\ d\boldsymbol{x} = P(\omega_j|\omega_i) \tag{9.31}$$

の固有値問題から求められる．定義式からわかるように，$s_{ij}$ はクラス $\omega_i$ のパターン $\boldsymbol{x}$ が与えられたとき，それがクラス $\omega_j$ と識別される確率，すなわち，クラス分布間の統計的構造を規定する一種のクラス遷移確率を表している．

式 (9.30) と，非線形モデルでの最適解である式 (9.27) とを比較すると，教師ベクトルの部分を除いて同じ形をしていることがわかる．最小二乗法では，先に述べたように，教師ベクトル $\mathbf{t}_i$ $(i = 1, \ldots, c)$ をあらかじめ固定し，写像点 $\mathbf{y}_p \in \omega_i$ $(i = 1, \ldots, c)$ とその教師ベクトルとの二乗誤差 $\sum_{p,i} \|\mathbf{y}_p - \mathbf{t}_i\|^2$ が最小化される．ここで，$\mathbf{t}_i$ を固定するということは，クラス間分散をあらかじめ固定することを意味し，$\sum_{p,i} \|\mathbf{y}_p - \mathbf{t}_i\|^2$ を小さくするということは，各クラスの $\mathbf{t}_i$ の周りのばらつき，すなわちクラス内分散を小さくすることを意味する．したがって，非線形モデルによる最適解は，判別分析の言葉を借りると，クラス間分散をあらかじめ固定したもとでクラス内分散の最小化を行っていると解釈できる．すなわち，最小二乗法による非線形判別写像は，クラス間分散をあらかじめ固定しておくという点で，非線形判別分析の特殊な場合に相当し，その教師ベクトルを $\hat{\mathbf{t}}_i$ とすれば，最小二乗法によって求めた非線形判別写像は非線形判別法と完全に一致する．

## coffee break

### ❖ 識別？判別？

パターン認識の分野では，「識別」，「判別」といった一見同義語とも思えるような言葉が頻繁に用いられるが，これらは厳密に区別されるべきである．識別と判別との違いは，次のとおりである．識別とは，あらかじめ与えられたクラスに関する知識に基づいて，未知のパターンがどのクラスに属するかを決定する過程を指し，判別とは，識別のような決定過程は必ずしも含まず，単に識別に有効な特徴を強調することを意味する．例えば，「ヒト」と「サル」を識別するにあたって，「尻尾のあり・なし」という識別に有効な判定基準をパターンから抽出することを判別と呼ぶ．なお，この特徴抽出機が判別写像に相当する．

## 〔3〕 最小二乗法とベイズ決定則

### (a) 線形モデル

最小二乗法による学習によって求まる線形識別関数とベイズ決定則との関係について調べる．式 (9.6) において，$b_1 = +1$，$b_2 = -1$ とおくと，

$$
\begin{aligned}
L(\mathbf{w}) = P(\omega_1) \int (\mathbf{w}^t \mathbf{x} - 1)^2 p(\boldsymbol{x}|\omega_1) d\boldsymbol{x} \\
+ P(\omega_2) \int (\mathbf{w}^t \mathbf{x} + 1)^2 p(\boldsymbol{x}|\omega_2) d\boldsymbol{x}
\end{aligned}
\tag{9.32}
$$

を得る．一方，ベイズ識別関数 $g_0(\boldsymbol{x})$ は，ベイズの定理より

$$
\begin{aligned}
g_0(\boldsymbol{x}) &= P(\omega_1|\boldsymbol{x}) - P(\omega_2|\boldsymbol{x}) \\
&= \frac{p(\boldsymbol{x}|\omega_1)P(\omega_1) - p(\boldsymbol{x}|\omega_2)P(\omega_2)}{p(\boldsymbol{x})}
\end{aligned}
\tag{9.33}
$$

と書けるので，$L(\mathbf{w})$ は

$$
\begin{aligned}
L(\mathbf{w}) &= \int \left(\mathbf{w}^t \mathbf{x} - 1\right)^2 P(\omega_1) p(\boldsymbol{x}|\omega_1) d\boldsymbol{x} \\
&\quad + \int \left(\mathbf{w}^t \mathbf{x} + 1\right)^2 P(\omega_2) p(\boldsymbol{x}|\omega_2) d\boldsymbol{x} \\
&= \int \left(\mathbf{w}^t \mathbf{x}\right)^2 p(\boldsymbol{x}) d\boldsymbol{x} \\
&\quad - 2 \int \mathbf{w}^t \mathbf{x} g_0(\boldsymbol{x}) p(\boldsymbol{x}) d\boldsymbol{x} + 1 \\
&= \int \left(\mathbf{w}^t \mathbf{x} - g_0(\boldsymbol{x})\right)^2 p(\boldsymbol{x}) d\boldsymbol{x} \\
&\quad + \left(1 - \int g_0^2(\boldsymbol{x}) p(\boldsymbol{x}) d\boldsymbol{x}\right)
\end{aligned}
\tag{9.34}
$$

となる．式 (9.34) 最右辺の第 2 項は $\mathbf{w}$ によらないので，$L(\mathbf{w})$ を最小にする $\mathbf{w}$ は第 1 項を最小にする $\mathbf{w}$ であり，したがって，このようにして求まる線形識別関数 $g(\boldsymbol{x}) = \mathbf{w}^t \mathbf{x}$ は，ベイズ識別関数 $g_0(\boldsymbol{x})$ を最小二乗近似する線形識別関数である．

## coffee break

### ❖ ベイズ識別関数を最小二乗近似する線形識別関数は最良の線形識別関数か？

5.3節で述べたように，ベイズ識別関数は誤り確率を最小の値，すなわちベイズ誤り確率にする識別関数であり，理想的な識別関数と見なすことができる．そして，本項で述べたように，最小二乗法に基づく学習により，ベイズ識別関数を最小二乗近似する線形識別関数が得られる．したがって，この線形識別関数は，誤り確率を最小にする線形識別関数であるかのように見える．

ところが，**図9.2**に示すように，これは必ずしも正しくない．図において誤り確率を最小にする線形識別関数の決定境界の例は $L$ であるが，ベイズ識別関数を最小二乗近似する線形識別関数の決定境界は $M$ であり，誤り確率は0にならない．これは，二乗誤差最小という基準を用いると，パターン数の多いところ，すなわち $p(\boldsymbol{x})$ の大きいところの寄与が大きくなることによる．

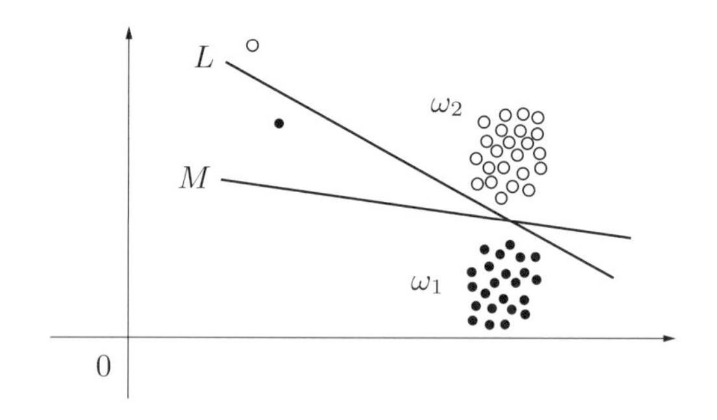


**図9.2**　最良の線形識別関数

したがって，ベイズ識別関数を最小二乗近似する線形識別関数は，誤り確率という観点から見ると，必ずしも最良の線形識別関数ではない．図9.2のように，線形分離可能の場合でさえ事情は同じであるという点に注意が必要である．3.2節〔2〕でも同様のことを述べた．

### (b) 非線形モデル

非線形モデルの最適解を求めた式 (9.27)，すなわち

$$\mathbf{y}^* = \Psi^*(\boldsymbol{x}) = \sum_{i=1}^{c} P(\omega_i|\boldsymbol{x})\mathbf{t}_i$$

は，最小二乗法とベイズ決定則とを結び付ける極めて重要な関係式となっている．

$$P(\omega_i|\boldsymbol{x}) \geq 0 \quad \text{かつ} \quad \sum_{i=1}^{c} P(\omega_i|\boldsymbol{x}) = 1 \tag{9.35}$$

に注意すると，各パターン $\boldsymbol{x}$ は，幾何学的には最適写像 $\Psi^*(\boldsymbol{x})$ により各クラスの代表点 $\mathbf{t}_i$ をそのベイズ事後確率の比で内分する点に移されることがわかる．

$\mathbf{y}^*$ の張る空間は，$c$ 次元空間上で $c$ 個のクラスの代表点 $\mathbf{t}_i$ $(i = 1, \ldots, c)$ を通る $(c-1)$ 次元超平面，すなわち $(c-1)$ 次元射影平面となる．そして，なんら一般性を失うことなく，クラス $\omega_i$ に対する教師ベクトル $\mathbf{t}_i$ としては，第 $i$ 成分が 1 でその他の成分はすべて 0 となるような $c$ 次元座標単位ベクトル

$$\mathbf{t}_i = (\overset{1}{0}, \ldots, 0, \overset{i}{1}, 0, \ldots, \overset{c}{0}) \qquad (i = 1, \ldots, c) \tag{9.36}$$

を選ぶことができる[*8]．このとき，パターン $\boldsymbol{x}$ は，最適写像 $\mathbf{y}^* = \Psi^*(\boldsymbol{x})$ により，第 $i$ 成分をクラス $\omega_i$ のベイズ事後確率とする**ベイズ確率ベクトル**（Bayes probability vector）

$$\Psi^*(\boldsymbol{x}) = (P(\omega_1|\boldsymbol{x}), \ldots, P(\omega_c|\boldsymbol{x}))^t \overset{\text{def}}{=} \Psi_B(\boldsymbol{x}) \tag{9.37}$$

に移される．すなわち，式 (8.9), (8.10) を見れば明らかなように，最適写像 $\mathbf{y}^* = \Psi_B(\boldsymbol{x})$ で定まる決定規則は，ベイズ決定則と完全に一致する．

特徴空間でのベイズ境界が，最適判別写像 $\Psi_B$ により判別空間ではどのようになっているかを考察しよう．最小二乗法に基づく非線形判別写像による写像点を幾何学的に解釈すると，例えば，**図 9.3** に示すような $d$ 次元特徴空間 $\mathcal{F}$ で分布する 3 クラスのパターン $\boldsymbol{x} \in \mathcal{R}^d$ は，最適判別写像 $\Psi^*$ により，$\mathbf{t}_1, \mathbf{t}_2, \mathbf{t}_3$ を

---

[*8] このとき，各教師ベクトルは，$(c-1)$ 次元単体の頂点となる．このことから，$c=2$ の場合，判別関数は 1 次元でよいことも確認される．

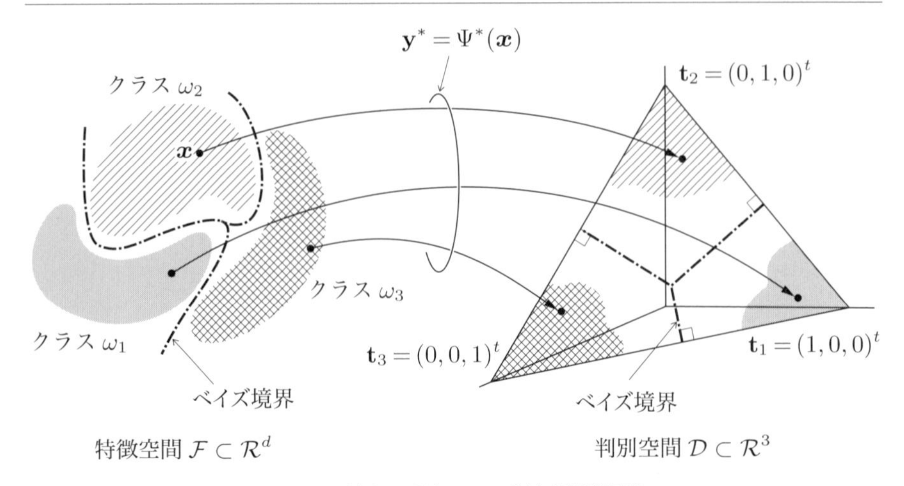


図 9.3 最小二乗法による非線形判別写像

頂点とする三角形の周上および内部に移されることがわかる．そこで，判別平面上で $\mathbf{y}^*$ （$= \Psi^*(\boldsymbol{x})$） と $\mathbf{t}_i$ との二乗距離 $D_i^2$ を計算してみると，

$$
\begin{aligned}
D_i^2 &= \|\mathbf{y}^* - \mathbf{t}_i\|^2 \\
&= \|\mathbf{y}^*\|^2 - 2(\mathbf{y}^*)^t \mathbf{t}_i + 1 \\
&= \|\mathbf{y}^*\|^2 - 2P(\omega_i|\boldsymbol{x}) + 1
\end{aligned}
\tag{9.38}
$$

となるから[*9]，二乗距離 $D_i^2$ の $i$ に関する最小化は，事後確率 $P(\omega_i|\boldsymbol{x})$ の $i$ に関する最大化と同値であることがわかる．このことは，ベイズ決定則が，特徴空間 $\mathcal{F}$ では事後確率が最大となるクラス選択になり，一方，判別空間 $\mathcal{D}$ では $\mathbf{y}$ と $\mathbf{t}_i$ との二乗距離が最小となるクラス選択になることを意味している．したがって，図 9.3 に示すように，特徴空間 $\mathcal{F}$ におけるベイズ境界（ベイズ決定則による境界）は，$(c-1)$ 次元単体では単純な重心分割境界となり，$\mathcal{F}$ では複雑な境界も $\mathcal{D}$ では単純な線形識別境界となるのである．図では，ベイズ境界を太い一点鎖線で示している．

最小二乗法による非線形判別写像の例を，1 次元特徴で 2 クラスの場合と，1 次元特徴で 3 クラスの場合について，**図 9.4**，**図 9.5** にそれぞれ示す．図 9.3 と同様，ベイズ境界を太い一点鎖線で示している．まず図 9.4 では，2 クラス問題

---

[*9] $(\mathbf{y}^*)^t \mathbf{t}_i = (P(\omega_1|\boldsymbol{x}), \ldots, P(\omega_c|\boldsymbol{x}))(0, \ldots, 0, 1, 0, \ldots, 0)^t = P(\omega_i|\boldsymbol{x})$ に注意．

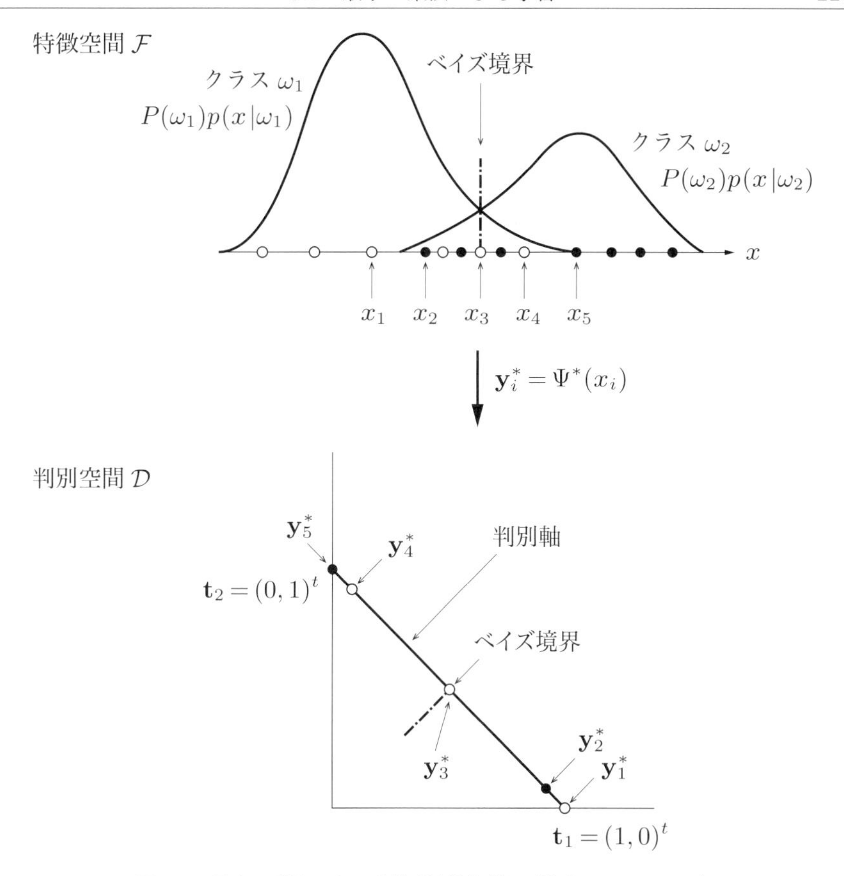


図 9.4 最小二乗法による非線形判別写像の例（$d = 1$, $c = 2$）

ゆえ，$x_i \in \mathcal{R}$ は最適判別写像 $\mathbf{y}_i^* = \Psi^*(x_i)$ により，2 点 $\mathbf{t}_1, \mathbf{t}_2$ を結ぶ線分上に移される．そして，特徴空間でのベイズ境界上の $x_3$ は，確かに判別軸上でのベイズ識別境界（$\mathbf{t}_1$ と $\mathbf{t}_2$ の中点）に移される．$x_2$ は本来クラス $\omega_2$ のパターンであるが，特徴空間では $P(\omega_1|x_2) > P(\omega_2|x_2)$ ゆえ[*10]，ベイズ決定則に従って $x_2$ はクラス $\omega_1$ と誤識別される．一方，判別空間でも $\|\mathbf{t}_1 - \mathbf{y}_2\| < \|\mathbf{t}_2 - \mathbf{y}_2\|$ ゆえ，確かに $\mathbf{y}_2$ はクラス $\omega_1$ と誤識別される．

次に，図 9.5 は 3 クラス問題であるから，パターン $x_i$ は最適判別写像によ

[*10] ベイズの定理，$P(\omega)p(x|\omega) = P(\omega|x)p(x)$ を用いている．

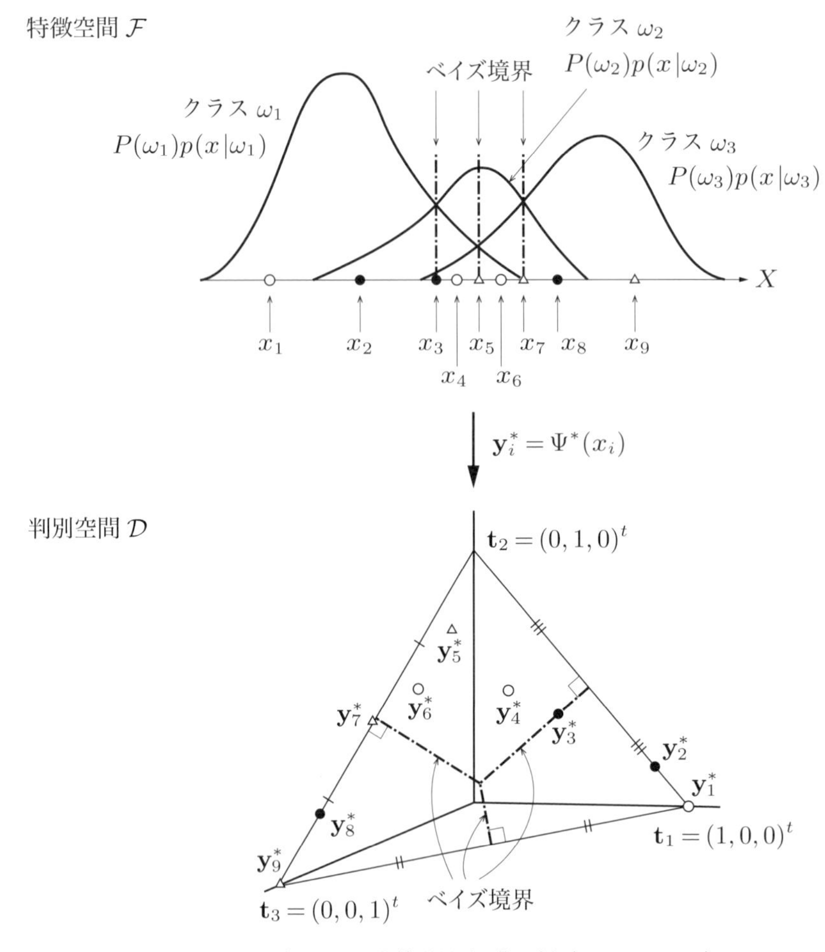


図 9.5　最小二乗法による非線形判別写像の例（$d = 1$，$c = 3$）

り，3 点 $\mathbf{t}_1$, $\mathbf{t}_2$, $\mathbf{t}_3$ を頂点とする三角形の周上および内部に移される．図から $P(\omega_1|x_5) = P(\omega_3|x_5) < P(\omega_2|x_5)$ ゆえ，特徴空間でクラス $\omega_1$ と $\omega_3$ のベイズ境界上の点 $x_5$ は，上記三角形の内部で，かつ $\|\mathbf{t}_1 - \mathbf{y}_5^*\| = \|\mathbf{t}_3 - \mathbf{y}_5^*\| > \|\mathbf{t}_2 - \mathbf{y}_5^*\|$ を満たす点 $\mathbf{y}_5^*$ に移される．また，$x_1$, $x_9$ に対しては，それぞれ $P(\omega_1|x_1) = 1$, $P(\omega_3|x_9) = 1$ であるから，これらは $\mathbf{y}_1^* = \mathbf{t}_1$，$\mathbf{y}_9^* = \mathbf{t}_3$ に移される．

# 9.2　最小二乗法と各種学習法

## 〔1〕　最小二乗法とウィドロー・ホフの学習規則

線形識別関数によるパターン識別では，クラス $\omega_i$ の識別関数 $g_i$ を

$$g_i(\boldsymbol{x}) = \mathbf{w}_i^t \mathbf{x} \tag{9.39}$$

と定義し，$\mathbf{x}$, $\mathbf{w}_i$ を下式のように設定する．

$$\mathbf{x} = \begin{pmatrix} 1 \\ \boldsymbol{x} \end{pmatrix}, \quad \mathbf{w}_i = \begin{pmatrix} w_{i0} \\ \boldsymbol{w}_i \end{pmatrix} \tag{9.40}$$

学習では，クラス $\omega_i$ のパターン $\boldsymbol{x}$ に対して

$$g_i(\boldsymbol{x}) > g_j(\boldsymbol{x}) \quad (\forall j \neq i) \tag{9.41}$$

となるように，パラメータ $\mathbf{w}_i$ $(i = 1, \ldots, c)$ を決定する．パーセプトロンの学習規則は，各クラスのパターン $\boldsymbol{x}$ に対して式 (9.41) を忠実に実現しようとするが，各クラスの分布が線形分離不可能な場合には，式 (9.41) を完全には実現することができず，パーセプトロンの学習規則は収束しない．

そこで，ウィドローとホフはこの問題に対処すべく，入力される各学習パターンに対して望ましい出力値（教師信号）をあらかじめ定め，実際に得られる識別関数の値とその教師信号の値との二乗誤差を最小化する学習法を提案した．ウィドロー・ホフの学習規則は，式 (3.17) で示したように，

$$J(\mathbf{w}_1, \mathbf{w}_2, \ldots, \mathbf{w}_c) = \frac{1}{2} \sum_{i=1}^{c} \|\mathbf{X}\mathbf{w}_i - \mathbf{b}_i\|^2 \tag{9.42}$$

を最急降下法によって最小化する方法として導出されている．ただし，

$$\begin{cases} \mathbf{X} = (\mathbf{x}_1, \mathbf{x}_2, \ldots, \mathbf{x}_n)^t \\ \mathbf{b}_i = (b_{i1}, b_{i2}, \ldots, b_{in})^t \qquad (i = 1, 2, \ldots, c) \end{cases} \tag{9.43}$$

である．上式の $n$ はパターン総数である．ここで，

$$\Psi(\boldsymbol{x}) = (\mathbf{w}_1^t \mathbf{x},\ \mathbf{w}_2^t \mathbf{x},\ \ldots,\ \mathbf{w}_c^t \mathbf{x})^t \tag{9.44}$$

とし，さらに $\mathbf{t}_i$ を式 (9.36) の $c$ 次元座標単位ベクトルとすると，式 (9.42) は若干の式変形により

$$J(\Psi) = \frac{1}{2}\sum_{p=1}^{n}\sum_{i=1}^{c}||\Psi(\boldsymbol{x}_p) - \mathbf{t}_i||^2 \cdot v(\boldsymbol{x}_p \in \omega_i) \tag{9.45}$$

と書き換えられる（**演習問題 9.3**）．ここで，$v(\cdot)$ は式 (8.28) で定義される関数とする．

一方，式 (8.27) の経験損失において，損失 $l_i(\boldsymbol{x}_p;\boldsymbol{\theta})$ を

$$l_i(\boldsymbol{x}_p;\boldsymbol{\theta}) = ||\Psi(\boldsymbol{x}_p) - \mathbf{t}_i||^2 \tag{9.46}$$

とすると，式 (9.45) は，識別機の設計に無関係な定数倍を除いて式 (8.27) に一致する．すなわち，式 (9.45) は，二乗誤差を損失関数とした期待損失を，学習パターンに基づく経験損失で近似したものとなっている．以上から，ウィドロー・ホフの学習規則が，最小二乗法に基づく線形判別写像を実現するための規則であることがわかる．

### 〔2〕　最小二乗法と誤差逆伝播法

クラス数 $c$ のパターン識別問題に対して多層ニューラルネットワークを用いた場合，入力ベクトル $\boldsymbol{x}$ に対するニューラルネットワークの出力は，

$$\mathbf{y} = \mathbf{f}(\boldsymbol{x}, \mathbf{v}) \tag{9.47}$$

なる非線形ベクトル値関数となる．ここで，$\mathbf{v}$ はすべての重みからなるパラメータベクトルで，$\mathbf{y}$ は $c$ 次元ベクトルである．誤差逆伝播法に基づくニューラルネットワークの学習では，$\boldsymbol{x} \in \omega_i$ に対しては，第 $i$ 成分のみが 1 で他の成分は 0 である $c$ 次元座標単位ベクトル $\mathbf{t}_i$ と $\mathbf{f}(\boldsymbol{x}, \mathbf{v})$ との二乗誤差を最小化するように重みを修正する．これは，決定関数を

$$\Psi(\boldsymbol{x}) = \mathbf{f}(\boldsymbol{x}, \mathbf{v}) \tag{9.48}$$

とした場合の最小二乗法に基づく非線形識別関数の学習にほかならない．したがって，9.1 節の議論から，ニューラルネットワークはそのネットワーク構造で表現できる範囲内でベイズ識別関数を最良近似しうることがわかる．換言すれ

ば，ニューラルネットワークは線形識別関数に比べ，より精度良くベイズ識別関数を近似しうる非線形識別関数なのである．ただし，できるだけ近似精度を高めようと，ニューラルネットワークの中間ユニット数を必要以上に多くすると，かえって識別性能の低下を招くことに注意する必要がある．これは，中間ユニット数の増加に伴い，ニューラルネットワークの自由度が上がり，学習パターンの変動やパラメータの初期値の変動に対してニューラルネットワークの出力が非常に敏感になる（分散が大きくなる）ことに起因する．ニューラルネットワークのような非線形モデルは，こうした性質を熟知し，うまく使いこなせて初めてその潜在的性能を引き出せるのであって，安直に使用すべきではない．

ニューラルネットワークの分散を低減し，タスクに応じて適切な安定化を図る実用的手法として，**重み減衰パラメータ**（weight decay parameter）の導入と**アンサンブル学習**（ensemble learning）が提案されている．前者は，ニューラルネットワークで推定される関数を滑らかにすることにより分散を抑えようとする，いわゆる**正則化**（regularization）手法の一種である．重み減衰パラメータは，安定化の度合いを制御するパラメータで，正則化パラメータとも呼ばれる．具体的には，誤差逆伝播法における通常の目的関数に，次式に示すように，ニューラルネットワークの重みのノルム $||\mathbf{v}||$ の 2 乗を定数（$\lambda$）倍[*11]して付与した結果を，新たな目的関数とする．

$$J(\mathbf{v}) = \sum_{i=1}^{c} \sum_{\boldsymbol{x} \in \omega_i} \|\mathbf{f}(\boldsymbol{x}, \mathbf{v}) - \mathbf{t}_i\|^2 + \lambda \, ||\mathbf{v}||^2 \tag{9.49}$$

上式からわかるように，右辺第 2 項は正則化項で，$\lambda$ が重み減衰パラメータである．つまり，右辺第 2 項はできるだけ重みのノルムが小さくなるように学習させるペナルティ項の役割を果たす．$\lambda$ の値が大きいほど，ニューラルネットワークのモデルの自由度が減少し，その結果，より滑らかな識別境界を生成する．ここで注意すべきことは，正則化項として，通常の正則化で用いられている関数の曲率ではなく，重みのノルムが用いられている点である．この手法は一見限定的に見えるが，その妥当性についての理論的な解析がなされている．詳細は文献 [Bis95] の第 9 章，第 10 章を参照されたい．$\lambda$ の値は 4.5 節のハイパーパラメータの決定法を適用して求める．

---

[*11] 絶対ノルムとすることもある．

また，後者のアンサンブル学習とは，まず同一タスクに対し，$M$ 個のニューラルネットワーク[*12] $\mathbf{f}_1(\boldsymbol{x}, \mathbf{v}), \ldots, \mathbf{f}_M(\boldsymbol{x}, \mathbf{v})$ を，学習パターンを用いて独立に学習し，ある入力に対する出力として，それらのニューラルネットワークの出力の平均（一般には重み付き平均）値を用いる方法である．すなわち，アンサンブル学習において，$\boldsymbol{x}$ に対する出力 $\mathbf{f}_{\mathrm{ens}}$ は，線形重み $\alpha_m$ $(m = 1, \ldots, M)$ を用いて，

$$\mathbf{f}_{\mathrm{ens}}(\boldsymbol{x}, \mathbf{v}) = \sum_{m=1}^{M} \alpha_m \mathbf{f}_m(\boldsymbol{x}, \mathbf{v}) \tag{9.50}$$

で表される[*13]．回帰問題（実数値の入出力ペア $(\boldsymbol{x}_i, y_i)$ $(i = 1, \ldots, N)$ から関数 $y = f(\boldsymbol{x}; \theta)$ を当てはめる問題）に対しては，文献 [上田 97] にアンサンブル学習による汎化誤差の改善効果に関する解析結果が詳述されている．また，分類問題については，文献 [Bre97] が詳しい．識別機としてニューラルネットワークを用いている，あるいは用いようと考えている読者は，これらの話題について熟知しておく必要がある．

## 演習問題

**9.1** 式 (3.40) で示した二乗誤差最小化学習の最適解

$$\mathbf{w} = (\mathbf{X}^t \mathbf{X})^{-1} \mathbf{X}^t \mathbf{b}$$

が，式 (9.21), (9.22) と一致することを示せ．

**9.2*** 第4章の**演習問題 4.3** では，2クラスを対象とした最適な線形識別関数の重み $\boldsymbol{w}$, $w_0$ として

$$\begin{aligned} \boldsymbol{w} &= a \cdot \boldsymbol{\Sigma}_W^{-1}(\mathbf{m}_1 - \mathbf{m}_2) \\ w_0 &= -\mathbf{m}^t \boldsymbol{w} + P(\omega_1) - P(\omega_2) \end{aligned}$$

を得た．式 (6.134) を用いることにより，上式が式 (9.21), (9.22) と一致することを示せ．

**9.3** 式 (9.42) から式 (9.45) を導出せよ（式 (3.10) を利用するのがよい）．

*12 同一モデルである必要はない．

*13 アンサンブルの仕方には，いくつか種類がある．

# 付録 A 補足事項

## A.1 パーセプトロンの収束定理の証明

以下では 2 クラスの場合を扱う．

合計 $n$ 個の学習パターン $\mathbf{x}_1, \mathbf{x}_2, \ldots, \mathbf{x}_n$ を用意する．ただし，$\mathbf{x}_p\,(p = 1, \ldots, n)$ は拡張特徴ベクトルとする．各パターンはクラス $\omega_1$, $\omega_2$ のいずれかに属し，かつこれらは線形分離可能とする．

拡張重みベクトル $\mathbf{w}$ を用いた線形識別関数 $g(\mathbf{x})$ を

$$g(\mathbf{x}) = \mathbf{w}^t\mathbf{x} \tag{A.1.1}$$

とし，

$$\begin{cases} g(\mathbf{x}) = \mathbf{w}^t\mathbf{x} > 0 & (\forall\mathbf{x} \in \omega_1) \\ g(\mathbf{x}) = \mathbf{w}^t\mathbf{x} < 0 & (\forall\mathbf{x} \in \omega_2) \end{cases} \tag{A.1.2}$$

となるよう，重みベクトル $\mathbf{w}$ を決定する．ここで，$\mathbf{x} \in \omega_2$ の全パターンに負号を付与して変換すると，式 (A.1.2) は

$$g(\mathbf{x}) = \mathbf{w}^t\mathbf{x} > 0 \qquad (\forall\mathbf{x}) \tag{A.1.3}$$

とまとめることができる．

パーセプトロンの誤り訂正の過程で正しく識別できなかった学習パターンを順に

$$\mathbf{x}^1, \mathbf{x}^2, \ldots, \mathbf{x}^k, \ldots \tag{A.1.4}$$

と登録する．ただし，$\mathbf{x}^k$ は正しく識別できなかった $k$ 番目のパターンを表し，

$$\mathbf{x}^k \in \{\mathbf{x}_1, \mathbf{x}_2, \ldots, \mathbf{x}_n\} \qquad (k = 1, 2, \ldots) \tag{A.1.5}$$

である．パターン数が 4（$n = 4$）の例を**図 A.1** に示す．同一パターンであっても，それが複数エポックにわたって正しく識別できなければ，その都度 $\mathbf{x}$ の右肩の番号を変えて登録することになる．例えば，図 A.1 で $\mathbf{x}^3$ と $\mathbf{x}^5$ はいずれもパターン $\mathbf{x}_4$ を指している．

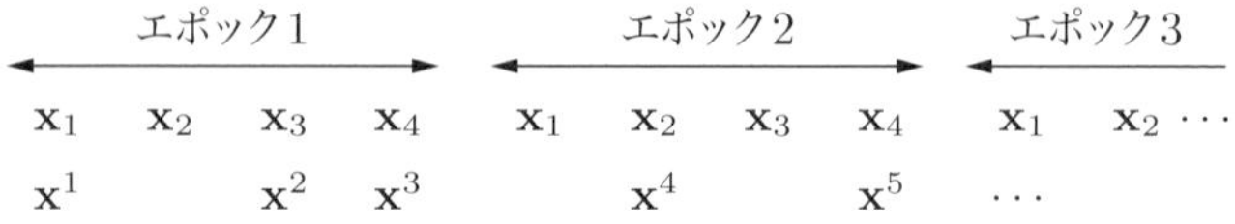

| エポック1 | | | | エポック2 | | | | エポック3 | |
|---|---|---|---|---|---|---|---|---|---|
| $\mathbf{x}_1$ | $\mathbf{x}_2$ | $\mathbf{x}_3$ | $\mathbf{x}_4$ | $\mathbf{x}_1$ | $\mathbf{x}_2$ | $\mathbf{x}_3$ | $\mathbf{x}_4$ | $\mathbf{x}_1$ | $\mathbf{x}_2 \cdots$ |
| $\mathbf{x}^1$ | | $\mathbf{x}^2$ | $\mathbf{x}^3$ | | $\mathbf{x}^4$ | | $\mathbf{x}^5$ | $\cdots$ | |

**図 A.1** 学習過程におけるパターンの系列例（$n = 4$）

学習係数 $\rho$（$> 0$）は任意に設定できるので，以下では簡単のため $\rho = 1$ とする．

重みベクトルの初期値 $\mathbf{w}^1$ を任意に設定し，正しく識別できなかったパターン $\mathbf{x}^k$ が発生したとき，パーセプトロンの学習規則に従って，重みベクトル $\mathbf{w}^k$ は次式のように $\mathbf{w}^{k+1}$ に修正される．

$$\mathbf{w}^{k+1} = \mathbf{w}^k + \mathbf{x}^k \qquad (k \geq 1) \tag{A.1.6}$$

ここで，解となる重みベクトルの一つを $\hat{\mathbf{w}}$ とすると，

$$\hat{\mathbf{w}}^t \mathbf{x}_p > 0 \qquad (p = 1, 2, \ldots, n) \tag{A.1.7}$$

が成り立つ．ここで，定数 $\alpha$（$> 0$）を用いると，式 (A.1.7) より

$$\alpha \hat{\mathbf{w}}^t \mathbf{x}_p > 0 \qquad (p = 1, 2, \ldots, n) \tag{A.1.8}$$

が成り立つから，重みベクトル $\alpha\hat{\mathbf{w}}$ も解である．以下では，繰り返しにより重みが $\alpha\hat{\mathbf{w}}$ に限りなく近づくことを示す（**図 A.2**）[*1]．

式 (A.1.6) の両辺より $\alpha\hat{\mathbf{w}}$ を引くと，下式が得られる．

$$\left(\mathbf{w}^{k+1} - \alpha\hat{\mathbf{w}}\right) = \left(\mathbf{w}^k - \alpha\hat{\mathbf{w}}\right) + \mathbf{x}^k \qquad (k \geq 1) \tag{A.1.9}$$

---

[*1] もし $\hat{\mathbf{w}}$ のノルムが小さく，$\hat{\mathbf{w}}$ が初期値 $\mathbf{w}^1$ に対して原点寄りに位置すると，図 A.2 に示すように，繰り返しのたびに重みが $\hat{\mathbf{w}}$ から遠ざかる．解領域内の任意の $\hat{\mathbf{w}}$ に対し，ある $\alpha$ が存在し，$\alpha\hat{\mathbf{w}}$ には必ず収束する．そのような $\alpha$ の値を示したのが式 (A.1.17) である．

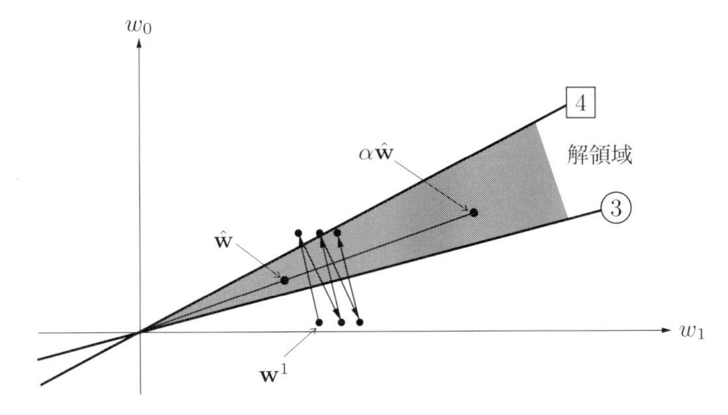


図 A.2 学習による重みベクトルの移動

両辺のノルムをとって 2 乗することにより，

$$\begin{aligned}&\left\|\mathbf{w}^{k+1}-\alpha\hat{\mathbf{w}}\right\|^2\\&\quad=\left\|\mathbf{w}^{k}-\alpha\hat{\mathbf{w}}\right\|^2+2\left(\mathbf{w}^{k}-\alpha\hat{\mathbf{w}}\right)^t\mathbf{x}^k+\left\|\mathbf{x}^k\right\|^2 &\text{(A.1.10)}\\&\quad=\left\|\mathbf{w}^{k}-\alpha\hat{\mathbf{w}}\right\|^2+2\left(\mathbf{w}^{k}\right)^t\mathbf{x}^k-2\alpha\hat{\mathbf{w}}^t\mathbf{x}^k+\left\|\mathbf{x}^k\right\|^2 &\text{(A.1.11)}\end{aligned}$$

が得られる．式 (A.1.4) で示したように，$\mathbf{x}^k$ は正しく識別できなかったパターンであるので，式 (A.1.3) より

$$g(\mathbf{x}^k)=\left(\mathbf{w}^k\right)^t\mathbf{x}^k\le 0 \tag{A.1.12}$$

が成り立つ．したがって，式 (A.1.11) はさらに変形され，

$$\left\|\mathbf{w}^{k+1}-\alpha\hat{\mathbf{w}}\right\|^2\le\left\|\mathbf{w}^{k}-\alpha\hat{\mathbf{w}}\right\|^2-2\alpha\hat{\mathbf{w}}^t\mathbf{x}^k+\left\|\mathbf{x}^k\right\|^2 \tag{A.1.13}$$

が得られる．ここで，

$$\beta\overset{\text{def}}{=}\max_{p=1,\ldots,n}\|\mathbf{x}_p\| \tag{A.1.14}$$

$$\gamma\overset{\text{def}}{=}\min_{p=1,\ldots,n}\hat{\mathbf{w}}^t\mathbf{x}_p>0 \tag{A.1.15}$$

とすると，式 (A.1.13) より，

$$\left\|\mathbf{w}^{k+1}-\alpha\hat{\mathbf{w}}\right\|^2\le\left\|\mathbf{w}^{k}-\alpha\hat{\mathbf{w}}\right\|^2-2\alpha\gamma+\beta^2 \tag{A.1.16}$$

を得る．ここで，$\alpha$ を

$$\alpha = \frac{\beta^2}{\gamma} \tag{A.1.17}$$

と設定すると，

$$\|\mathbf{w}^{k+1} - \alpha\hat{\mathbf{w}}\|^2 \le \|\mathbf{w}^k - \alpha\hat{\mathbf{w}}\|^2 - \beta^2 \tag{A.1.18}$$

$$\le \|\mathbf{w}^{k-1} - \alpha\hat{\mathbf{w}}\|^2 - 2\beta^2 \tag{A.1.19}$$

$$\cdots$$

$$\le \|\mathbf{w}^1 - \alpha\hat{\mathbf{w}}\|^2 - k\beta^2 \tag{A.1.20}$$

が成り立つ．すなわち

$$0 \le \|\mathbf{w}^{k+1} - \alpha\hat{\mathbf{w}}\|^2 \le \|\mathbf{w}^1 - \alpha\hat{\mathbf{w}}\|^2 - k\beta^2 \tag{A.1.21}$$

である．

ここで，$k$ を増大させたとき，$\|\mathbf{w}^{k+1} - \alpha\hat{\mathbf{w}}\|^2$ は負になり得ないので，

$$k_0 = \frac{\|\mathbf{w}^1 - \alpha\hat{\mathbf{w}}\|^2}{\beta^2} \tag{A.1.22}$$

とおくと，この処理は $k_0$ 以下の修正回数で必ず収束する．　(証明終)

## A.2　ベクトル，行列による微分

以下では，ベクトル，行列による微分に関する公式をまとめておく．ただし，ここでは本文中で使用した公式を主として挙げる．他の公式，あるいは詳細については，文献 [Fuk90][DHS01][Bis06][石井 14] の付録を参照されたい．

最初に，ここで使用する記法を以下に示す．なお，$\mathbf{A} = (a_{ij})$ とあるのは，行列 $\mathbf{A}$ の $(i, j)$ 成分が $a_{ij}$ であることを示す．また，**スカラー関数**（scalar function）とは出力がスカラーとなる関数であり，**ベクトル関数**（vector function）とは出力がベクトルとなる関数である．

| | |
|---|---|
| $\boldsymbol{x} = (x_1, x_2, \ldots, x_d)^t$ | $d$ 次元ベクトル |
| $\mathbf{y} = (y_1, y_2, \ldots, y_d)^t$ | $d$ 次元ベクトル |
| $\mathbf{a} = (a_1, a_2, \ldots, a_d)^t$ | $d$ 次元ベクトル |

| | |
|---|---|
| $f(\boldsymbol{x})$ | ベクトル $\boldsymbol{x}$ を変数とするスカラー関数 |
| $f_i(\boldsymbol{x}) \quad (i=1,\ldots,m)$ | ベクトル $\boldsymbol{x}$ を変数とするスカラー関数 |
| $\mathbf{f}(\boldsymbol{x}) = (f_1(\boldsymbol{x}),\ldots,f_m(\boldsymbol{x}))^t$ | $m$ 次元のベクトル関数（太字に注意） |
| $\mathbf{A} = (a_{ij})$ | $d \times d$ の正方行列 |
| $\mathbf{B} = (b_{ij})$ | $m \times d$ の長方行列 |
| $\mathbf{C} = (c_{ij})$ | $d \times m$ の長方行列 |
| $\mathbf{X} = (x_{ij})$ | $d \times m$ の長方行列 |
| $\lvert\mathbf{A}\rvert$ | $\mathbf{A}$ の行列式 |

まず，ベクトル，行列による微分を以下のように定義する．

$$\frac{\partial f}{\partial \boldsymbol{x}} \stackrel{\text{def}}{=} \left(\frac{\partial f}{\partial x_1},\ldots,\frac{\partial f}{\partial x_d}\right)^t \tag{A.2.1}$$

$$\frac{\partial \mathbf{f}}{\partial \boldsymbol{x}} \stackrel{\text{def}}{=} \left(\frac{\partial f_i}{\partial x_j}\right) = \begin{pmatrix} \dfrac{\partial f_1}{\partial x_1} & \cdots & \dfrac{\partial f_1}{\partial x_d} \\ \vdots & \ddots & \vdots \\ \dfrac{\partial f_m}{\partial x_1} & \cdots & \dfrac{\partial f_m}{\partial x_d} \end{pmatrix} \tag{A.2.2}$$

$$\frac{\partial f}{\partial \mathbf{X}} \stackrel{\text{def}}{=} \left(\frac{\partial f}{\partial x_{ij}}\right) = \begin{pmatrix} \dfrac{\partial f}{\partial x_{11}} & \cdots & \dfrac{\partial f}{\partial x_{1m}} \\ \vdots & \ddots & \vdots \\ \dfrac{\partial f}{\partial x_{d1}} & \cdots & \dfrac{\partial f}{\partial x_{dm}} \end{pmatrix} \tag{A.2.3}$$

式 (A.2.1) は，スカラー関数をベクトルで微分する式である．式 (A.2.2) は，ベクトル関数をベクトルで微分する式であり，その結果 $\partial\mathbf{f}/\partial\boldsymbol{x}$ は $m \times d$ の行列となる．式 (A.2.3) は，スカラー関数を行列で微分する式である．

スカラー関数をベクトルで微分する例として，次式が成り立つ．

$$\frac{\partial}{\partial \boldsymbol{x}}(\mathbf{a}^t\boldsymbol{x}) = \frac{\partial}{\partial \boldsymbol{x}}(\boldsymbol{x}^t\mathbf{a}) = \mathbf{a} \tag{A.2.4}$$

$$\frac{\partial}{\partial \boldsymbol{x}}(\boldsymbol{x}^t\mathbf{A}\boldsymbol{x}) = (\mathbf{A}+\mathbf{A}^t)\boldsymbol{x} \tag{A.2.5}$$

ベクトル関数をベクトルで微分する例として，次式が成り立つ．

$$\frac{\partial}{\partial \boldsymbol{x}}(\mathbf{B}\boldsymbol{x}) = \mathbf{B} \tag{A.2.6}$$

スカラー関数を行列で微分する例として，次式が成り立つ．

$$\frac{\partial}{\partial \mathbf{X}}\mathrm{tr}(\mathbf{XB}) = \frac{\partial}{\partial \mathbf{X}}\mathrm{tr}(\mathbf{BX}) = \mathbf{B}^t \tag{A.2.7}$$

$$\frac{\partial}{\partial \mathbf{X}}\mathrm{tr}(\mathbf{X}^t\mathbf{C}) = \frac{\partial}{\partial \mathbf{X}}\mathrm{tr}(\mathbf{CX}^t) = \mathbf{C} \tag{A.2.8}$$

$$\frac{\partial}{\partial \mathbf{X}}\mathrm{tr}(\mathbf{X}^t\mathbf{AX}) = (\mathbf{A} + \mathbf{A}^t)\mathbf{X} \tag{A.2.9}$$

$$\frac{\partial}{\partial \mathbf{A}}\log|\mathbf{A}| = \left(\mathbf{A}^{-1}\right)^t \tag{A.2.10}$$

以上，結果のみを記したが，これらの式が成り立つことは，両辺をベクトルあるいは行列の要素ごとに比較すれば，簡単に証明できる．

微分演算ではないが，以下の式もよく使われる．

$$\boldsymbol{x}^t\mathbf{y} = \mathrm{tr}(\boldsymbol{x}\mathbf{y}^t) = \mathrm{tr}(\mathbf{y}\boldsymbol{x}^t) \tag{A.2.11}$$

$$\left|\mathbf{A}^{-1}\right| = |\mathbf{A}|^{-1} \tag{A.2.12}$$

## A.3 グラックスマンの特徴

**グラックスマンの特徴**（Gluckman's feature）[Glu67][橋本 82] について述べる．この特徴は，文字認識用にグラックスマン（Herbert A. Glucksman）によって考案された．この特徴抽出法は，文字線ではなく文字線以外の部分，すなわち背景部分に着目する．まず文字パターンを二値化し，次にパターンの外接四辺形を設定する．手書き文字の '5' を例として，二値化を施し，外接四辺形を設定した結果を**図 A.3** に示す．以下，この図を用いて手法の説明を行う．

背景部分に存在する任意の点を A とする．図に示されているように，点 A から上下左右方向に直線を伸ばし，文字線と交差する回数を計測する．すなわち，各方向に対し，文字線と交差しなければ 0 を，1 回交差すれば 1 を，2 回以上交差すれば 2 を割り当てる．したがって，図の点 A に対しては，上下左右の順に '1210' の符号が割り当てられる．図の灰色領域（右側）に存在する点には，すべ

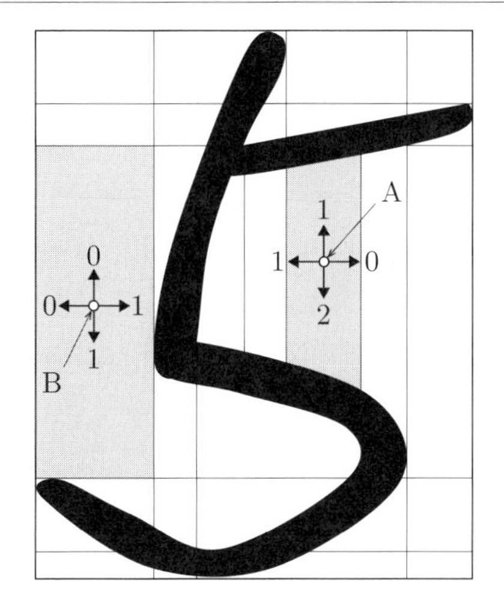


図 A.3　グラックスマンの特徴

て符号 '1210' が割り当てられる．同様にして，図の点 B を含む灰色領域（左側）には符号 '0101' が割り当てられる．各方向に対して 0, 1, 2 のいずれかが割り当てられるので，4 方向では $3^4 = 81$ となり，各点には 81 種類の符号のいずれかが割り当てられることになる[*2]．

上記の処理を背景部分の全点に対して施すことにより，背景部分は同じ符号を持つ複数の領域に分割される．図では，これらの領域の境界が細線で示されている．各領域の面積を求め，ベクトルとして表したのが，グラックスマンの特徴である．

上で述べたように，符号は 81 種存在するので，グラックスマンの特徴 $\boldsymbol{x}$ は，一つの文字パターンに対し，81 次元（$d = 81$）ベクトル

$$\boldsymbol{x} = (x_1, x_2, \ldots, x_{81})^t \tag{A.3.1}$$

として表される．ここで，ベクトルの各要素 $x_j$（$j = 1, \ldots, 81$）は，対応する各符号を持つ領域の面積である．

以上が，本来のグラックスマンの特徴である．本書では，それを一部変更し

*2 符号は '0000' から '2222' までの 81 種類であるが，外接四辺形の内部では，いずれかの方向で必ず文字線と交差するので，符号 '0000' の領域は発生しない．

て，次のような特徴も用意した．

その一つは，交差回数を 0, 1, 2 の 3 種ではなく，0, 1 の 2 種に限定した特徴である．すなわち，各方向に文字線の有無のみを観測した結果をベクトルとして表した特徴である．この場合，特徴ベクトルの次元数 $d$ は，$d = 2^4 = 16$ となる．

もう一つは，交差回数を 0, 1, 2, 3 まで拡張した特徴で，この場合，特徴ベクトルの次元数 $d$ は，$d = 4^4 = 256$ となる．

これらの特徴ベクトルの要素 $x_j$ $(j = 1, \ldots, d)$ は，いずれも対応する符号領域の面積を表している．本書では，$x_j$ を外接四辺形の面積で $0 < x_j < 1$ に正規化して得られた 16, 81, 256 次元の特徴をすべてグラックスマンの特徴と呼んでいる．もともとグラックスマンの特徴は，活字文字の認識用に考案された手法であり，手書き文字のような変形が大きい文字の認識には必ずしも適していない．しかし，文字線ではなく背景部分に着目するというこの手法の斬新な取り組みは，その後の文字認識研究に大きな影響を与えた [森 74][小森 80]．複雑な前処理を必要とせず，単純な処理で実現できることも，グラックスマンの特徴の大きな利点となっている．

## A.4 実験用データ

本書の実験で用いるデータについて，まとめておく．実験で用いるのは，機械学習の分野でしばしば使用される手書き数字パターンのデータセット MNIST (Mixed National Institute of Standards and Technology database) である．このデータは，数字 0〜9 の 10 クラス分が用意されており，学習用が 60000 パターン，テスト用が 10000 パターンである[*3]．上記の学習パターンよりクラス当たり 1000 パターンを選び，合計 10000 パターンを本書の実験で用いる学習パターンとした．また，上記のテストパターンよりクラス当たり 800 パターンを選び，合計 8000 パターンを本書の実験で用いるテストパターンとした．

各パターンは $28 \times 28$ メッシュの大きさを持つ多値画像であり，各メッシュは 0〜255 の値を持つ．この多値画像の各メッシュの濃度値を 255 で除して 0〜1

[*3] ただし，学習パターン，テストパターンのいずれも，クラス当たりのパターン数はクラス間で同一ではなく，多少異なっている．

の値に正規化し，原パターンとして用いた．図 A.4 に，MNIST パターンの一部を示す．この原パターンをそのまま特徴ベクトルと見なせば，その次元数は $d = 28 \times 28 = 784$ となる．このようにして得られた実験用の学習パターン，テストパターンをそれぞれ MSH784，MSH784-T と呼んでいる．

図 A.4 MNIST パターンの例

実験用特徴ベクトルとしては，上記に加え，さらに 3 種のデータを用意した．すなわち，原パターンを二値化した後，グラックスマンの特徴抽出法（付録 A.3）により，次元数 $d$ が，$d = 16, 81, 256$ の 3 種の特徴ベクトルを作成した．なお，二値化は大津の方法 [大津 80] を用いた．これら 3 種の実験用データを，それぞれ GLK16，GLK81，GLK256 と呼んでいる．

# む す び

本書の章構成は初版と同じであり，第１章から第７章まででパターン認識に関する手法や基本的概念を紹介し，第８章，第９章で，それらがベイズ決定則に基づく学習法として統一的に整理できることを示した．このような構成にした理由は，初版の「むすび」でも述べたとおり，統計的パターン認識がベイズ決定則を土台とする一学問であることを強調したかったからである．この章構成は，パターン認識を解説する他書にはないユニークな特徴であると自負している．

パターン認識，機械学習の分野では，これまでさまざまな技術が提案されており，今後も提案されることと思う．しかし，忘れてならないのは，これらの技術は，それまでに蓄積された多くの学術的成果の上に構築されたものであり，これらの新技術の誕生には歴史的な必然性があったということである．新しい魅力的な技術が世に出ると，その技術を一日も早く使ってみたいと思うあまり，その歴史的背景に目を向ける余裕を持てなくなるのではないだろうか．

かつて第２次ニューロブームが華やかなりし頃，パーセプトロンを素通りしてニューラルネットワークに取り組んだり，第３次ニューロブームが到来したときには，いきなり深層学習（ディープラーニング）に取り組み，ディープでないニューラルネットワークやそれらを支える基礎的事項には関心を示さないという傾向が散見された．

新しい技術を適用してさまざまな応用を図ることは，十分価値のあることである．そのためには，古典的手法を学ばずとも，新技術のみを手っ取り早く身につければ事足りるかもしれない．しかし，著者が読者に対して強く願うのは，新技術に「習熟すること」に留まらず，これらを超える技術を「自ら創出すること」である．そのためには，パターン認識，機械学習の歴史の中で脈々と引き継がれてきた古典的・基本的事項をしっかりと学ぶことが重要である．本書は，これらの統計的パターン認識の基本技術を，ベイズ決定則という原則で統一的に俯瞰するという大きな視野を身につけていただきたいという趣旨で執筆した．

初版が出版されて以来，著者らの間では，初版で取り上げなかったテーマを加えて増補・改訂版として出版する計画が話題になったことがある．しかし，初版の方針，すなわち基本的テーマに的を絞って重点的に解説するという方針が広く読者に支持されている以上，その姿勢は維持すべきとの意見に落ち着いた．その結果，教師なし学習を取り上げることを計画したときも，初版はそのまま残し，独立の書 [石井 14] として出版することとなった．今回の改訂版執筆にあたってもその姿勢を踏襲し，サポートベクトルマシンや深層学習をはじめとする新しい技術については本書に含めず，独立の書として別途出版を計画中である[*1]．

初版の「むすび」では，パターン認識を学ぶための参考書を挙げたので，ここでも簡単に紹介しておこう．

入門書としてまず推薦したいのは，パターン認識の世界的名著であり，標準的な教科書でもある [DH73] である．この本は Part 1（Pattern Classification）と Part 2（Scene Analysis）の 2 部構成となっており，これからパターン認識を勉強する人にとって Part 1 は必読である．分量は多くないが，内容は極めて濃く，広範な領域を扱っている．よく練られた豊富な練習問題も貴重である．[DH73] には，新たな著者 Stork, D. G. が加わって 2001 年に出版された第 2 版 [DHS01] がある．第 2 版では，第 1 版の Part 2 は削除され，ブースティングやサポートベクトルマシンなどの最新のパターン認識技術が追加されている．さらに，第 2 版は邦訳版も出版されている．広範な領域を扱っているという点では第 2 版がより充実しているが，まず基本を学びたいという初学者にとって，初版の Part 1 は依然教科書としての価値が高く，貴重である．

統計的パターン認識の論文には必ずと言ってよいほど参照されている [Fuk90] も薦められる．初学者にとってはやや難解な部分もあるが，じっくり勉強するには優れた参考書である．特に，5, 6, 7 章で詳述されている誤り確率の推定に関する解説は，他書では扱われていない独自の内容である．また，実験例も豊富であり，その意味で役に立つ理論書と言える．

古い書であるが，[Nil65] は学習理論を学ぶのによい．パーセプトロンの学習規則をはじめとする学習の基本的な考え方は，今読み返しても大変参考になる．

最近傍決定則の重要性については本文中で述べたとおりであり，最近傍決定則

[*1] サポートベクトルマシンや深層学習については，2022 年 11 月発行の [石井 22] で詳しく説明した．

に関する最新の成果と研究の歴史については，[DST00][BV10] が参考になる．

ビショップによる [Bis95] は，前半でニューラルネットワークと統計的パターン認識手法との関係を簡潔かつ平易に解説しており，両者を同時に学ぶには最適の書である．ただし，統計的パターン認識については，あくまで基礎的事項に留まっている．この本の最大の特徴は，9, 10 章のニューラルネットワークにおける汎化技法と，そのベイズ的解釈である．

同著者による [Bis06] は，700 ページを超える大作であり，カーネル法，アンサンブル学習，時系列解析など，機械学習技術の新しい話題についても詳しく解説されている．教科書としての完成度は高く，邦訳書も出版されている．ただし，教科書とはいっても初学者にとっては難解な部分も多く，この本を読みこなすには相応の努力を必要とする．

パラメトリックなアプローチ，特にガウス混合分布を用いたクラスタリングおよび判別理論については，[MB92] が詳しい．ただし，この本は数理統計学の専門書として書かれたものであり，パラメトリックな手法に関する基礎知識を有した読者を対象としているので，統計的パターン認識の初学者には不適である．所属クラスが未知および既知のパターンが混在する場合の判別理論，ロバスト統計の利用，また AIC などの情報量規準によるモデル選択など，扱う内容はより専門的になっている．

最近のパターン認識手法を数理統計学の立場から解説したものとして，[HTF09] がある．著者らはスタンフォード大学の統計学の大家であるが，この本は数理統計学の専門書ではなく，パターン認識の研究者向けに書かれている．前述した [DHS01] も最新手法を紹介しているが，こちらは，それらを数理統計学の視点でより深く解説している．

パターン認識をある程度勉強した人には [大津 81] を薦める．この文献は特徴抽出理論を学ぶための教科書としての価値を十分備えている．同著者らによって執筆された [大津 96] にも，[大津 81] とほぼ同じ内容が紹介されている．ただし，識別系の具体的な設計方法については，前出の [DH73][Fuk90] を薦める．

本書で割愛した重要テーマである教師なし学習については，前述の [石井 14] で取り上げているので，本書と併せてお読みいただければ幸いである．

まえがきで線形代数の重要性について述べたので，以下では線形代数を学ぶための参考書を挙げておく．これまで多数出版されてきた線形代数の参考書の中で，標準的な教科書として広く読まれているのは [斎藤 66] であり，この教科書によって線形代数の基礎知識は一通り習得できる．同様に，線形代数全般を扱った教科書としては，世界的ベストセラーとして知られる [Str16] があり，邦訳版も出版されている．この教科書で扱っている範囲は他の標準的教科書と同じであるが，各テーマをより丁寧に説明しているため，600 ページを超える大著となっている．

上に挙げた書を含め，一般の線形代数の参考書では，パターン認識を学ぶ上で掘り下げて学ぶべき内容と，軽く目を通せばよい内容とが混在しており，パターン認識を学ぶ者にとって，それらの取捨選択は難しい．このような問題点を解消すべく，パターン情報処理に特化した視点で線形代数を解説したのが [金谷 18] である．この書は，射影，特異値分解，一般逆行列といった，パターン認識で重要な役割を果たす諸概念を基軸として書かれており，データを "幾何学的に解釈する" ことを目指している．同様の主旨のもとに書かれた [塚田 20] は，豊富な応用例を挙げ，線形計算の道具として Python を用いており，幾何学的な具体像を把握するのに適している．

以上，思いつくままに参考書を紹介したが，パターン認識を真に理解するには，これらの書を読むだけでは不十分で，実データを扱うことが必須である．自らプログラムを組み，具体的な問題にパターン認識を適用して，初めて体得できることは少なくない．現在では，認識・学習用にさまざまなデータが公開されるようになっており，実データに触れる環境は従前に比べて格段に充実している．プログラムのソースコードを公開してほしいとの要望をときどき耳にするが，本書で紹介した程度の基本的な手法は，ぜひ自らプログラム化し，実データで試されることをお勧めしたい．

本書の出版にあたっては，多くの方々のご支援をいただいた．初版の出版時に仲介の労をとっていただき，さらに第 2 版の執筆にあたっても貴重なコメントをいただいた東邦大学名誉教授 金子博氏に感謝申し上げたい．また，計画の当初よりご協力いただいた工学院大学教授 大和淳司氏ならびに元岡山県立大学教授 故 磯崎秀樹氏にも心よりお礼申し上げたい．初版に対して多くの方々からいただいたコメントは，今回の第 2 版に可能な限り反映させていただいた．貴重なご意見をお寄せいただいた方々に，この場をお借りして感謝する次第である．

# 参考文献


[Ama67] S. Amari. A theory of adaptive pattern classifiers. *IEEE Trans.*, Vol. EC-16, pp. 299–307, 1967.

[Bis95] C. M. Bishop. *Neural Networks for Pattern Recognition.* Oxford Univ. Press, 1995.

[Bis06] C. M. Bishop. *Pattern Recognition and Machine Learning.* Springer-Verlag, 2006.（電子版が無償配布されている）
元田浩, 栗田多喜夫, 樋口知之, 松本裕治, 村田昇 監訳. パターン認識と機械学習（上・下）. シュプリンガージャパン, 2007, 2008. 丸善出版, 2012, 2012（再版）.

[Bre97] L. Breiman. Bias, variance, and arcing classifiers. *Technical Report, Stat. Dept., Univ. of California, Berkeley*, Vol. Tech. Report 460, 1997.

[BV10] N. Bhatia and Vandana. Survey of nearest neighbor techniques. *International Journal of Computer Science and Information Security*, Vol. 8, No. 2, pp. 302–305, 2010.

[CH67] T. M. Cover and P. E. Hart. Nearest neighbor pattern classification. *IEEE Trans. Inf. Theory*, Vol. IT-13, No. 1, pp. 21–27, 1967.

[DH73] R. O. Duda and P. E. Hart. *Pattern Classification and Scene Analysis.* John Wiley & Sons, Inc., 1973.

[DHS01] R. O. Duda, P. E. Hart, and D. G. Stork. *Pattern Classification (second edition).* John Wiley & Sons, Inc., 2001.
尾上守夫 監訳. パターン識別. アドコムメディア, 2001.

[DST00] B. V. Dasarathy, J. S. Sanchez, and S. Townsend. Nearest neighbour editing and condensing tools — synergy exploitation. *Pattern Analysis and Applications*, Vol. 3, pp. 19–30, 2000.

[ET93] B. Efron and R. J. Tibshirani. *An Introduction to the Bootstrap.* Chapman & Hall, 1993.

[Fis36] R. A. Fisher. The use of multiple measurements in taxonomic problems. *Ann. Eugenics*, Vol. 7, No. Part II, pp. 179–188, 1936. also in “Contributions to Mathematical SyStatistics”. John Wiley, 1950.

[Fuk87] K. Fukunaga. Bias of nearest neighbor error estimation. *IEEE Trans. Pattern Anal. Mach. Intell.*, Vol.PAMI-9, No. 1, pp. 103–112, 1987.

[Fuk90] K. Fukunaga. *Introduction to statistical pattern recognition (2nd ed.).* Academic Press, Inc., 1990.

[Glu67] H. A. Glucksman. Classification of mixed-font alphabetics by characteristic loci. *IEEE Computer Conf.*, pp. 138–141, 1967.

[HTF09] T. Hastie, R. Tibshirani, and J. Friedman. *The Elements of Statistical Learning (2nd edition)*. Springer-Verlag, 2009.（電子版が無償配布されている）
杉山将, 井手剛, 神嶌敏弘, 栗田多喜夫, 前田英作 監訳. 統計的学習の基礎—データマイニング・推論・予測. 共立出版, 2014.

[Hug68] G. F. Hughes. On the mean accuracy of statistical pattern recognizers. *IEEE Trans. Inf. Theory*, Vol. IT-14, pp. 55–63, 1968.

[JK92] B. H. Juang and S. Katagiri. Discriminant learning for minimum error classification. *IEEE Trans. Signal Process.*, Vol. SP-40, No. 12, pp. 3043–3054, 1992.

[Koh84] T. Kohonen. *Self-Organization and Associative Memory.* Springer-Verlag, 1984.

[MB92] G. J. McLachlan and K. E. Basford. *Mixture Models.* Marcel Dekker, 1992.

[MN95] H. Murase and S. K. Nayar. Visual learning and recognition of 3-d objects from appearance. *Int. J. Computer Vision*, Vol. 14, pp. 5–24,1995.

[MP69] M. Minsky and S. Papert. *Perceptrons.* MIT Press, 1969.
斎藤正男 訳. パーセプトロン. 東京大学出版会, 1971.

[MP88] M. Minsky and S. Papert. *Perceptrons – Expanded Edition.* MIT Press, 1988.
中野馨, 坂口豊 訳. パーセプトロン. パーソナルメディア, 1993.

[Nil65] N. J. Nilsson. *Learning Machines.* McGraw-Hill, 1965.
渡邊茂 訳. 学習機械. コロナ社, 1967.

[Oga92] H. Ogawa. Karhunen-Loève subspace. In *Proceedings of ICPR'92*, 1992.

[Oja83] E. Oja. *Subspace Methods of Pattern Recognition.* Research Studies Press Ltd., 1983.
小川英光, 佐藤誠 訳. パターン認識と部分空間法. 産業図書, 1986.

[Pet70] D. W. Peterson. Some convergence properties of a nearest neighbor decision rule. *IEEE Trans. Inf. Theory*, Vol. IT-16, No. 1, pp. 26–31, 1970.

[RM86] D. E. Rumelhart and J. L. McClelland. *Parallel Distributed Processing.* MIT Press, 1986.
甘利俊一 監訳. PDP モデル. 産業図書, 1989.

[Seb62] G. S. Sebestyen. *Decision-Making Processes in Pattern Recognition.* Macmillan, 1962.

[Str16] Gilbert Strang. *Introduction to Linear Algebra (5th ed.).* Wellesley-Cambridge Press, 2016.
松崎公紀, 新妻弘 訳. 線形代数イントロダクション（第 4 版）. 近代科学社, 2015.

[TG74] J. T. Tou and R. C. Gonzalez. *Pattern Recognition Principles.* Addison-Wesley Publishing Company, 1974.

[Wat69] S. Watanabe. *Knowing & Guessing — quantitative study of inference and information.* John Wiley & Sons, Inc., 1969.
村上陽一郎, 丹治信春 訳. 知識と推測—科学的認識論（新装版）. 東京図書, 1987.

[甘利 67] 甘利俊一. 学習識別の理論. 信学誌, Vol. 50, pp. 1272–1279, 1967.

[飯島 89] 飯島泰蔵. パターン認識理論. 森北出版, 1989.

[池田 83] 池田正幸, 田中英彦, 元岡達. 手書き文字認識における投影距離法. 情処学論, Vol. 24,

No. 1, pp. 106–112, 1983.
[石井 14] 石井健一郎, 上田修功. 続・わかりやすいパターン認識—教師なし学習入門—. オーム社, 2014.
[石井 22] 石井健一郎, 前田英作. 続々・わかりやすいパターン認識—線形から非線形へ—. オーム社, 2022.
[上田 97] 上田修功, 中野良平. アンサンブル学習における汎化誤差解析. 信学論, Vol. J77-DII-9, No. 9, pp. 2512–2521, 1997.
[大津 80] 大津展之. 判別および最小 2 乗規準に基づく自動しきい値選定法. 信学論, Vol. J63-D, No. 4, pp. 349–356, 1980.
[大津 81] 大津展之. パターン認識における特徴抽出に関する数理的研究. 電総研研報, 第 818 号, 1981.
[大津 96] 大津展之, 栗田多喜夫, 関田巌. パターン認識—理論と応用. 朝倉書店, 1996.
[岡谷 15] 岡谷貴之. 深層学習. 講談社, 2015.
[小川 90] 小川英光. パターン集合を最良に近似する部分空間. 信学技法, Vol. PRU90–67, pp. 1–2, 1990.
[金谷 18] 金谷健一. 線形代数セミナー. 共立出版, 2018.
[小森 80] 小森和昭, 川谷隆彦, 石井健一郎, 飯田行泰. 特徴集積による手書き片仮名文字の認識. 信学論 (D), Vol. J63-D, No. 11, pp. 962–969, 1980.
[斎藤 66] 斎藤正彦. 線型代数入門. 東京大学出版会, 1966.
[佐藤 97] 佐藤理史. アナロジーによる機械翻訳. 共立出版, 1997.
[人工 15] 人工知能学会編. 深層学習. 近代科学社, 2015.
[数藤 00] 数藤恭子, 大和淳司, 伴野明, 石井健一郎. 入店客計数のためのシルエット・足音・足圧による男女識別法. 信学論, Vol. J83–DI, No. 8, pp. 882–890, 2000.
[塚田 20] 塚田真, 金子博, 小林羑治, 髙橋眞映, 野口将人. Python で学ぶ線形代数学. オーム社, 2020.
[永田 87] 永田雅宜. 理系のための線型代数の基礎. 紀伊國屋書店, 1987.
[橋本 82] 橋本新一郎. 文字認識概論. 電気通信協会, 1982.
[船橋 90] 船橋賢一. 3 層ニューラルネットワークによる恒等写像の近似能力ついての理論的考察. 信学論, Vol. J73–A, pp. 139–145, 1990.
[前田 99] 前田英作, 村瀬洋. カーネル非線形部分空間法によるパターン認識. 信学論, Vol. J82-DII-4, No. 4, pp. 600–612, 1999.
[前田 01] 前田英作. 痛快！サポートベクトルマシン—古くて新しいパターン認識手法—. 情報処理, Vol. 42, No. 7, pp. 676–683, 2001.
[森 74] 森晃徳, 森俊二, 山本和彦. 場の効果法による特徴抽出. 信学論 (D), Vol. J57-D, No. 5, pp. 308–315, 1974.
[柳井 86] 柳井晴夫, 高木広文. 多変量解析ハンドブック. 現代数学社, 1986.
[柳井 18] 柳井晴夫, 竹内啓. 射影行列・一般逆行列・特異値分解（新装版）. 東京大学出版会, 2018.
[吉本 11] 吉本武史, 山崎丈明. 線形代数学—理論・技法・応用—. 学術図書出版社, 2011.
[渡辺 78] 渡辺慧. 認識とパタン（岩波新書）. 岩波書店, 1978.

# 著者略歴

## 石井 健一郎（いしい けんいちろう）

1972年，東京大学工学部計数工学科卒業．1974年，同大学院修士課程修了．同年，日本電信電話公社（現NTT）に入社．1979年より1年間，米国パデュー（Purdue）大学客員研究員．文字認識，画像処理の研究・実用化に従事．NTTコミュニケーション科学基礎研究所を経て，2003年4月，名古屋大学大学院情報科学研究科教授，2012年4月，名古屋大学名誉教授．工学博士．（1, 2, 3章と，4, 5章の一部，付録を担当）

## 上田 修功（うえだ なおのり）

1982年，大阪大学工学部通信工学科卒業．1984年，同大学院修士課程修了．同年，日本電信電話公社（現NTT）に入社．1993年より1年間，米国パデュー（Purdue）大学客員研究員．パターン認識・学習，ニューラルネットワーク，統計的機械学習，データマイニングの研究に従事．2016年9月，理化学研究所革新知能統合研究センター副センター長（兼務），現在，理化学研究所革新知能統合研究センター副センター長，NTTコミュニケーション科学基礎研究所客員フェロー（兼務）．博士（工学）．（4, 5章の一部と，8, 9章を担当）

## 前田 英作（まえだ えいさく）

1984年，東京大学理学部生物学科卒業．1986年，同大学院修士課程修了．同年，NTTに入社．1995年より1年間，英国ケンブリッジ（Cambridge）大学客員研究員．パターン認識，神経生理学などの研究に従事．NTTコミュニケーション科学基礎研究所を経て，2017年9月，東京電機大学教授．博士（工学）．（4章の一部と，6章を担当）

## 村瀬 洋（むらせ ひろし）

1978年，名古屋大学工学部電子工学科卒業．1980年，同大学院修士課程修了．同年，日本電信電話公社（現NTT）に入社．1992年より1年間，米国コロンビア（Columbia）大学客員研究員．文字認識，画像認識，マルチメディア情報の認識に関する研究に従事．NTTコミュニケーション科学基礎研究所を経て，2003年4月，名古屋大学大学院情報科学研究科教授，2017年4月，同大学大学院情報学研究科教授．2021年4月，名古屋大学名誉教授．工学博士．（7章を担当）

# 索　引


A

*a posteriori* probability　77
*a priori* probability　77
activation function　61
additive property　169
AIC　97
Akaike's information criterion　97
asymptotic consistency　84
asymptotic efficiency　84
asymptotic unbiasedness　84
augmented feature vector　18
augmented weight vector　18
autocorrelation matrix　146

B

back propagation method　60
batch learning　47
Bayes decision rule　109
Bayes discriminant function　111
Bayes error　110
Bayes risk　202
Bayes' theorem　78
Bayesian estimation　84
between-class covariance matrix　157
between-class scatter matrix　152
between-class variance　106
bias　120
big data　74
bootstrap method　100
BP　60
BS method　100
BS 法　100

C

calculus of variations　217
canonical correlation analysis　170
canonical discriminant method　162
capacity　95
category　1
CLAFIC 法　186
class　1
class covariance matrix　157
classification　2
classification dictionary　2
classifier　85
cluster　3
clustering　83
complete storage　10
compression　177
correlation coefficient matrix　146
correlation matrix　146
covariance matrix　78
Cover, Thomas　116
cross-validation method　100
cumulative contribution ratio　179
curse of dimensionality　97
CV 法　100

D

decision boundary　11
decision function　200
decision rule　199
deep learning　3
delta rule　48
designing pattern　16
dimensionality reduction　133

discriminant analysis 150
discriminant function 17
discriminant mapping 219
discriminant space 218
discrimination 177

E

early stopping 202
eigenvalue 144
eigenvalue problem 144
eigenvector 144
empirical distribution function 207
empirical loss 207
ensemble learning 229
entropy 111
epoch 24
error-correction method 26
Euclidean distance 160
exclusive OR 98
expected loss 200
explanatory variable 46

F

feature extraction **2**, 134
feature selection 134
feature space 3
feature vector 3
feedforward 38
Fisher, Ronald A. 150
Fisher's criterion 154
Fisher's linear discriminant method 150
Fisher's method 150
fixed increment rule 26
Fukunaga, Keinosuke 118

G

general position 94
generalization 65
generalization ability 65
generalization error 65
generalized delta rule 65
generalized linear discriminant function 92
GLK16 127, 179, **239**
GLK81 73, 127, **239**
GLK256 127, **239**
Glucksman, Herbert A. 236
Glucksman's feature 236
gradient vector 45

H

H method 125
Hart, Peter 116
hidden layer 59
hill-climbing method 83
Hinton, Geoffrey 74
Ho-Kashyap algorithm 43
hold-out method 99
Hughes phenomenon 133
hyperparameter 98
hyperplane 11
H 法 **99**, 125

I

input layer 59
internal layer 59
intrinsic dimensionality 179
isotropic 155

K

*k*-NN 法 8
Karhunen-Loève expansion 141
KL expansion 141
KL 展開 94, 140, **141**, 155, 169, 172, 174–177
Kohonen, Teuvo 196
Kronecker's delta 142

## L

L method　100
labeled pattern　83
layered neural network　38
learning　16
learning pattern　16
learning rate　24
learning vector quantization　29
least squares method　201
leave-one-out method　100
likelihood　82
likelihood function　82
linear dichotomy　103
linear discriminant function　18
linear discriminant mapping　219
linear discriminant method　150
linearly nonseparable　20
linearly separable　20
local optimal solution　74
loss function　109
LVQ　29
L 法　100

## M

machine learning　16
Mahalanobis distance　79
Mahalanobis generalized distance　79
majority voting　89
maximum likelihood method　82
mean-square error　146
mean vector　78
mesh　4
minibatch learning　47
minimum distance method　16
minimum square error learning　45
Minsky, Marvin　40
mixture density　82
MNIST　238
MSH784　72, **239**
MSH784-T　72, **239**
multi-layer neural network　38
multimodal　82
multiple discriminant method　162
multiple regression analysis　46
multivariate analysis　141
multivariate normal distribution　78

## N

nearest neighbor　7
nearest neighbor rule　7
neural network　60
NN 法　**7**, 9, 16, 98, 112, 115
non-singular　46
nonlinear discriminant function　85
nonlinear discriminant mapping　219
nonparametric learning　80
normalization　137
normalized space　174

## O

objective variable　46
one-hot vector　44
online learning　47
orthogonal projection　148
orthogonal projection matrix　148
orthonormal eigenvector　145
output layer　59
over-fitting　97

## P

parameter vector　81
parametric learning　80
pattern　1
pattern matrix　46
pattern recognition　1
perceptron　20
perceptron convergence theorem　25
perceptron learning rule　23
Φ function　93

Φ 関数　25, 38, **93**
piecewise linear discriminant function　37
pooled covariance matrix　164
pre-training　74
predicate　135
preprocessing　2
principal component analysis　141
probability density function　77
probability mass function　77
probability of error　109
prototype　7

Q

quadratic discriminant function　91
quantization　4

R

R method　125
random sampling　166
randomness　118
ratio of between-class scatter to within-class scatter　153
ratio of between-class variance to within-class variance　107
recognition　2
reject　6
representation　177
resubstitution method　125
Robbins-Monro algorithm　211
robustness　92
Rosenblatt, Frank　20
Rumelhart, David E.　74
R 法　125

S

sampling　4
sampling with replacement　100
scalar function　234
scale　133
scaling　133
scatter matrix　**151**, 157
SELFIC 法　185
separability　176
sigmoid function　63
simultaneous diagonalization　172
solution region　21
steepest descent method　47
subsidiary discriminant function　37
subspace　12
supervised learning　83
support vector　30
support vector machine　30

T

teaching signal　43
teaching vector　43
template matching　197
test pattern　16
threshold function　53
threshold logic unit　54
total covariance matrix　159
total scatter matrix　165
training　16
training pattern　16
transformation matrix　134
transformation of feature space　134

U

unbiased estimator　121
unimodal　82
unit　59
unlabeled pattern　83

V

vanishing gradient problem　74
variance　121
vector function　234
Voronoi diagram　35

### W

Watanabe, Satoshi　185
weight coefficient　18
weight decay parameter　229
weight space　21
weight vector　18
whitening　172
Widrow-Hoff learning rule　48
within-class covariance matrix　157
within-class scatter matrix　152
within-class variance　106

### ア行

赤池情報量規準　97
圧縮　177
誤り確率　109
誤り訂正法　26
誤り率　205
アンサンブル学習　229

一般位置　94
一般化線形識別関数　91, **92**
一般化デルタルール　65
一般化分散　168

ウィドロー・ホフの学習規則　27, 46, **48**, 212, 227

エポック　**24**, 32, 47
エントロピー　111

重み空間　21
重み係数　18
重み減衰パラメータ　229
重みベクトル　18
オンライン学習　**47**, 61, 208

### カ行

回帰関数　211
解領域　**21**, 57
過学習　74, **97**, 202
学習　16
学習アルゴリズム　175
学習係数　**24**, 47, 208
学習パターン　16
学習部分空間法　196
学習ベクトル量子化　**29**, 38, 39
学習理論　65
拡張重みベクトル　18
拡張特徴ベクトル　18
確率関数　77
確率的近似法　210
確率的降下法　208
確率的変動　118
確率ベクトル　223
確率密度関数　**77**, 112
隠れ層　59
偏り　96, **120**
活性化関数　61
カテゴリー　1
カーネル非線形部分空間法　197
カバー（人名）　116
加法性　169
カルーネン・レーヴェ展開　141
頑健性　92
関数近似能力　39

機械学習　16
機械翻訳　10
記述　135
期待損失　**200**, 205, 216
期待損失最小化学習　200
球面集中現象　120
教師信号　**43**, 214
教師付き学習　83
教師なし学習　83
教師ベクトル　**43**, 201
共分散行列　**78**, 80, 86, 92, 94, 143, 146, 154, 157, 159, 177
行列式　79
局所最適解　**74**, 175

区分的線形識別関数　34, **37**

クラス **1**, 135
クラス間共分散行列 **157**, 163
クラス間分散 **106**, 158, 219, 220
クラス間分散・クラス内分散比 **107**, 151, 157, 158, 161, 165
クラス間変動行列 **152**, 164
クラス間変動・クラス内変動比 151, **153**, 165
クラス共分散行列 157
クラス自己相関行列 188
クラスタ 3
クラスタリング **83**, 170
クラス内共分散行列 103, **157**, 163, 165
クラス内分散 **106**, 158, 219, 220
クラス内変動行列 **152**, 164
グラックスマン（人名） 236
グラックスマンの特徴 73, 127, 179, **236**
クロネッカーのデルタ **142**, 186
訓練 16
訓練パターン 16

経験損失 207
経験分布関数 207
計算量の爆発 133
決定関数 **200**, 213
決定規則 **199**, 214, 223
決定境界 **11**, 21, 26, 35, 85, 87, 92, 157, 174
原特徴空間 133, 143
原特徴ベクトル 133

交差確認法 100
恒等写像 174
勾配消失問題 74
勾配ベクトル 45
誤差逆伝播法 39, 59, **60**
固定増分法 26
誤分類尺度 203
コホーネン 196
固有次元数 94, **179**
固有値 **144**, 146, 154, 159, 177
固有値問題 **144**, 168
固有ベクトル **144**, 154, 159, 169, 177
混合分布 82
混合類似度法 192

## サ行

最急降下法 **47**, 57, 61, 83
最近傍 7
最近傍決定則 **7**, 112, 115
最小距離識別法 **16**, 80
最小二乗法 130, **201**
最大値選択機 55
再代入法 125
最尤法 82
サポートベクトル 30
サポートベクトルマシン 30
参照テーブル 6

しきい値関数 38, **53**, 60, 63
しきい値論理ユニット **54**, 59
識別 **2**, 220
識別関数 **17**, 85, 157
識別関数法 17
識別機 **85**, 133
識別規則 85
識別辞書 **2**, 7
識別処理 2
識別率 133
シグモイド関数 38, **63**
次元削減 **133**, 141, 169, 176
次元の呪い **97**, 120, 126, 133, 177
事後確率 **77**, 112
自己相関行列 **146**, 214
二乗誤差 200
二乗誤差基準 205
二乗誤差最小化学習 43, **45**, 88, 90, 170, 216
事前学習 74
事前確率 **77**, 87, 112, 154, 157, 161, 165
射影 87

ジャックナイフ法　100
シャノンの第 2 定理　120
重回帰分析　**46**, 65, 170
重判別法　162
主軸　178
主成分分析　141
述語　135
出力層　**59**, 174
条件付きベイズ誤り確率　110
情報量　111
信号処理　141
深層学習　**3**, 12, 74
人物認識　175

スカラー関数　234
スケーリング　**133**, 137
スケール　133
砂時計型ニューラルネットワーク　174

正規化　2, 133, **137**, 169, 172
正規化空間　174
正規直交基底　142
正規直交固有ベクトル　**145**, 147, 149
正規分布　157
正射影　**148**, 187
正準相関分析　170
正準判別法　162
正則　**46**, 94, 177
正則化　229
正則線形変換　169
設計パターン　16
説明変数　46
0-1 損失基準　**202**, 205
全共分散行列　**159**, 165
漸近的一致性　84
漸近的不偏性　84
漸近的有効性　84
線形近似　65
線形識別関数　16, **18**
線形二分法　103
線形判別写像　**219**, 228
線形判別法　46, 87, 142, **150**, 170, 176
線形分離可能　**20**, 43, 88, 222
線形分離不可能　**20**, 43, 50, 90
全数記憶方式　**10**, 16, 39
全変動行列　165

相関　177
相関行列　146
相関係数行列　146
相関分析　170
早期終了　202
増強重みベクトル　18
増強特徴ベクトル　18
層状ニューラルネットワーク　38
損失関数　109

## タ行

対角化　144
多クラスの識別　88
多次元正規分布　**78**, 79, 82, 92, 178
多数決　89
多層ニューラルネットワーク　**38**, 174
多変量解析　141
多峰性　82
単峰性　82

逐次近似　46
中間層　39, **59**, 174
忠実度　190
超平面　**11**, 21, 26
直交射影行列　**148**, 187
直交部分空間法　194

ディジタル化　4
テストパターン　**16**, 99
デルタルール　48
テンプレートマッチング　197

同時対角化　172
等方的　**155**, 172
特徴　135
特徴空間　**3**, 133, 150, 224
特徴空間の変換　85, 133, **134**
特徴選択　133, **134**

特徴抽出 **2**, 133, 134
特徴ベクトル **3**, 85, 133, 152

## ナ行

2 次曲面 92
2 次識別関数 91
入力層 **59**, 174
ニューラルネットワーク 38, 59, **60**, 91
認識 2

ノンパラメトリックな学習 77, **80**

## ハ行

排他的論理和 98
ハイパーパラメータ 98
白色化 172
パーセプトロン 18, **20**, 53
パーセプトロンの学習規則 20, **23**, 53
パーセプトロンの収束定理 23, **25**
パターン **1**, 133
パターン行列 46
パターン認識 1
バッチ学習 **47**, 61, 208
ハート（人名） 116
パラメータベクトル 81
パラメトリック固有空間法 197
パラメトリックな学習 77, **80**, 92, 157
汎化 65
汎化誤差 **65**, 230
汎化能力 65
判別 **177**, 220
判別空間 170, **218**
判別軸 174
判別写像 219
判別分析 **150**, 170
判別力 169

非線形近似 65
非線形識別関数 38, **85**, 91
非線形判別写像 219
非線形判別法 219
非線形変換 174
ビッグデータ 74
一つ抜き法 100
ヒューズの現象 96, **133**
表現 176
標本化 4
ヒントン 74

フィッシャー（人名） 150
フィッシャーの線形判別法 150
フィッシャーの評価基準 154
フィッシャーの方法 27, 94, 140, **150**, 155, 157, 166, 217
フィッティング 65
フィードフォワード 38
不確定度 111
復元抽出 100
複合類似度法 190
副次識別関数 37
福永圭之介 118
ブートストラップ法 100
部分空間 **12**, 85, 141, 143, 165, 169, 178, 179, 185
部分空間法 148, **185**
部分空間類別法 186
不偏推定量 **121**, 139, 164
プールされた共分散行列 164
プロトタイプ **7**, 115
分割学習法 99
分散 **120**, 141
分散最大基準 141, **142**
分離度 176

平均二乗誤差 122, **145**, 201
平均二乗誤差最小基準 141, 145, 189, **201**
平均ベクトル **78**, 80
ベイズ誤り確率 72, 108, **110**, 112
ベイズ決定則 43, 78, **109**, 202
ベイズ識別関数 **111**, 221, 222
ベイズ推定 84

ベイズの定理　**78**, 109
ベイズリスク　109, **202**
ベクトル関数　234
変換行列　**134**, 142, 145, 147
変換ベクトル　158
編集アルゴリズム　115
変動行列　**151**, 157
変分法　217

ホー・カシャップのアルゴリズム　43
ボロノイ図　35

## マ行

前処理　2
マハラノビス距離　79
マハラノビス汎距離　**79**, 160, 169

醜いアヒルの子の定理　134
ミニバッチ学習　47
ミンスキー（人名）　40

メッシュ　4

目的変数　46
文字認識　166, 206

## ヤ行

山登り法　83

尤度　82
尤度関数　82
ユークリッド距離　7, 119, **160**
ユニット　39, **59**

容量　95

## ラ行

ラベル付きパターン　**83**, 99
ラベルなしパターン　83
ラメルハート（人名）　74
ランダムサンプリング　166

リジェクト　**6**, 189
リジェクト領域　6, 89
量子化　4

類似性　135
累積寄与率　169, **179**, 189

連続損失基準　**203**, 205

ローゼンブラット（人名）　20
ロビンス・モンローアルゴリズム　211

## ワ行

渡辺　185
ワンホットベクトル　44

わかりやすいパターン認識（第２版）

1998年 8月20日　第1版第1刷発行
2019年11月20日　第2版第1刷発行
2025年 6月10日　第2版第7刷発行

著　者　石井 健一郎・上田 修功・前田 英作・村瀬　洋
発行者　髙田光明
発行所　株式会社 オーム社
郵便番号　101-8460
東京都千代田区神田錦町 3-1
電話　03(3233)0641(代表)
URL　https://www.ohmsha.co.jp/





組版　グラベルロード　　印刷・製本　三美印刷
ISBN978-4-274-22450-8　Printed in Japan